国家出版基金项目
NATIONAL PUBLICATION FOUNDATION

高超声速出版工程
（第二期）

斜爆轰流动燃烧现象及其机理

滕宏辉　杨鹏飞　著

科 学 出 版 社

北 京

内 容 简 介

斜爆轰是高速可燃气体中激波与释热紧密耦合形成的流动现象,在高超声速推进中有潜在的工程应用价值。第1章介绍爆轰的经典理论和研究前沿,以及几个重要工程应用,从气相爆轰视角下引入斜爆轰这一独特的研究方向。第2章和第3章分别讲述起爆区和波面特征的研究成果,从基础研究角度揭示斜爆轰及其相关的复杂流动结构。第4章和第5章分别讲述来流扰动和受限空间对斜爆轰流动与燃烧的影响,源于工程研制遇到的实际问题,具有鲜明的应用指向。第6章和第7章从理论、数值和实验角度,介绍常用的研究方法,同时介绍了一些重要结果。第8章从高超声速推进工程应用的角度进行探讨,分析斜爆轰在应用中面临的主要问题。

本书可供从事流体力学、燃烧学和推进技术研究的工程技术人员使用,也可供高等院校有关专业的师生参考。

图书在版编目(CIP)数据

斜爆轰流动燃烧现象及其机理 / 滕宏辉,杨鹏飞著. --
北京：科学出版社,2024.9. -- ISBN 978-7-03
-079411-6

Ⅰ. O382

中国国家版本馆 CIP 数据核字第 20240A4W34 号

责任编辑：徐杨峰　霍明亮 / 责任校对：谭宏宇
责任印制：黄晓鸣　　　／封面设计：殷　靓

科学出版社 出版

北京东黄城根北街 16 号
邮政编码：100717

http://www.sciencep.com

南京展望文化发展有限公司排版
苏州市越洋印刷有限公司印刷
科学出版社发行　各地新华书店经销

*

2024 年 9 月第　一　版　开本：B5(720×1000)
2024 年 9 月第一次印刷　印张：17
字数：294 000

定价：140.00 元
(如有印装质量问题,我社负责调换)

丛书序

飞得更快一直是人类飞行发展的主旋律。

1903 年 12 月 17 日,莱特兄弟发明的飞机腾空而起,虽然飞得摇摇晃晃,犹如蹒跚学步的婴儿,但拉开了人类翱翔天空的华丽大幕;1949 年 2 月 24 日,Bumper-WAC 从美国新墨西哥州白沙发射场发射升空,上面级飞行马赫数超过5,实现人类历史上第一次高超声速飞行。从学会飞行,到跨入高超声速,人类用了不到五十年,蹒跚学步的婴儿似乎长成了大人,但实际上,迄今人类还没有实现真正意义的商业高超声速飞行,我们还不得不忍受洲际旅行需要十多个小时甚至更长飞行时间的煎熬。试想一下,如果我们将来可以在两小时内抵达全球任意城市,这个世界将会变成什么样?这并不是遥不可及的梦!

今天,人类进入高超声速领域已经快 70 年了,无数科研人员为之奋斗了终生。从空气动力学、控制、材料、防隔热到动力、测控、系统集成等,在众多与高超声速飞行相关的学术和工程领域内,一代又一代科研和工程技术人员传承创新,为人类的进步努力奋斗,共同致力于达成人类飞得更快这一目标。量变导致质变,仿佛是天亮前的那一瞬,又好像是蝶即将破茧而出,几代人的奋斗把高超声速推到了嬗变前的临界点上,相信高超声速飞行的商业应用已为期不远!

高超声速飞行的应用和普及必将颠覆人类现在的生活方式,极大地拓展人类文明,并有力地促进人类社会、经济、科技和文化的发展。这一伟大的事业,需要更多的同行者和参与者!

书是人类进步的阶梯。

实现可靠的长时间高超声速飞行堪称人类在求知探索的路上最为艰苦卓绝的一次前行,将披荆斩棘走过的路夯实、巩固成阶梯,以便于后来者跟进、攀登,意义深远。

以一套丛书,将高超声速基础研究和工程技术方面取得的阶段性成果和宝贵经验固化下来,建立基础研究与高超声速技术应用之间的桥梁,为广大研究人员和工程技术人员提供一套科学、系统、全面的高超声速技术参考书,可以起到为人类文明探索、前进构建阶梯的作用。

2016 年,科学出版社就精心策划并着手启动了"高超声速出版工程"这一非常符合时宜的事业。我们围绕"高超声速"这一主题,邀请国内优势高校和主要科研院所,组织国内各领域知名专家,结合基础研究的学术成果和工程研究实践,系统梳理和总结,共同编写了"高超声速出版工程"丛书,丛书突出高超声速特色,体现学科交叉融合,确保丛书具有系统性、前瞻性、原创性、专业性、学术性、实用性和创新性。

这套丛书记载和传承了我国半个多世纪尤其是近十几年高超声速技术发展的科技成果,凝结了航天航空领域众多专家学者的智慧,既可供相关专业人员学习和参考,又可作为案头工具书。期望本套丛书能够为高超声速领域的人才培养、工程研制和基础研究提供有益的指导和帮助,更期望本套丛书能够吸引更多的新生力量关注高超声速技术的发展,并投身于这一领域,为我国高超声速事业的蓬勃发展做出力所能及的贡献。

是为序!

2017 年 10 月

前　言

　　爆轰推进,也称为爆震推进,是 20 世纪 50~60 年代提出来的飞行器推进概念。从莱特兄弟的第一架飞机算起,航空航天技术的发展只有 120 多年,爆轰推进可以说具有很长的发展历史了。遗憾的是,爆轰推进目前尚无投入实际使用的工业产品,爆轰发动机仍然局限于研究所或大学实验室中。究其原因,多种非线性因素导致爆轰燃烧复杂性高,流动机理不清晰,成为爆轰推进技术发展的最大障碍。作为激波与释热强耦合诱导的流动现象,爆轰波传播速度快(千米每秒量级)、波后压力高(波前压力的几十倍),燃烧区温度相对一般燃烧也更高,导致研究手段受限、研究进展缓慢。爆轰波应用于航空航天推进系统,进一步面临燃料喷注、混合不均匀,燃烧室内反射、绕射导致波系结构演变等问题,比非爆轰类发动机更加复杂。为了解决这些问题,需要发展新的数值、实验和理论研究方法,分析燃烧现象、揭示流动机理,推动爆轰推进技术的进步。爆轰推进属于增压燃烧的一个分支,传统的增压燃烧技术主要通过旋转机械来实现,进一步提升潜力有限。爆轰发动机引入激波实现先增压后释热,是一种无机械的气动增压模式,可望引领未来的增压燃烧技术,推动基于增压燃烧的空天动力装置性能进一步提升。

　　在爆轰推进的几个分支中,斜爆轰推进是受到关注最少的。这是因为斜爆轰在气流中是面向上游的,决定了它只能应用于极高马赫数的冲压推进。随着超声速燃烧推进技术的成熟度提升,斜爆轰推进的研究必要性日益凸显,并吸引了越来越多的关注。从发动机主要部件角度看,斜爆轰发动机的进气道和尾喷管可以参考超燃冲压发动机,但是爆轰波系导致燃烧室流动更加复杂,考虑到内流道中气流达到了前所未有的运动速度,斜爆轰发动机设计面临许多新的挑战。

在本书作者 2010 年左右开始接触这些问题的时候,斜爆轰研究处于低谷期,是个乏人问津的领域。我们的研究得益于流体力学和燃烧学的交叉融合,得益于多种研究手段特别是高性能计算技术的发展,得益于高超声速推进技术迅速发展的外部环境。本书从一般的气相爆轰引入,重点包括理想斜爆轰波系结构、面向应用的斜爆轰流动机理、研究方法三大块,最后探讨了斜爆轰在高超声速推进应用的几个重要方面。

本书的研究得到了国家自然科学基金面上项目、重大研究计划培育项目,以及优秀青年科学基金(11822202)和国家杰出青年科学基金(12325206)项目的资助。感谢中国科学院力学研究所原高温气体动力学国家重点实验室多位师长的帮助。特别是在初期得到了俞鸿儒院士的鼓励,坚定了瞄准国家重大需求、探索非主流方向的决心。许多工作是与姜宗林研究员合作开展的,作为两位作者的博士生导师,他搭建了舞台、指引了方向。从基础问题向工程应用延伸和拓展,作者在不断学习,这很大程度上得益于与工程单位的合作,北京动力机械研究所张义宁研究员起到了关键的作用。南京理工大学董刚教授通读了全书初稿,指出了一些错误,提出了许多有益的修改意见。

本书的许多内容散见于作者前期发表的学术论文中,通过重新梳理,以更清晰地展示学术发展的内在逻辑,提供系统的前沿认知。斜爆轰发动机尚未走出实验室,希望本书能够为后来者提供参考,助力新型高端装备早日研制成功。由于水平所限,难免存在许多不足之处,恳请读者批评指正。

作者

2024 年 3 月

符号说明

气流状态/飞行参数

M	马赫数
M_0	自由来流马赫数/飞行马赫数
M_1	进气道压缩后气流马赫数
H_0	飞行海拔
T	温度(一般而言,下标0表示高空参数,下标1表示波前参数,下标2表示波后参数;压力、密度等参数同规则;没有下标一般指当地参数)
p	压力
ρ	密度
V_0	自由来流速度/飞行速度
v_ρ	密度的倒数
u	x 方向速度
v	y 方向速度
w	z 方向速度
T_{st}	气流总温
p_{st}	气流总压

续　表

c	声速
σ_p	总压恢复系数
C_d	阻力系数

几 何 参 数

θ	楔面角度/半锥角
θ_c	二次偏转角,有限长楔面尾部壁面角度(相对于楔面的偏转角度)
θ_d	上壁面偏转角度
L_c	楔面顶点到尾部拐角的距离
L_t	上壁面拐点与自由空间斜爆轰波面的距离(主流方向)
L_d	燃烧室入口到上壁面拐点的距离
H_c	燃烧室内流道高度
δ	进气压缩角度
I	激光辐射强度

化学模型参数

Q	单位质量的放热量
γ	比热比
E_a	活化能
k	单步反应指前因子
E_I	两步模型的诱导区活化能
E_R	两步模型的放热区活化能
k_I	两步模型的诱导区反应速率常数
k_R	两步模型的放热区反应速率常数

续　表

λ	单步模型反应进程变量
ξ	两步模型诱导反应进程变量
η	两步模型放热反应进程变量
T_S	一维稳态 ZND(Zeldovich-von Neumann-Döring)爆轰波冯纽曼温度
φ	当量比
C_p	比定压热容

斜爆轰波相关的参数

β	波面角度
β_S	强解的波面角度
β_W	弱解的波面角度
L	楔/锥面诱导斜爆轰波的起爆距离(下标 w 表示沿着楔面的 ODW 起爆距离,下标 s 表示沿着激波面的 ODW 起爆距离,没有下标一般泛指某个长度)
f_D	爆轰波的过驱动度
θ_{CJ}	理论驻定窗口楔面角度下边界
θ_D	理论驻定窗口楔面角度上边界
β_{CJ}	理论驻定窗口下边界对应的波面角度
β_D	理论驻定窗口上边界对应的波面角度
H_{CW}	两条马赫线的会聚点距离壁面的垂直距离
H_{ini}	起爆区或者斜激波到斜爆轰波的过渡区高度
H_{OSW}	两道马赫波会聚的流向位置处,主斜激波对应的高度
M_S	斜激波后的马赫数
A	扰动幅值
A'	波面振荡幅值

续　表

ω	扰动圆频率
N	扰动波数
f_A	振荡频率

爆轰波相关的参数

D_{CJ}	爆轰波传播速度
M_{CJ}	爆轰波传播马赫数
T_{CJ}	爆轰波 CJ 面温度
p_{CJ}	爆轰波 CJ 面压力
T_{vn}	爆轰波冯·纽曼温度
p_{vn}	爆轰波冯·纽曼压力
Δ_I	一维正爆轰波诱导反应宽度
Δ_R	一维正爆轰波放热反应宽度
χ	稳定性参数
τ	诱导反应时间
σ	放热反应速率
λ_c	爆轰波的胞格宽度
E_{ig}	爆轰起爆的点火能量
E_p	弹丸对气流做功

缩　写　表

TW	横波, transverse wave
OSW	斜激波, oblique shock wave
ODW	斜爆轰波, oblique detonation wave

NDW	正爆轰波, normal detonation wave
TP	三波点, triple point
PSD	功率谱密度, power spectral density
MTP	主三波点, main triple point
RTP	逆三波点, reverse triple point
MS	马赫杆, Mach stem
KP1	一次失稳位置, key position 1
KP2	二次失稳位置, key position 2

目 录

第 7 章　地面实验方法及主要结果

第 8 章　高超声速推进应用

第1章

气相爆轰基础

气相爆轰是一种复杂的流动燃烧现象。通过激波压缩自点火,气相爆轰波面后方会发生剧烈的化学反应,并通过高压燃烧气体的膨胀驱动前导激波高速传播。来流方向与波面垂直的爆轰波为正爆轰波,其余的为斜爆轰波。激波与燃烧的紧密耦合是爆轰波最本质的特征,同时这种耦合也可能导致多种流动不稳定性,使波面失稳形成胞格爆轰波面。从基础研究的角度,爆轰波涉及流体力学、爆炸力学、燃烧学等学科方向,其应用根据不同场景又涉及兵器、化工、航空、航天等工业领域。由于现象多变、机理复杂,目前的爆轰研究还存在很大的不足,存在许多悬而未决的问题。本章从常见爆轰现象和经典爆轰理论出发,介绍爆轰波面结构及起爆、传播机理方面的进展,最后对气相爆轰的工程应用进行简明分析、总结,作为后续斜爆轰研究的基础。

1.1 爆轰现象

爆轰现象在 19 世纪末被观察到,距今已经有一百多年的历史了,人类对爆轰现象的认识也在不断深入。研究者最早认识到爆轰波存在,源于对煤矿爆炸事故的研究,包含爆轰波的爆炸事故会造成更严重的破坏。后来的研究者提出了爆轰波的 CJ(Chapman-Jouguet)理论和 ZND(Zeldovich-von Neumann-Döring)模型[1],其现象的核心是强激波诱导燃烧及燃烧支持强激波自持传播。近年来,随着对爆轰波内部流动结构的研究不断深入,波头附近的复杂激波结构和释热过程,以及多种流动不稳定性,成为爆轰现象的研究前沿。气相爆轰作为一种不稳定的高速燃烧波,涉及可压缩湍流,是开展深入研究的薄弱环节。在流体力学领域,不可压缩湍流燃烧和无反应可压缩湍流均得到了较多的关注,但是对可压缩湍流燃烧的研究关注不多、相关理论还不成熟,这成为爆轰研究的发展障碍。

剧烈的能量释放会形成爆轰波,作为一类特殊的物质波其具有多重属性。首先,爆轰波可以看作一种包含瞬时能量释放的激波。这种观点是建立 CJ 理论的基础,即基于波前波后两个状态的守恒关系来获得爆轰波的传播速度。其次,爆轰波可以看作一种爆炸波。爆炸波指的是局部的剧烈能量释放产生高压区,并形成向周围环境传播的波。这种波本质上是激波,但是一般波后存在稀疏波,在传播过程中不断衰减最后发展成声波(图 1.1)。爆轰波也有高压区和前导激波,但是在传播过程中伴随着进一步的能量释放,前导激波不衰减,是其有别于一般爆炸波之处。最后,爆轰波可以看作一种燃烧波。在预混气体中点火,会形成自持传播的火焰,通过火焰阵面实现化学能向机械能的转变,包括层流火焰和湍流火焰。火焰阵面就是燃烧波的波面,通常通过热传导和分子扩散点燃相邻的气体,实现波的传播。爆轰波同样通过自持传播的火焰来实现化学能向机械能的转变,但是点燃相邻气体及实现波的传播主要靠前导激波,而非热传导和分子扩散,导致爆轰波传播速度远高于通常的燃烧波。值得注意的是,高速湍流燃烧波中也存在类似的机制,因此爆轰波是一种特殊的燃烧波。

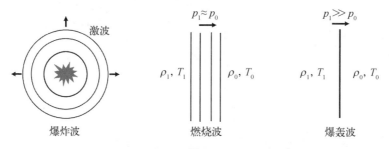

图 1.1　爆炸波、燃烧波、爆轰波示意图

爆轰波可以在多种不同的介质中传播,目前学术界和工程界关注比较多的包括在固体炸药或者气体燃料中传播的爆轰波。固体炸药中的爆轰主要靠炸药分解放热,炸药相对于气体单位体积的能量密度很大,这导致炸药爆轰波后压力非常高,可达 GPa 量级。炸药化学反应复杂且波后压力过高,给实验研究带来了一系列问题,因此研究者对于波后流动释热过程并没有研究透彻,反应机理和状态方程成为炸药爆轰的重点关注领域。与此对应,气相爆轰的反应机理和状态方程比较清楚,对波后压力、温度和波速的预测较为准确。然而,气相爆轰涉及多种流动不稳定性,导致流动结构和规律复杂,目前对非规则胞格结构、临界起爆能量等仍然缺乏可靠的预测模型。相对于炸药爆轰在兵器领域具有明确的

应用场景,气相爆轰的主动应用研究还不多,目前主要关注如何抑制其形成、发展,支撑能源、化工领域的安全问题研究。

　　本书主要关注气相爆轰的基础和应用研究。相对于炸药爆轰,气相爆轰反应介质的体积能量密度低,波后压力、温度相对较低,然而仍然远远高于常规的燃烧。如标准状态下的可燃气体,波后压力可达十几到二十多个大气压,波后温度通常为 2 000~4 000 K,波速通常为 1 500~2 000 m/s。气相爆轰波的这些特点给模拟和测量都带来了不小的困难。流动和燃烧的研究可以采用理论、实验和数值三种方法,它们在爆轰研究中都能发挥一定的作用,但是也存在各自的问题。爆轰波中强激波与剧烈放热的耦合导致了强非线性,理论研究困难,如线性稳定性理论可以预测波面失稳初期形态,但是无法预测胞格尺度。实验研究的困难是显而易见的,高温导致可用的测量手段有限,而高速进一步对测试仪器提出了更高的要求,目前对爆轰流场的动态捕捉仍然无能为力。对爆轰波进行数值模拟面临许多挑战,如高精度激波捕捉方法、高可信度化学反应模型、跨尺度问题模拟对计算资源的严苛要求等,但是近些年数值模拟技术的迅速发展对爆轰研究起到了巨大的推动作用。特别是随着数值模拟技术进步迅速,能够获得动态流场进行分析,为爆轰研究提供了有力的工具。首先利用数值模拟开展流动特性研究,然后设计实验对关键结果进行验证,进而分析掌握流动机理、建立模型,支撑相关工程应用的技术发展,是气相爆轰的发展方向。

1.2　经典爆轰理论

　　虽然经过了一百多年的研究,但是爆轰相关的现象非常复杂,具有普适性的理论、模型还不多。在爆轰领域,目前也只有 CJ 理论和 ZND 模型能够被称为公认的经典理论。由于这方面的著作比较多[1,2],在此仅做简单的介绍。

　　爆轰现象发现以后,首先需要回答的问题就是爆轰波为什么能够以如此高的速度持续传播。Chapman[3]建立了基于质量、动量和能量守恒的分析框架,发现对应动量守恒的 Rayleigh 线和对应能量守恒的 Hugoniot 曲线相切可以得到一个最小速度,如图 1.2 所示。此时同时满足动量和能量守恒的解只有一个,这个解对应的就是爆轰波自持传播的速度。Jouguet 则从流动的物理特征角度进行分析,提出平衡爆轰波自持传播时,介质流动速度在化学反应结束后相对于激波波面是声速的,从而波后的扰动不能向前赶上爆轰波波面使其熄爆。可以

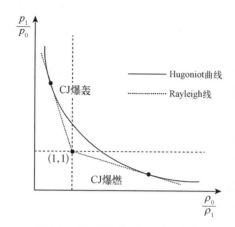

图 1.2   CJ 理论的 Hugoniot 线和 Rayleigh 线

看出 Chapman 的最小速度准则只是一个假设,而 Jouguet 的声速准则有一定的物理意义。后续分析表明两者本质上是一致的,两种准则都对守恒方程组引入限制条件进行了封闭,从而得到了爆轰波速度的唯一解。利用这个方法计算爆轰波的传播速度与实验符合很好,特别是大管径光滑管道中的爆轰波传播实验。作为一种非常成功的速度预测理论,后人用两位科学家名字的首字母将其命名为 CJ 理论。

CJ 理论研究的是宏观上稳定的爆轰波,即达到平衡态的自持传播爆轰波。由于没有考虑微观的燃烧释热过程,因此在研究爆轰的形成、传播机理方面无能为力。20 世纪 40 年代早期,Zeldovich、von Neumann 和 Döring 分别独立提出了相同的描述爆轰波的结构,后来被称为 ZND 模型[1,2],如图 1.3 所示。ZND 模型将爆轰波结构处理为一维的前导激波,以及波后的诱导区和放热区,认为强激波的压缩诱导了可燃气体高温下的自点火。反过来,化学反应释放的能量使气体膨胀,向前推动爆轰波以较高的马赫数传播。ZND 模型是在 CJ 理论的基础上发展起来的,其认可根据 CJ 理论计算出的爆轰波速度,并认为在化学反应区的末端,气流热力学参数与 CJ 理论预测结果。其

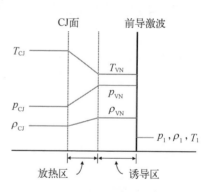

图 1.3   ZND 模型结构示意图

实 ZND 模型不限于 CJ 爆轰波,也可以用于描述过驱动爆轰波。与 CJ 理论相比,ZND 模型考虑了爆轰波后释热的非平衡过程,并给出了爆轰波高速运动的流动机制解释,即化学反应放热导致的热膨胀效应。总体而言,ZND 模型是第一个理论上完备的爆轰波模型,可以对传播过程和动力学参数进行描述,相对于 CJ 理论是一个明显的进步。

为了给出 ZND 模型下的爆轰波后的流动特征,图 1.4 显示了标准状态下、理想化学当量比的氢气-空气混合气体中,CJ 爆轰波对应的 ZND 模型结构。激波位于横轴原点处,波前混合气体是标准状态,即压力 1 atm(1 atm = 1.013 25×

10^5 Pa)、温度 293 K。可以看到前导激波后存在一个压力和温度的平台区,即化学反应的诱导区,温度约为 1 500 K,压力约为 28 atm。由于此时化学反应还未发生,这个区域参数可以根据激波的间断关系计算得到,称为爆轰波的 von Neumann 状态。随着化学反应放热效应逐渐显现,可以看到波后压力下降、温度上升,趋向于 CJ 状态,温度接近 3 000 K,压力接近 15 atm。由此可见 ZND 模型中有波前状态、von Neumann 状态和 CJ 状态三个关键点,且能给出波后任意一点的热力学状态,因此比 CJ 理论更加完善。

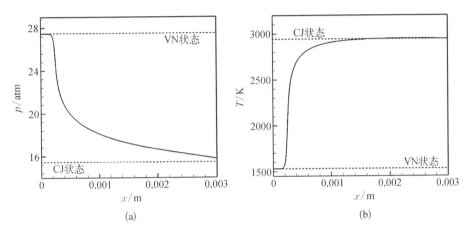

(a)　　　　　　　　　(b)

图 1.4　标准状态理想化学当量比氢气-空气混合气体中的 CJ 爆轰波压力和温度

CJ 理论和 ZND 模型是爆轰研究早期提出的经典理论,但是进一步研究发现,利用 ZND 理论得出定量的爆轰动力学参数(如临界能量、临界半径、速度亏损、爆轰极限等)与实验结果严重偏离。如球面爆轰波直接起爆的临界能量,依据 ZND 模型计算得到的结果比实验结果低了 3 个数量级。因此,ZND 模型虽然是第一个完备的爆轰波理论模型,但还存在内在缺陷,其原因在于没有考虑爆轰波真实流动结构。基于目前的认识水平,真实的爆轰波面总是包含弯曲前导激波、横波及与激波耦合程度不一、湍流度相差很大的燃烧带,因此有必要对爆轰波头附近的波系结构、释热规律,以及爆轰波起爆和传播特性开展更深入的研究。

1.3　爆轰波面结构与胞格

ZND 模型作为一种爆轰波结构模型,其给出了激波和燃烧的关系,即激波压缩诱导燃烧。然而,在实际情况下两者会发生耦合作用,即燃烧放热反过来影响激波,在这个过程中流动不稳定性的影响不可忽略。借助烟迹技术及后来的光学观测手段,研究者发现爆轰波头存在复杂的多波结构,即前导激波并不是一个平面,其后方也不是 ZND 模型给出的一维的诱导区和反应区。综合利用多种实验手段,研究者发现垂直于爆轰波的运动方向存在着横向运动的激波,实际波面上存在由前导激波和横向激波构成的蜂窝状结构。目前认为这种结构对爆轰波的传播是非常必要的,研究结果发现,横波的往复运动和湍流混合导致的化学反应放热率的增加对爆轰波很重要,否则波后反应放热通常难以支持其自持传播。

爆轰波面附近的波系结构本身变化很大,对于复杂的烃和氧气的混合物,横波的形成、发展和分布是非常复杂的,也导致了非规则的胞格结构。可以将非规则爆轰中的横波看作很多频率横波的叠加,对其表征和分析难度很大,也是爆轰基础研究的一个重要方向。然而,对于某些混合物,如掺混了氩气的低压氢氧混合气体,爆轰波的横波只有一种频率。这种规则爆轰波的传播在烟迹片上会形成鱼鳞状的结构,可以通过图 1.5 简单地表示出来[4]。图 1.5 中,点 A - B - C - D 构成了一个胞格,在胞格的前半段,爆轰波面传播速度大于相邻胞格内的波面速度。三波点轨迹为 AC 和 AB,同时波后化学反应区紧贴波面。在胞格的后半段,在 B 点和 C 点发生了横波的碰撞,原来的马赫杆和入射波角色互换,胞格内的爆轰波面传播速度较小。同时,胞格后半段波面与化学反应面发生了部分解耦,最终两道相对运动的横波在 D 点碰撞并生成新的马

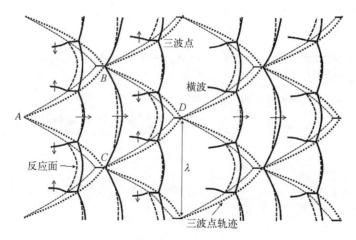

图 1.5　多维爆轰波面及其形成的胞格示意图[4]

赫杆,完成一个周期的运动。这种结构是通过大量的烟迹实验结果总结出来的,从宏观上给出了爆轰波传播动力学过程的解释。胞格结构说明宏观上稳定传播的爆轰波,实际上波面的运动速度并非是恒定的,而是随着波面位置的变化而周期性地变化。通过 CJ 理论计算得到的速度,可以看作爆轰波的平均速度,研究者获得了胞格内的波面速度与 CJ 速度的比值,发现无量纲的波面传播速度可以在 0.7~1.7 周期性地运动,其对 CJ 速度的偏离程度随着放热反应活化能的增加而增大。

图 1.6 展示了不同稳定性的爆轰波面纹影和烟迹胞格。实验中保持管道高

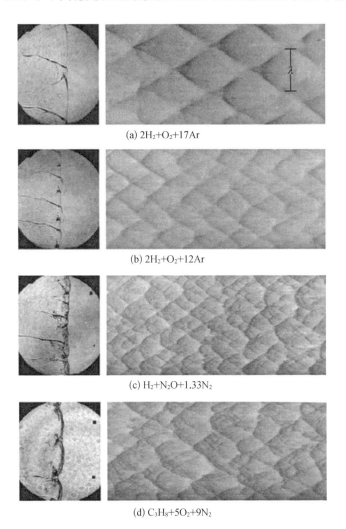

(a) 2H₂+O₂+17Ar

(b) 2H₂+O₂+12Ar

(c) H₂+N₂O+1.33N₂

(d) C₃H₈+5O₂+9N₂

图 1.6　实验获得的爆轰波面纹影和烟迹胞格(管道高度为 150 mm,气体压力为 20 kPa)

度和气体压力相同,采用不同燃料以获得不同稳定性的爆轰波,通过波头流场的纹影和烟迹记录的胞格显示出来[5,6]。可以看到随着气体种类的变化,爆轰波面激波结构差别很大,进而导致了不同的三波点运动轨迹,在烟迹片上形成了多样化的胞格。一般而言,稀释气体越多,波面结构和胞格结构越简单,如图1.6(a)所示的85%Ar稀释、理想化学当量比的氢氧混合气体,其胞格结构非常规则,类似于图1.5展示的理想结构。随着稀释气体的增加,三波点和横波变得不规则,其规则性也受到氧化剂种类及燃料种类的影响,如图1.6(c)和(d)所示。从规则到非规则爆轰波的转变,并没有一个明确的界限,不过可以看到波面及胞格结构逐渐产生明显差别。通常来说,非规则爆轰波中前导激波相对于正激波偏离程度往往更高,波后气体不同位置的点火时延差别很大,平均反应区厚度较大、反应区流动湍流较强。从胞格结构可以看出,非规则爆轰波的横波强度差别很大,从而可能形成大小不一的胞格。规则爆轰波主要依靠前导激波压缩点火,而非规则爆轰波点火机制比较复杂,还受到横向激波压缩,以及波后对流、扩散等因素的影响,容易形成波后未反应气团。对非规则爆轰波流动与燃烧机制的研究是气相爆轰物理的重要方向。

随着光学测量技术的发展,对爆轰波头附近的流场进行直接测量成为可能,一个典型结果如图1.7所示[5,6]。相对于之前的烟迹测量技术,采用PLIF(平面激光诱导荧光,planar laser induced fluorescence)测量可以直接获得燃烧中间粒子的密度分布,从而获得释热过程的位置和强度信息。PLIF结果与纹影获得的

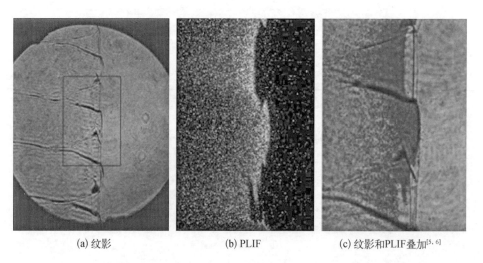

(a) 纹影   (b) PLIF   (c) 纹影和PLIF叠加[5,6]

图1.7   理想化学当量比氢氧混合气体中的爆轰波(压力为20 kPa,80%Ar稀释)

激波面位置结合起来,可以获得完整的瞬态流场波头信息。从图 1.7 可以看到,前导激波后的流场出现了楔形的火焰面,并可以通过发光强度显示出反应的剧烈程度。胞格爆轰波前导激波面可以分为较强的马赫杆部分和较弱的入射激波部分,PLIF 结果显示马赫杆部分后的气体立即发生了释热,而入射激波部分后的气体存在一个较长的诱导区,其释热过程受到入射激波和横向运动激波的双重影响。基于 PLIF 技术的爆轰波头直接测量为获得流场中激波与燃烧的耦合情况,特别是局部的波动力学过程,提供了直接的支持和证据,相对于基于烟迹的胞格测量手段有本质的进步。然而,受限于多种技术因素,目前对高速流场进行动态测量还难以实现,也是未来的发展方向。

爆轰波的传播过程中胞格演化是一个重要的研究方向。大部分工作中,爆轰波在圆截面或者方截面管道中传播,同时保证管道截面面积不发生变化,从而开展 CJ 爆轰波的研究。如果在传播过程中,爆轰波的空间约束突然发生变化,那么胞格波面也会相应地变化并偏离平衡状态。从流动的角度,爆轰胞格演化可以分为绕射和反射两种情况,如管道突扩或者渐扩导致的绕射,或者在壁面、楔面上发生反射。绕射通常会导致爆轰波速降低、局部解耦,而反射会导致波速增加,形成局部的过驱动爆轰波。图 1.8 显示了爆轰波在不同角度突扩管道中的传播[7],可以看到绕射会使爆轰波胞格增大,随后依据绕射条件的不同发生分化,但是总体上都实现了重新趋于以前的稳定值。在绕射角较小的情况下,增大后的爆轰胞格发生分裂,形成新的胞格;在绕射角中等的情况下,胞格增大后不是通过分裂,而是通过重新起爆实现在扩张管道中的传播;在绕射角较大的情况下,边缘的爆轰波发生了解耦,但是压力增加导致胞格数目较多,中心处的胞格仍然存在,并逐渐向外扩张实现绕射后的传播。绕射过程远比反射复杂,解耦后的爆轰波能否在新的空间约束下继续维持,取决于多种因素的耦合作用。在上述情况下,扩张角的大小和原管道中的胞格数会同时影响胞格爆轰波的传播和演化。在极端情况下,还会涉及起爆,如解耦后的激波可能通过壁面反射重新形成爆轰波。这方面的研究成果很多,在此不展开,感兴趣的读者可以参考相关综述和专著[2,8]。

胞格宽度是气相爆轰波最重要的一个表征参数。胞格给出了波面三波点的二维结构,研究表明大部分胞格的长宽比是接近的,因此可以用一个参数来进行表征,就是胞格宽度。对于规则爆轰波,胞格宽度只有一个,但是对于大部分非规则爆轰波,胞格宽度往往不是唯一的。非规则爆轰波可能形成多个大小不一的胞格,为了对其进行量化通常取平均宽度。胞格宽度受很多因素的影响,最主

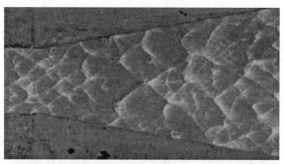

(a) 波前气体压力和角度为4.0 kPa、10°

(b) 波前气体压力和角度为8.0 kPa、25°   (c) 波前气体压力和角度为10.6 kPa、45°

图 1.8   混合气体 $C_2H_2+2.5O_2$ 中的胞格爆轰波在不同角度的扩张管道中的绕射[7]

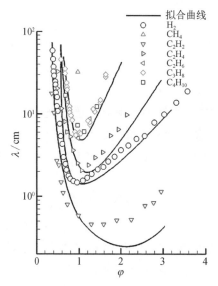

图 1.9   燃料空气混合气体中的胞格宽度[4]

要的就是燃料种类,其他的还包括当量比、氧化剂种类、压力、温度等。图1.9 显示了标准状态下,以空气为氧化剂的混合气体胞格宽度[4]。可以看到对于给定燃料,其胞格宽度主要受当量比的影响,一般在理想化学当量比状态达到其最小值。当量比减小导致胞格宽度急剧增大,而当量比增加导致胞格宽度缓慢增大。在常见的燃料中,氢气是胞格宽度较小的,只有乙炔比氢气的胞格宽度小,而在小分子碳氢燃料中甲烷的胞格宽度是最大的。根据 CJ 爆轰波 ZND 结构诱导区长度,图 1.9 拟合出了一个胞格尺度,可以较好地预测胞格宽度,但是不同的气体、误差值是有差别的。

由于胞格宽度的数据容易测量,研究者建立了完善的数据库[9],并将其作为爆轰波的基础动力学参数,很大程度上影响了后续的爆轰研究。爆轰波的动力学参数有很多,Lee[4]在综述论文中提出了四个关键的动力学参数,分别是胞格尺度(detonation cell size)、临界直接起爆能量(critical energy for direct initiation)、临界管道直径(critical tube diameter)和爆轰极限(detonation limit)。其中占据核心地位的是胞格尺度,主要是指 CJ 爆轰波对应的胞格宽度。由于爆轰波的高温、高压、高速给实验测量带来了很多困难,因此大量的实验结果是通过烟迹显示技术得到的。这些结果使研究者对爆轰波胞格尺度的变化有了深入的了解,进而导致胞格尺度成为后面三个动力学参数研究的基础。原则上也可以用其他的特征长度,如 ZND 结构的化学反应区长度,将其作为后续研究的基础,然而过去几十年大量的工作是建立在爆轰胞格尺度基础上的,已经形成了路径依赖。无论是临界直接起爆能量还是临界管道直径,都可以通过胞格宽度来表征,相关的研究工作有很多,此处不再赘述。需要注意的是,许多气体存在大小不同的胞格,仅仅通过一个平均参数来表征胞格特性存在过度简化的问题。这就导致以胞格宽度为核心的研究只能获得唯象结果,更深入的研究仍然有待于复杂流动、燃烧现象的挖掘和阐释。

1.4 起爆与传播机理

层流火焰的传播速度是很低的,爆轰波能够以高 2~3 个量级的速度传播,主要原因是放热区之前有个高马赫数的强激波。这个强激波的来源,就是起爆研究需要回答的问题。通常认为爆轰波的起爆可以通过两种过程来实现,即爆燃转爆轰和直接起爆。爆燃转爆轰(deflagration to detonation transition, DDT)是由低速爆燃波在一定条件下转变为爆轰波,核心是强激波从无到有的生成过程。另外,直接起爆通过瞬间的能量释放形成强激波,进而发展成为爆轰波,通常初始激波比 CJ 爆轰波的前导激波更强,因此起爆是一个激波的衰减过程。在这两种过程中,前者需要的能量较小,然而后续发展受到湍流、激波、剪切层失稳等诸多流动和燃烧不稳定因素的影响;后者需要高能点火源,整个过程受到初始输入能量的影响很大,然而流动现象相对简单。对于实际的燃料-空气混合气体,能够实现直接起爆的点火能量,也称为临界起爆能量,通常是比较高的,大部分起爆过程是通过爆燃转爆轰来实现的。

在早期的爆轰探索中,研究者曾经认为爆燃转爆轰是连续过程,即爆燃波通过持续加速发展为爆轰波。受限于当时的研究条件,对高速爆燃波的研究特别是实验测量方面存在很大的困难,因此研究者希望研究低速爆燃波加速机理,希望能够深化对于爆燃转爆轰的理解。这方面的研究产生了大量的成果,建立对于低速爆燃波较为完善的认识,并提出了 DDT 转变长度(run-up length)等特征参数。然而,通过大量研究,研究者发现爆燃波的加速过程非常敏感,受流场的初始条件和边界条件影响很大,导致研究结果的可重复性很差。深层次的原因直到 Urtiew 和 Oppenheim[10] 的实验研究之后才被广泛认识与接受,那就是爆燃转爆轰实质上包含了两个阶段,除了爆燃波的逐渐、连续加速过程,后期还存在一个爆轰波的突然形成过程。后来的研究者对这两个阶段分别进行研究,通过对第一阶段的研究揭示了加速过程的各种影响因素,通过对第二阶段的研究发现热点会突然形成,进而实现激波与释热的局部强耦合,实现爆轰波的起爆。随着研究的进一步深入,激波与释热的局部强耦合形成的热点,在直接起爆中也被观察到。图 1.10 显示了在可燃气体中起爆球面爆轰波的实验结果,可以观察到热点及其发展的过程。通过电火花或者激光点火,能够在点火源附近形成强激波,强激波在可燃气体中的传播存在三种情况。当起爆能量较高时,实现了爆轰波直接起爆,激波和燃烧带始终耦合在一起,也称为超临界直接起爆;当起爆能量较低时,激波和燃烧带分别独立传播,也称为亚临界直接起爆,本质上是一种失败的起爆。在合适的起爆能量下,初始阶段激波和燃烧带分别独立传播,随后在某些离散的点实现耦合,进而在整个波面上发展

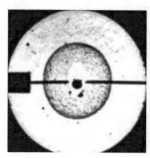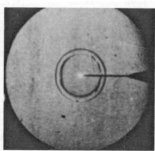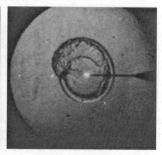

(a) 超临界　　　　　　　　(b) 亚临界　　　　　　　　(c) 临界

图 1.10　球面爆轰波的超临界、亚临界和临界直接起爆[11]

为爆轰波,称为临界直接起爆。这些起爆点与爆燃转爆轰中的热点形成条件和发展过程基本一致,说明临界起爆与爆燃转爆轰经历了相似的流动与释热耦合过程,反而是超临界直接起爆(即点火能量远大于临界起爆能量)时形成机理有所不同。

由于临界起爆的重要性,对起爆能量进行深入的量化研究十分必要。实验观察到在临界直接起爆的情况下,前导强激波通常要衰减到 CJ 爆轰波以下,在传播马赫数接近 CJ 马赫数一半时重新变强,形成过驱动爆轰波进而衰减为 CJ 爆轰波。这种以 CJ 马赫数一半的速度传播的准定常爆轰波,发展过程取决于两个因素:一个因素是波面曲率的扩展使前导激波不断衰减,另一个因素是化学反应放热使其得到增强。鉴于两个因素的互相竞争在适当的起爆能量条件下达到平衡,Lee[12] 提出采用 CJ 爆轰马赫数和爆轰胞格尺度建立起爆能量计算方法,得到球面爆轰波的临界起爆能量为

$$E_c = 14.5\pi\gamma p_0 M_{CJ}^2 \lambda^3 \tag{1.4.1}$$

式中,γ 是混合气体的绝热指数;p_0 是混合气体的初始压力;M_{CJ} 是混合气体中的 CJ 爆轰波马赫数;λ 是胞格尺度。这个理论建立了以 CJ 爆轰波速度和胞格尺度为基础的临界起爆能量计算方法,得到的结果和实验结果符合较好。

Ng 和 Lee[13] 采用数值模拟的方法研究了起爆能量对一维爆轰波传播过程的影响,如图 1.11 所示。曲线 1 对应着点火能量较低的条件,随着点火激波的传播,前导激波压力逐渐衰减,激波和燃烧没有耦合,最终衰减到声波。如果点火能量足够大,那么点火激波能够与燃烧耦合起来,形成爆轰波,如曲线 3 所示,

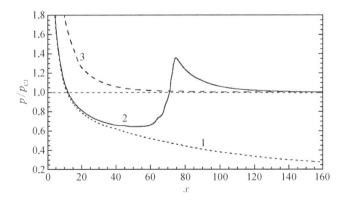

图 1.11　数值模拟得到亚临界(1)、临界(2)和超临界(3)直接起爆过程中前导激波压力随传播位置的变化[13]

直接从过驱动爆轰波衰减为 CJ 爆轰波。当点火能量接近临界值时,流动发展比较复杂,如曲线 2 所示。前导激波初期状态会不断地衰减,当衰减到某一状态时,前导激波的衰减不再继续,反而形成了一段基本稳定传播的激波,其传播速度约为 CJ 爆速的 60%。这是一种亚稳定的状态,受到激波面下游反应区的驱动,前导激波会重新加速,形成过驱动的爆轰波,并最终衰减为自持的 CJ 爆轰波。

爆轰波的传播机理研究是与胞格结构的研究密切联系的。早期的研究者不理解为什么爆轰波能够以极高的速度传播,前导激波的发现解释了这个问题,导致了 ZND 模型的出现。进一步的研究发现 ZND 结构会失稳,导致爆轰波面失稳,从而带动了胞格测量和以胞格宽度为核心动力学参数的研究。这些研究得到了一些模型,为工程应用提供了经验的方法,但是更进一步的研究则超出了传统的爆轰领域,涉及高雷诺数可压缩湍流。对于比较规则的爆轰波,其波后的流动状态接近层流,对其传播过程中动力学形成进行预测难度不大。对不同情况下的传播特性进行研究,本质上就是获得爆轰波波头结构对不同几何约束的响应规律。如图 1.12 显示了一种环形管道中爆轰波的传播,是一种内壁面绕射、外壁面反射的情况。可以推测爆轰波在内壁面发生了解耦,而外壁面实现了重新耦合并形成了更密集的胞格,根据管道的内径、外径和爆轰波的胞格宽度、化学反应特征长度不同,环形管道中爆轰波会形成多种周期性模式,其中胞格结构的演化规律和激波释热耦合机制仍然有待于进一步研究。

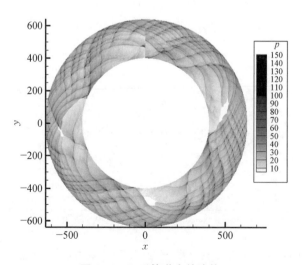

图 1.12　环形管道中的胞格

1.5　气相爆轰的工程应用

气相爆轰的研究在兵器、化工、航空、航天等多个工业领域有着广泛的应用。火灾、爆炸、爆轰等燃气灾害抑制与防护是个长期的研究方向,爆轰波起爆和传播机理的研究支撑了防爆抑爆技术的发展。另外,内燃机技术的发展对燃烧效率提出了更高的要求,可能导致在极端情况下形成未充分发展的爆轰,导致"超级敲缸"现象并影响发动机稳定工作,这在内燃机领域获得广泛的关注。在航空航天工程领域,研究者希望利用爆轰而非抑制爆轰,这与上述两个领域有本质的区别,也导致研究难度急剧增加。爆轰燃烧速度快、压力高,与空天飞行器向更高(近空间)、更快(高超声速)方向发展的路径不谋而合。总体上,气相爆轰目前在航空航天工程领域的主要应用为用于高超声速风洞的爆轰驱动和用于高比冲动力系统的爆轰推进,下面分别进行介绍。

爆轰驱动是一种用于高超声速风洞的驱动手段,可大幅度地提高风洞模拟能力。风洞作为能够在地面模拟飞行状态的实验装置,可为飞行器设计提供数据支撑,也称为"飞行器的摇篮"。根据气流速度,风洞可以笼统地分为亚声速风洞、跨声速风洞、超声速风洞和高超声速风洞。由于将气流加速到高超声速耗费能量非常大,所以高超声速风洞通常是脉冲型风洞。激波风洞是用激波加速气流的脉冲型风洞,可以在地面产生超声速或高超声速气流,开展相应的气动或推进问题研究。风洞的模拟能力,即试验段的马赫数和压力、温度,很大程度上取决于驱动段压力,因此,如何提高驱动段压力或驱动能力是激波风洞最核心的技术之一。国外的研究者提出了燃烧驱动、重活塞压缩驱动等技术,中国科学院力学研究所的俞鸿儒院士创新了爆轰驱动的方法,发展了相关起爆、卸爆技术[14],使我国高焓激波风洞技术达到国际先进水平。

爆轰驱动利用爆轰燃烧产生的高温高压气体作为驱动气体,分为正向爆轰驱动和反向爆轰驱动,分别如图 1.13 和图 1.14 所示。无论是正向还是反向爆轰驱动,首先都要在驱动

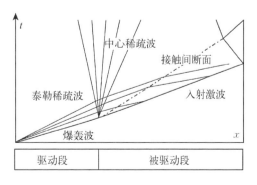

图 1.13　正向爆轰驱动原理示意图

段充入高压可燃气体,被驱动段则是充入相对低压的试验气体,两者通过膜片隔开。两种驱动方式的主要区别是,正向爆轰驱动从驱动段左端起爆,如图1.13所示,而反向爆轰驱动从驱动段右端或者说驱动段-被驱动段连接处起爆,如图

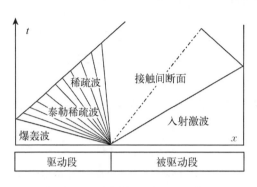

图 1.14   反向爆轰驱动原理示意图

1.14所示。这两种起爆方式在激波管中诱导了不同的流动过程,通过波系 x-t 图可以看出明显的差别。总体而言,正向爆轰驱动利用爆轰波波头的高压在被驱动段中产生激波,而反向爆轰驱动利用爆轰波尾部、经过泰勒(Taylor)稀疏波削弱的高压平台在被驱动段中产生激波。前者产生的激波较强,然而气流稳定性不够、品质较差;后者产生的激波较弱,但是气流品质较好。此外,爆轰驱动风洞很重要的问题就是高强度的冲击导致系统振动,引起结构与材料的破坏,这方面正向爆轰驱动也比反向爆轰驱动更严重,也是爆轰驱动需要解决的关键技术难题之一。

基于反向爆轰驱动技术,中国科学院力学研究所建成了"复现高超声速飞行条件"激波风洞,命名为JF12,为我国的高超声速技术发展提供了关键地面验证设备。该风洞的设计如图1.15所示,在红色的驱动段和蓝色的被驱动段连接处点火,爆轰波向上游移动,利用爆轰产物的高压实现破膜,在被驱动段形成激波。相对于图1.13显示的爆轰驱动激波管,该风洞在上游添加了卸爆段,在下游添加了喷管和实验段,构成了典型的反射型激波风洞。爆轰波在传到驱动段与卸爆段连接处时,冲破膜片进入低压卸爆段,削弱振动、减少冲击,保证风洞长期、平稳运行。当被驱动段的激波传到被驱动段末端时,发生反射形成高温高压的静止气体,并通过拉瓦尔喷管加速形成高超声速气流,流经实验段的飞行器或发动机模型。图1.16显示了被驱动段末端、喷管(灰色)和实验段。风洞启动

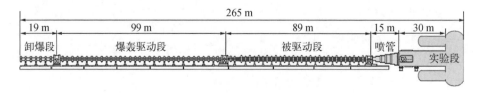

图 1.15   中国科学院力学研究所 JF12 激波风洞设计图

图 1.16　中国科学院力学研究所 JF12 激波风洞实验段照片

前,被驱动段和喷管由膜片隔开,被驱动段的气体就是实验气体,而喷管和实验段的压力通过真空泵降到很低,以实现气体的良好加速。为了防止激波风洞常见的起动激波在实验段尾段反射的影响,实验段设计成了山字形,如图 1.15所示。

　　JF12 激波风洞采用反向爆轰驱动技术,以及直接起爆、激波管缝合运行、喷管起动、激波干扰弱化、高压爆轰驱动、二次波运动控制等一系列创新技术,使其成为国际上尺度最大、性能最先进的高超声速激波风洞,具有复现高度为 20~50 km、马赫数为 5~9(1.5~3 km/s)飞行条件的能力。其实验气体为洁净空气,实验气流总温为 1 600~3 000 K,实验气流总压为 2~12 MPa,实验时间可以达到100 ms。该风洞作为可复现飞行条件的高超声速风洞,成就了我国独立自主研究先进空气动力学试验装备的先例,实现了风洞试验状态从流动"模拟"到"复现"的跨越,引领了国际先进风洞实验技术的发展。该风洞全长 165 m、卸爆段长 19 m、内径为 420 mm;爆轰驱动段长 99 m、内径为 420 mm、充预混可燃气体;被驱动段长 89 m、内径为 720 mm、充空气作为实验气体;喷管长 15 m、出口直径为 1.5 m 或 2.5 m;试验段长 11 m、直径为 3.5 m;卸爆段、驱动段、被驱动段和喷管之间均以膜片隔开。

　　基于正向爆轰驱动技术,中国科学院力学研究所建设了 JF22"爆轰驱动超高速高熔激波风洞"(图 1.17),实现了高超声速地面模拟能力的进一步提升。

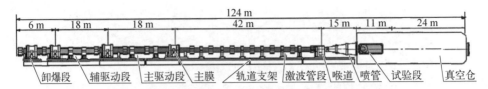

图 1.17　中国科学院力学研究所 JF22 激波风洞设计图

爆轰波面具有远高于波尾的能量,因为波头部分的气体不仅压力高,而且动量大。理论估计利用正向爆轰做驱动源能够获得 5 倍于反向爆轰驱动器的驱动能力,然而,当爆轰波运动到被驱动段之后,可燃气体不复存在,膨胀波导致前导激波的不断衰减,难以满足激波风洞气源压力稳定的要求。为了解决这个问题,Jiang 等[15]提出一个基于激波反射概念的空腔型正向爆轰驱动理论,并在 JF22 激波风洞上实现了成功应用。该风洞的关键技术包括正向爆轰驱动技术、膨胀加速技术和差动式双起爆技术,总长 167 m,喷管出口直径为 2.5 m,实验舱直径为 4.0 m,实验气流马赫数为 10~25,气流总温 3 000~10 000 K,实验时间可达 40 ms。这两座风洞构成能够覆盖全部高超声速飞行走廊(马赫数为 5~25,飞行海拔 20~90 km)、具有国际领先水平的地面气动实验平台。

　　爆轰推进技术比爆轰驱动技术具有更重大的工程意义。从原理上,爆轰驱动利用爆轰产生的高压气体提升风洞的驱动能力、模拟高速气流,而爆轰推进利用爆轰增压燃烧的特点实现更高的循环热效率、提升空天动力系统的性能。爆轰推进涉及爆轰波的起爆和调控,难度极大,涉及更多的科学问题,目前尚未开展大规模工程应用,许多技术有待于进一步研究。爆轰推进经过多年发展,目前主要归结为三种构型的爆轰发动机,分别为脉冲爆轰发动机(pulse detonation engine, PDE)、旋转爆轰发动机(rotating detonation engine, RDE)和斜爆轰发动机(oblique detonation engine, ODE)。在某些文献中,旋转爆轰发动机又称为连续爆轰发动机(continue detonation engine, CDE),斜爆轰发动机又称为激波诱燃冲压发动机(shock-induced combustion ramjet, Shcramjet)。严格来说,目前在学术文献中看到的相关爆轰发动机的研究,在动力系统研制体系中大部分还属于燃烧室的研究。在不同构型的燃烧室中,根据来流条件的不同采用脉冲爆轰波、旋转爆轰波或斜爆轰波来组织燃烧,而这些燃烧室可以作为火箭发动机、冲压发动机或者涡轮发动机的部件,实现对传统燃烧室的替代和性能提升。为了符合国内学术界的习惯,本书仍采用爆轰发动机的说法。由于后续章节均围绕斜爆轰及其应用展开,这里仅对 PDE 和 RDE 进行介绍。

脉冲爆轰发动机利用向后传播的爆轰波实现能量转换,其典型工作过程如图 1.18 所示。PDE 的基本构型是一端封闭、另一端开口的管道,其开口端通常接一个喷管来获得推力增益。封闭端设有阀门,周期性地开启以充入可燃气体。可燃气体从封闭端向开口端传播,当即将到达开口端时,封闭端阀门关闭,通过点火装置起爆爆轰波,使其向开口端传播。爆轰波到达出口后继续向外传播,高温燃气通过喷管向后喷出,形成高速气流产生推力。爆轰波排出后,在较低环境压力的作用下,稀疏波从出口向封闭端传播,将大部分燃烧产物排出,完成一个工作循环。在 PDE 这种发动机中,能量转换是通过向后传播的脉冲爆轰波实现的,因此称为脉冲爆轰发动机。基于脉冲爆轰燃烧的能量转换模式,既可以用于火箭发动机,也可以用于冲压发动机,研究者还探讨了其他多样化的应用形式,如与涡轮组合或采用多管脉冲爆轰发动机的形式等。

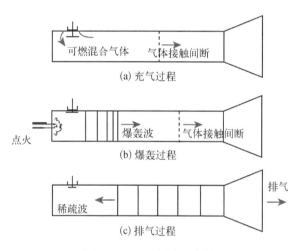

图 1.18　PDE 概念示意图

脉冲爆轰发动机最早是由 20 世纪 30 年代的德国科学家提出来的,德国的 Hoffmann 进行了初步研究[16]。在 50 年代,美国密歇根大学的 Nicholls 等[17,18] 采用理论分析和实验的手段论证了单管脉冲爆轰的可行性,他们发现当频率为 35 Hz 时,脉冲爆轰发动机的燃料比冲为 2 100 s,单位推力为 1 088 kg,结果令人鼓舞。而后,美国空军组织多家单位对脉冲爆轰发动机的工程应用开展了系统的研究,并在 21 世纪初开展了第一次脉冲爆轰发动机飞行试验。该试验发动机由四个脉冲爆轰管组成,单管工作频率为 20 Hz,产生了 980 N 的峰值推力,在 30 m 的高度完成了 10 s 的自主飞行,成为爆轰发动机在航空飞行器上的首次实际应用[19]。自 2004 年开始,以 Kasahara 为代表的日本研究者开展了大量的地面实验,先后设计了单管和四管并联的 PDE 样机,其外观如图 1.19 所示,并于 2014 年开展了弹射试飞实验[20]。2021 年,日本名古屋大学和日本宇宙航空研究开发机构合作开展了太空环境下的脉冲爆轰飞行演示验证,验证了脉冲爆轰作为轨道控制发动机的可行性[21]。国内较早开展脉冲爆轰发动机研究的单位主要是南京航空航天大学和西北工业大学[22,23],针对管内爆轰波的高效短距起爆、燃料/氧化剂快速掺混、进气方式、高频多管工作特性等开展了全面研究,并探索了脉冲爆轰在涡轮发动机、火箭发动机上的应用。脉冲爆轰发动机的工程应用主要面临提高工作频率、降低流动损失的挑战,目前其工作频率仅能达到数十赫兹的水平。作为参考,旋转爆轰发动机的工作频率在数千赫兹的水平。即便这两类爆轰发动机工作频率不适宜直接对比,从推进系统工作平顺性、稳定性及飞行器应用难度等方面看,提升工作频率对于脉冲爆轰发动机是非常关键的。然而,频率提升对于发动机设计提出了更高的要求:起爆系统难度更大,需要长时间保持高频、高密度能量输入;进气系统难度也更大,需要更频繁的阀门开闭,流动能量损失难以降低。可以说,脉冲爆轰发动机是一种理论上很有优势,但是实现难度很大的概念,相关技术的发展和成熟仍然需要做很多工作。

图 1.19　日本研制的 PDE 的实物图[19]

　　旋转爆轰发动机即 RDE 通常使用环形燃烧室,其概念示意图如图 1.20 所示。氧化剂和燃料从不同的管路喷注到环形燃烧室中,在环形燃烧室头部(即图 1.20 靠下的部位)组织爆轰燃烧[24]。这种爆轰波既不是正爆轰波,也不是理想的斜爆轰波,而是一种特殊的波系状态。如果环形燃烧室外径和内径差别较小,忽略波系在燃烧室径向的差异,将旋转爆轰流场沿周向展开,就可以得到如图 1.21 所示的波系结构[25]。爆轰波面前方是三角形的可燃气体带,其形成原因是爆轰波头后方压力较高,会抑制燃料和氧化剂进气,距离上一个波头越远,则进

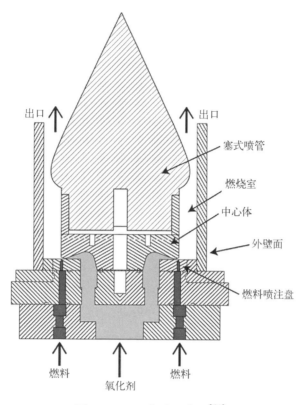

图 1.20　RDE 概念示意图[24]

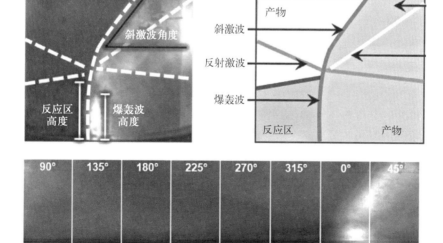

图 1.21　基于 PLIF 的旋转爆轰波系结构[25]

气时间越长、可燃气体越多。在旋转爆轰波中,波头基本是垂直于进气方向的,但是下游结构比较复杂,通过膨胀形成了包含反射激波、滑移线和产物内斜激波的波系结构。这种向下游膨胀的爆轰波,传播速度低于 CJ 爆速。作为一种发动机,RDE 中的爆轰波起爆之后始终维持在环形燃烧室中,并不随介质向下游传播,因此发动机不需要重复起爆,带来了很大的技术优势。RDE 还有运行频率高的特点,频率取决于燃烧室直径和爆轰波速度,通常可达数千赫兹,不存在阀门频繁开闭问题。上述两个特点给 RDE 设计和工作带来很大的优势,也使其成为空天动力方向的研究前沿和热点。

相对于 PDE 和后续介绍的 ODE,RDE 具有波系结构复杂的特点。旋转爆轰波是具有强烈非定常特性的三维结构。实际上所有的爆轰波都是三维的,然而,在 PDE 和 ODE 的研究中,爆轰波大部分情况下可以简化为二维,甚至准一维。在忽略了其沿环形燃烧室径向差异的情况下,旋转爆轰波可以简化为二维,但是此类简化适用范围非常有限,目前大部分研究需要采用三维模型。即便如此,旋转爆轰波系中的不少现象和机理,如起爆特性、波系结构及其稳定性,仍然缺乏深入、系统的研究。如旋转爆轰波的波头数,在同一燃烧室中可能形成单波头或多波头情况(图 1.22),对于波头数预测目前仍然缺乏普适的方法。研究者发现波头数随着静温、流量的变化而改变,因此在给定燃烧室几何尺度、燃料类型和来流条件后,波头数应该是确定的。然而,由于缺乏对激波释热耦合机制的认识,波头数的预测目前还只能靠经验模型。波头数有些类似于胞格尺度,其预测依赖于后验的经验模型,进一步的研究需要流体力学中可压缩湍流等理论的发展来支撑。

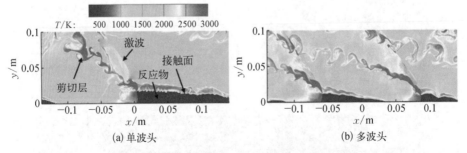

图 1.22　单波头和多波头的旋转爆轰波温度场[26]

旋转爆轰的应用方式是多样化的。图 1.20 给出的是一种实验室研究常用的构型,包括了常规的小孔或环缝进气及尾部的塞锥喷管。这种构型本身接近于火箭发动机,只不过燃烧室从常规火箭的圆形截面变成了环形截面。旋转爆轰还可以用于冲压发动机[27],随着来流马赫数的不同其进气和燃料喷注方式需要做相应的调整,波系稳定机理也有所差别。旋转爆轰用于涡轮发动机或者燃气轮机也是一个值得探索的方向[28],由于涡轮本身难以承受爆轰波的长时间冲击,可以考虑在涡扇发动机外涵道或者加力燃烧室组织燃烧。总之,旋转爆轰提供了一种有特色的高性能燃烧方式,可以根据工程需求灵活应用,有赖于研究者的创新思维。

参考文献

［ 1 ］Fickett W, Davis W C. Detonation: Theory and experiment[M]. New York: Dover Publications, 1979.

［ 2 ］Lee J H S. The Detonation phenomenon[M]. Cambridge: Cambridge University Press, 2008.

［ 3 ］Chapman D L. On the rate of explosion in gases[J]. Philosophical Magazine, 1889, 47 (248): 90－104.

［ 4 ］Lee J H S. Dynamic parameters of gaseous detonations[J]. Annual Review of Fluid Mechanics, 1984, 16(1): 311－336.

［ 5 ］Shepherd J E. Detonation in gases[J]. Proceedings of the Combustion Institute, 2009, 32 (1): 83－98.

［ 6 ］Austin J M. The role of instability in gaseous detonation[D]. California: California Institute of Technology, 2003.

［ 7 ］Thomas G O, Williams R L. Detonation interaction with wedges and bends[J]. Shock Waves, 2002, 11(6): 481－492.

［ 8 ］Zhang F. Detonation dynamics[M]. Berlin: Springer, 2012.

［ 9 ］Shepherd J E. Detonation database[EB/OL]. [2019－4－14].https://shepherd.caltech.edu/ detn_db/html.

［10］Urtiew P A, Oppenheim A K. Experimental observations of the transition to detonation in an explosive gas[J]. Proceedings of the Royal Society A, 1966, 295: 13－28.

［11］Lee J H S. CHAPTER 17-Detonation waves in gaseous explosives[M]. Burlington: Academic Press, 2001: 309－415.

［12］Lee J H S. Initiation of gaseous detonation[J]. Annual Review of Physical Chemistry, 1977, 28(1): 75－104.

［13］Ng H D, Lee J H S. Direct initiation of detonation with a multi-step reaction scheme[J]. Journal of Fluid Mechanics, 2003, 476: 179－211.

［14］俞鸿儒,赵伟,袁生学.氢氧爆轰驱动激波风洞的性能[J].气动实验与测量控制,1993, 7(3): 38－42.

［15］Jiang Z L, Zhao W, Wang C, et al. Forward-running detonation drivers for high-enthalpy shock tunnels[J]. AIAA Journal, 2002, 40(10): 2009－2016.

［16］Eidelman S, Grossmann W, Lottati I. Review of propulsion applications and numerical simulations of the pulsed detonation engine concept[J]. Journal of Propulsion and Power, 1991, 7(6): 857－865.

[17] Nicholls J A, Wilkinson H R, Morrison R B. Intermittent detonation as a thrust-producing mechanism[J]. Journal of Jet Propulsion, 1957, 27(5): 534－541.

[18] Dunlap R, Brehm R L, Nicholls J A. A preliminary study of the application of steady-state detonative combustion to a reaction engine[J]. Journal of Jet Propulsion, 1958, 28(7): 451－456.

[19] Kailasanath K. Research on pulse detonation combustion systems: A status report[C]. 47th AIAA Aerospace Sciences Meeting Including the New Horizons Forum and Aerospace Exposition, Orlando, 2009.

[20] Kasahara J, Hirano M, Matsuo A, et al. Flight experiments regarding ethylene-oxygen single-tube pulse detonation rockets [C]. 40th AIAA/ASME/SAE/ASEE Joint Propulsion Conference and Exhibit, Fort Lauderdale, 2004.

[21] Kawasaki A, Matsuyama K, Matsuoka K, et al. Flight demonstration of detonation engine system using sounding rockets－520－31: Performance of pulse detonation engine[C]. AIAA SCITECH 2022 Forum, San Diego, 2021.

[22] 王家骅,韩启祥.脉冲爆震发动机技术[M].北京:国防工业出版社,2013.

[23] 范玮,鲁唯,王可.脉冲爆震火箭发动机应用基础问题研究进展[J].实验流体力学, 2019,33(1): 1－13.

[24] Rankin B A, Fotia M L, Naples A G, et al. Overview of performance, application, and analysis of rotating detonation engine technologies[J]. Journal of Propulsion and Power, 2016, 33(1): 131－143.

[25] Rankin B A, Codoni J R, Cho K Y, et al. Investigation of the structure of detonation waves in a non-premixed hydrogen-air rotating detonation engine using mid-infrared imaging[J]. Proceedings of the Combustion Institute, 2019, 37(3): 3479－3486.

[26] Yao K, Yang P, Teng H, et al. Effects of injection parameters on propagation patterns of hydrogen-fueled rotating detonation waves[J]. International Journal of Hydrogen Energy, 2022, 47(91): 38811－38822.

[27] Frolov S M, Zvegintsev V I, Ivanov V S, et al. Hydrogen-fueled detonation ramjet model: Wind tunnel tests at approach air stream Mach number 5.7 and stagnation temperature 1500 K [J]. International Journal of Hydrogen Energy, 2018, 43(15): 7515－7524.

[28] DeBarmore N, King P, Schauer F, et al. Nozzle guide vane integration into rotating detonation engine[C]. 51st AIAA Aerospace Sciences Meeting including the New Horizons Forum and Aerospace Exposition, Grapevine, 2013.

第 2 章

斜爆轰的起爆

爆轰的起爆是实现其工程应用的前提,相关机理也是重要的基础科学问题。斜爆轰的可控起爆技术在发动机研发中尤为重要,对起爆特性研究提出了很高的要求。原因在于斜爆轰波的起爆区并不随着起爆的完成而消失,反而在发动机中持续存在,对流动稳定性和燃烧释热规律产生很大的影响,斜爆轰起爆的这种特点,也是其有别于脉冲爆轰和旋转爆轰的重要特征之一。传统上对爆轰起爆的研究分类,即直接起爆和爆燃转爆轰,也不适用于斜爆轰,因此相关方法对斜爆轰起爆研究缺乏借鉴价值。斜爆轰的起爆常见的有两种实现方式,一种是通过楔面诱导的斜激波来实现,另一种是通过钝头体诱导的弯曲激波来实现。前者研究较多,从推进性能角度看具有更大的应用潜力;后者研究较少,从起爆可靠性角度具有一定的优势。但是两者在起爆区波系结构、稳定性等方面都有待于深入地研究。本章对不同起爆方式下的流动特征进行介绍,探讨起爆波系受燃料特性的影响,分析起爆机理并给出波系结构预测模型。

2.1 起爆波面的两种过渡类型

楔面诱导斜爆轰起爆是以往起爆研究中得到最多关注的,相对于钝头体起爆,其流动阻力和总压损失更小,有利于发动机应用[1,2]。超声速气流遇到楔面,首先会形成一道斜激波,如果气流介质是可燃混合气体,那么斜激波压缩可能点燃混合气体,形成放热区。通过放热膨胀,斜激波在下游有可能实现与放热区的紧密耦合,实现爆轰波起爆。总体上,这种斜爆轰波系的上游部分是斜激波,下游部分是斜爆轰波,通过斜激波到斜爆轰波的过渡(oblique shock to detonation transition, OSDT)实现起爆。如果斜激波强度不够,波后温度无法实现点火和迅速放热,那么可能发生无法起爆的情况,即没有放热区仅有斜激波,或放热区与斜激波解耦的波系结构。

　　对于通过斜激波到斜爆轰波的过渡即 OSDT 实现起爆的情况,核心问题是过渡是如何实现的。Li 等[3]首先对过渡区波系结构进行了数值研究,得到的流场如图 2.1 所示,进而归纳出波系结构,如图 2.2 所示。从图 2.1 可以看到,在上游部分斜激波下方存在一个诱导区(induction region),诱导区末端的壁面附近会首先发生放热,在流动作用下放热区向下游延伸,同时向远离壁面的区域发展,与斜激波耦合形成斜爆轰波。上游部分斜激波面后的压力、温度、密度都有明显提升,通过温度和马赫数结果,还可以观察到一个比较模糊的滑移线。图 2.2 进一步显示了归纳出的波系结构,包括未反应激波和有反应激波,以及诱导区、滑移线和爆燃波,其中未反应激波即前面所说斜激波面,有反应激波即斜爆轰波面,两者通过一个转折点连接。由于这个转折点还连接下面的爆燃波,因此通常称为斜爆轰起爆区三波点。

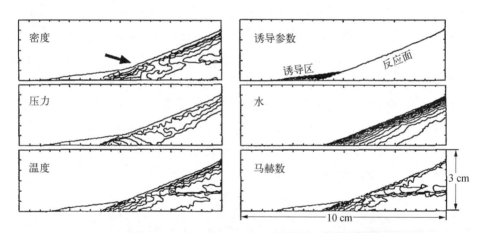

图 2.1　理想化学当量比氢气-空气混合气体(300 K,1 tam)在来流马赫数 $M_0 = 8$、楔面角度 $\theta = 23°$ 条件下产生的斜爆轰波结构[3]

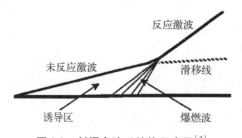

图 2.2　斜爆轰波系结构示意图[3]

上述斜爆轰波系的存在很快得到了实验证明,Viguier 等[4]利用组合式爆轰管得到的斜爆轰流场,如图 2.3 所示。关于组合式爆轰管的原理将在第 6 章中进行详细的介绍,在此需要说明的是,斜爆轰实验模拟技术难度很大,因此导致实验结果较少。斜爆轰实质上需要通过高速气流滞止在固定装置上,因此对来流速度要求很高,通常的风洞总压不够,难以产生满足速度要求的气流。一个替代方案是采用弹道靶,将弹丸发射到可燃气体中,可以获得预混气体中的波系结构[5,6]。但是弹道靶实验也面临测试困难、模型尺寸限制等问题,在此不再展开。图 2.3 的实验采用组合式爆轰管,通过下侧爆轰管形成气动楔面,在上侧爆轰管中诱导斜爆轰。这样导致气动楔面上方有个燃烧带,然而此结果足以验证 OSDT 的基本结构,即斜激波面和斜爆轰波面通过三波点连接,为后续研究奠定了基础。

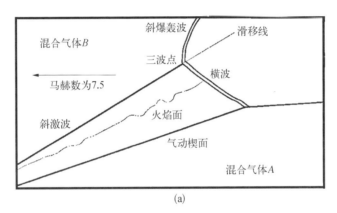

(a)

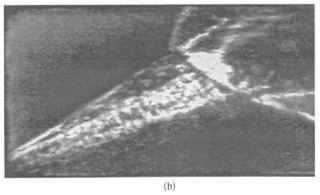

(b)

图 2.3　实验得到的斜爆轰波纹影结果、简化示意图[4]

上述研究说明,斜爆轰起爆可以通过斜激波到斜爆轰波的突然转换实现,并得到了基本波系结构,然而这种基本结构是否具有唯一性,是需要进一步探讨的问题。考虑到实验能够覆盖的参数范围有限,同时受限于早期数值研究的模拟精度,对此问题进行全面研究是比较困难的。然而,随着研究的深入,起爆区波面结构多样性得到了证实,研究者发现存在一种渐变型或者光滑过渡型的波面结构,如图2.4所示[7]。这种结构和前述突变结构的主要差别在于斜激波到斜爆轰波的过渡不是通过三波点实现的,而是通过一段斜率逐渐增加的弯曲激波实现的。通过改变模拟参数,研究者发现这种包含弯曲激波的斜爆轰起爆区结构通常出现在马赫数较高或者楔面角度较小的情况下。

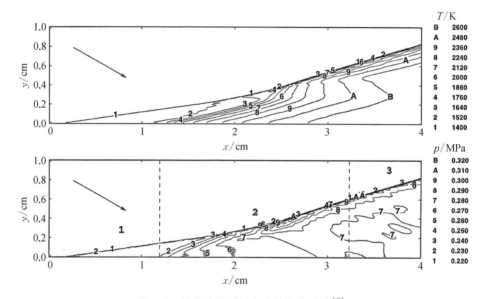

图 2.4   斜激波到斜爆轰波的渐变过渡[7]

随着更多研究结果的发表,斜激波到斜爆轰波的过渡得到了更多的研究,确认存在两种过渡区波面结构。整体而言,楔面诱导的斜爆轰波起爆通过斜激波诱导燃烧来实现,起爆区存在复杂的波系结构,波面表现为斜激波面到斜爆轰波面的转变。两种波面的过渡区存在突变和渐变两种情况,如图2.5所示。突变过渡通过三波点来实现,而渐变过渡通过光滑的弯曲激波来实现,前者更容易引发下游斜爆轰波面的失稳,以及诱导复杂的过渡区波系结构。关于过渡区波系结构的研究将在本章后续章节中详细地展开,而关于不稳定性斜爆轰波面的研究成果将在第3章进行详细的介绍。

对于起爆区存在突变和渐变两种波面过渡类型的现象,研究者从不同角度进行了分析,探讨了其形成机制和预测准则。Figueria da Silva 和 Deshaies[7]研

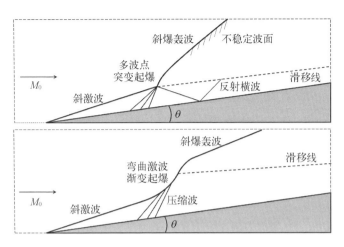

图 2.5　斜爆轰波面两种过渡类型示意图

究发现波面过渡类型主要取决于诱导反应时间和整体化学反应时间的比,如果诱导时间较短,那么会出现渐变过渡。由于两个时间之比也影响了爆轰波的稳定性,因此可以推论过渡类型和爆轰波的稳定性存在一一对应关系。然而,Teng 和 Jiang[8]计算获得不同参数下斜爆轰波过渡类型发生变化的马赫数,发现在临界马赫数对应的爆轰波不稳定性是不同的,说明上述准则具有较大的局限性。进一步的斜爆轰模拟采用了三步链锁反应模型来描述化学反应释热,以通过控制不同参数分析影响斜爆轰波面过渡类型的主导因素。结果表明,过渡区类型和爆轰波不稳定性虽然依赖于相同的变量,但是它们之间并不存在简单的单调对应关系。通过对计算数据的深入分析,发现斜激波和斜爆轰波的角度差,可以作为起爆波面过渡类型的经验预测指标。由于内容较多,分析过程在此不做详细介绍[8]。此外,Wang 等[9]通过数值模拟研究了三波点周围的流场,发现爆燃波后的超声速流动是横波得以出现和维持的原因,据此提出了三波点出现的判据,从另一个角度建立了过渡区类型准则。

2.2　来流参数对波系的影响规律

斜爆轰通过斜激波到斜爆轰波的过渡实现起爆,在波面上存在突变和渐变两种形式。在此基础上,研究者发现波面下方起爆区的波系相互作用比较复杂,需要开展进一步的系统研究。波系结构随着来流参数的变化规律,在过去几十年的斜爆轰研究中涉及较多,是一个重要的研究方向。数值研究可以灵活选用流体动力学模型和化学反应模型,从而得到不同条件下的斜爆轰起爆区多波结构,掌握波系变化规律。斜爆轰起爆波系结构的定性研究,采用无黏模型和总包反应模型即可开展,本节主要展示采用欧拉(Euler)方程和两步诱导-放热化学反应模型获得的相关模拟结果。斜爆轰波前来流马赫数通常较高,边界层厚度较小,在许多情况下采用无黏流动模型误差不大,同时两步诱导-放热化学反应模型耗费计算量较小,有利于提升模拟效率。关于计算方法的介绍可以见本书第 6 章,且本节展示的结果已经经过验证,以保证结论不依赖于计算方法和网格分辨率。

斜爆轰起爆依赖的来流参数主要有四个,分别是来流马赫数、楔面角度、化学反应速率常数和放热量。上述来流参数既包括来流马赫数等气体动力学参数,也包括化学反应速率常数和放热量等化学反应模型参数,总体上是由来流气体种类、压力、温度、当量比等共同确定的。参数中比较特殊的是楔面角度,通常认为不是来流参数而是发动机几何参数,然而其表征了起爆诱导楔面与未扰动气流的夹角,因此也可以视为来流参数之一。表 2.1 显示了模拟采用的默认参数,主要分为两组:第一组参数采用较高的马赫数和放热量,楔面角度也较大,是为了更好地凸显出斜爆轰波的波系结构特征;第二组参数马赫数和放热量较低,接近于斜爆轰发动机中的流动状态。采用具体燃料的发动机内部流动的研究结果,将在 2.4 节进行讨论和分析。

表 2.1　斜爆轰两组典型模拟参数设置

符　号	第一组	第二组
M_0	10	6.5
θ	30°	25°
Q	50	25
γ	1.2	1.2
E_I	$5T_\mathrm{s}$	$4T_\mathrm{s}$
k_R	1.0	1.0

采用第一组参数模拟得到的结果如图 2.6 所示。在三个算例中,只有来流马赫数发生变化,其余参数均保持不变。可以看到在马赫数较高时,起爆区为渐变结构,位置也比较靠近上游[图 2.6(a)]。随着马赫数的减小起爆区波面类型

发生变化：在 $M_0 = 10$ 情况下，起爆区仍然为渐变，在 $M_0 = 9$ 情况下，起爆区已经成为突变结构。此外，在 $M_0 = 9$ 情况下，突变的三波点前已经出现了弯曲激波，这是渐变结构的典型特征，说明此波系是一种从突变结构向渐变结构演化的中间结构。与此同时，可以看到起爆位置也随着马赫数的变化向下游移动，从 $M_0 = 11$ 情况下的 35 左右，变为 $M_0 = 9$ 情况下的 115 左右。其中的原因在于马赫数的减小导致了斜激波后温度的降低，导致点火时延增加、起爆位置下移。除了改变过渡区结构和起爆位置，马赫数减小带来的另一个效果是波系结构的复杂化。从图 2.6 可以看到，在相对较低马赫数对应的斜爆轰波系中，斜激波、滑移线在燃烧产物中出现并发生相互作用，导致了复杂的波系结构及非均匀的波后流动状态，也是应用研究的关注点[10]。

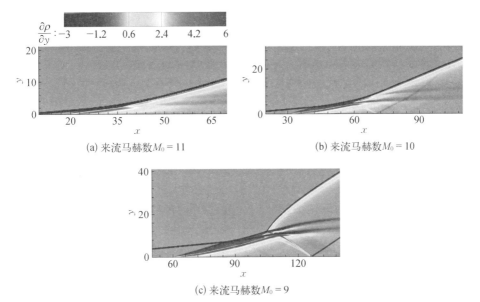

(a) 来流马赫数 $M_0 = 11$　　　　　　(b) 来流马赫数 $M_0 = 10$

(c) 来流马赫数 $M_0 = 9$

图 2.6　楔面角度 $\theta = 30°$、不同来流马赫数下起爆区密度梯度场

同样基于第一组参数，图 2.7 显示了调整楔面角度获得的斜爆轰波。为了显示出波系特征及放热区的位置，用温度场叠加放热反应区，采用黑色虚线画出了放热反应进程参数 η（在 0～1 变化）的分布，其中，$\eta = 0.05$ 代表放热起始位置，$\eta = 0.95$ 代表放热结束位置。从图 2.7 中可以看到，随着角度的降低，过渡区结构从渐变发展为突变，同时起爆位置发生了明显的变化，向下游移动。因此，楔面角度的减小与马赫数的减小对过渡区结构和起爆位置的定性影响是一致的。与此同时，图 2.7 展示的放热区分布对于认识起爆区波系结构特征是有帮助的。可以看到沿着流线,斜爆轰波面后方的放热区较短,而斜激波面后方的放热区较长,放热区长度在起爆点附近突然减小。需要注意的是,楔面角度减小后激波和放热区看似耦合更紧密了,如图2.7(a)和(d)所示,实际上放热区长度的绝对数值基本不变,看似紧密耦合主要是起爆区长度增大导致的坐标变化引起的。

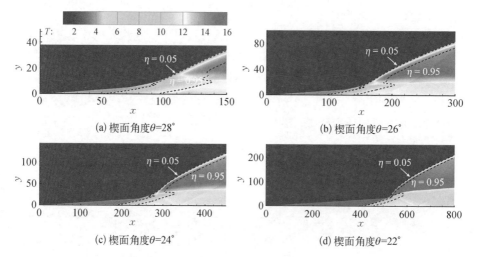

图 2.7　来流马赫数 $M_0 = 10.0$、不同楔面角度下斜爆轰波的温度场

为了探讨波系结构随楔面角度的变化规律,进一步的模拟采用第二组参数获得了斜爆轰波系结构,以便进行对比分析。如图 2.8 所示,第二组参数采用了较低的放热量和来流马赫数,因此波系结构的特征有所弱化,三波点后向壁面延伸并反射的斜激波比较弱,但流动状态接近工程实际。当来流马赫数较低时,楔面角度太大导致斜爆轰波不能驻定,因此第二组参数的楔面角度变化范围为 $20° \sim 25°$。总体上,从第一组参数得到的波系结构特征及位置变化规律仍然保持不变,如楔面角度减小导致过渡区从渐变演化为突变,同时起爆位置下移,如图 2.8 所示。采用第二组参数,还可以进一步研究来流马赫数对波系的影响规律。得到的结果与采用第一组参数得到的规律(图 2.6)类似,即马赫数减小导致过渡区结构从渐变演化为突变、起爆位置下移。

除了来流马赫数和楔面角度两个参数,化学反应模型参数对斜爆轰起爆的影响是值得关注的问题。化学反应模型参数受燃料种类、预混气体温度、压力、当量比等因素的影响,存在比较复杂的关系。本节的研究采用两步反应模型,存在两个常用的可变参数,即化学动力学参数 k_R 和放热量 Q。这就使模型复杂性大大简化,但是模拟中选取的具体参数往往不能直接对应于某种燃料及预混气

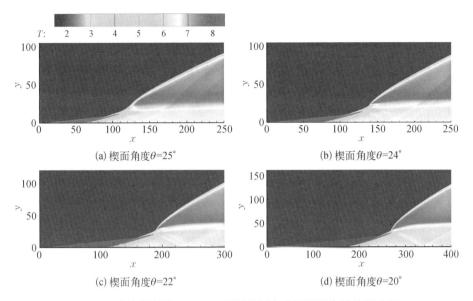

(a) 楔面角度 $\theta = 25°$

(b) 楔面角度 $\theta = 24°$

(c) 楔面角度 $\theta = 22°$

(d) 楔面角度 $\theta = 20°$

图 2.8　来流马赫数 $M_0 = 6.5$、不同楔面角度下斜爆轰波的温度场

体状态。化学动力学参数 k_R 是放热反应的指前因子,用于控制放热反应的速率,不会对诱导反应产生影响,在两步反应模型中通常用于替代单步反应模型的活化能并将其作为气体反应活性的度量。另一个参数放热量 Q 用于度量单位质量燃料的放热量大小。关于两步化学反应模型的详细介绍,包括各参数的物理意义和无量纲方法,可以参见本书第 6 章。

保持来流马赫数和楔面角度不变,化学反应模型参数 k_R 也会导致斜爆轰波系结构改变。图 2.9 显示了来流马赫数 $M_0 = 6.5$,楔面角度 $\theta = 25°$ 条件下的斜爆轰温度场。首先,在 k_R 比较低时,如 1.0 和 1.1,斜爆轰波面是光滑的,一直到 $k_R = 1.5$ 时仍然保持这种光滑的波面,如图 2.9(a)~(c)所示。然而,过渡区类型随 k_R 的增大而发生了变化,从渐变过渡演化为突变过渡,并发生了起爆位置向上游移动的现象。当 $k_R = 2.0$ 时,斜爆轰波面从光滑波面变为胞格波面,形成了若干三波点和横波。随着 k_R 的增大,波面的三波点数量增加,失稳波面的位置向上游移动,同时起爆区主三波点的位置也继续向上游移动,形成了强不稳定的胞格波面。在 $k_R = 5.0$ 和 10.0 的胞格波面上,存在着左行和右行两种横波或三波点,爆轰波面的第一次失稳形成左行三波点,第二次失稳形成右行三波点。相关失稳波面特性在以前工作中进行过详细的分析[11],主要在第 3 章进行介绍和讨论。

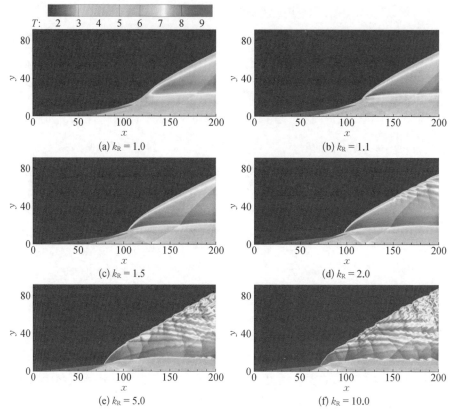

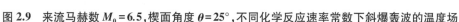

图 2.9   来流马赫数 $M_0 = 6.5$,楔面角度 $\theta = 25°$,不同化学反应速率常数下斜爆轰波的温度场

沿着斜激波后紧贴壁面的流线,图 2.10 给出了起爆区放热速率和温度分布。可以看到随着 k_R 的增大,放热率的峰值增大并向上游移动,同时升温曲线也变得陡峭。蓝色温度曲线,即在 $k_R = 10.0$ 条件下,第二个峰值源于向下游延伸斜激波的作用。值得注意的是,蓝色和红色放热率曲线的峰值位置几乎重合[图 2.10(a)],说明壁面附近的释热起始位置虽然受 k_R 影响,但 k_R 大于 2.0 之后就影响不大了。因此,起爆区三波点位置的变化主要源于 k_R 增大诱导了迅速放热,从而改变了波后气体的状态,形成高温高压区,这种改变也可以通过温度曲线的变化观察到。

对斜爆轰波系而言,随着 k_R 的增大,过渡区结构从渐变演化为突变,起爆位置向上游移动。这种变化规律,与来流马赫数及楔面角度影响下的变化规律存在差别,如前面所述,降低马赫数或楔面角度会导致过渡区结构从渐变演化为突变,但是伴随起爆位置下移而非上移。另外,不少研究者采用单步不可逆放热反

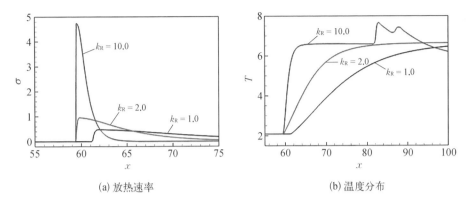

(a) 放热速率　　　　　　　　　　(b) 温度分布

图 2.10　来流马赫数 $M_0 = 6.5$，楔面角度 $\theta = 25°$ 条件下沿着壁面的起爆区放热速率和温度分布

应模型研究了斜爆轰起爆，相关结果可以与此结果进行对比分析。单步反应模型中常用活化能 E_a 表征气体反应活性，两步反应模型中 k_R 的增大对应活化能的增加，都会导致波面不稳定性的增强，以及波面快速失稳形成横波，因此两者对波面的影响定性一致。然而，两步反应模型能够精确地给出对于起爆长度的影响，而单步反应模型对诱导反应过程没有考虑，因此理论上无法研究起爆问题。

另一个重要的化学反应参数是放热量，其变化对于斜爆轰波的影响如图 2.11 所示。保持来流马赫数 $M_0 = 6.5$，楔面角度 $\theta = 25°$，放热反应的指前因子

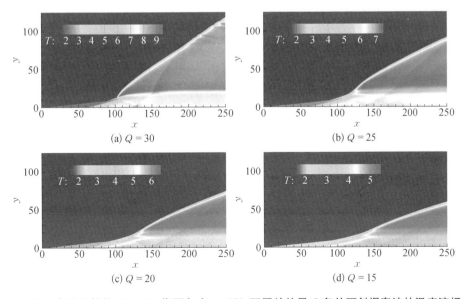

图 2.11　来流马赫数 $M_0 = 6.5$，楔面角度 $\theta = 25°$，不同放热量 Q 条件下斜爆轰波的温度流场

$k_R = 1.0$，之前的模拟中采用的默认放热量 $Q = 25$。从图 2.11 可以看到，放热量增大导致过渡区结构从渐变演化为突变，同时向上游移动，而且波面变得不稳定。与此对应，放热量减小导致过渡区结构、起爆位置、波面不稳定性向相反的方向变化。斜爆轰波随着放热量的变化趋势，与前面讨论的随 k_R 的变化趋势是一致的。这说明两个主要的化学反应参数对斜爆轰波系结构的影响规律相同，而与马赫数、楔面角度等气体动力学参数不同。当然，更系统的研究需要全面地考虑更多气体动力学和化学动力学参数，然而上述结果已经能够揭示斜爆轰波系结构的复杂性，以及证实波系结构对不同参数存在不同依赖的规律。

2.3　锥形和弓形激波诱导的斜爆轰

斜爆轰不仅可以通过楔面诱导起爆，还可以通过其他多种途径实现起爆。在楔面诱导起爆中，斜激波后的高温高压区起到了点火的作用，点火后的流动比较复杂，在释热与流动相互作用下形成斜爆轰波面，即斜激波与释热区的紧密耦合。理论上，超声速气流受到扰动会形成激波，在可燃气体中，就有可能利用激波后的高温高压区实现爆轰点火。然而，要形成斜爆轰波，特别是发动机中可用的驻定斜爆轰波，还是需要满足一定的条件。从不同的角度出发，以前的研究者对双楔面诱导的斜爆轰波开展了研究，楔面类型包括角度从大变小[12]或者从小变大[13]，或者角度大小不变但是中间包括一段平直的缓冲段。上述构型从工程上来说为斜爆轰的起爆设计和控制提供了多种选择，但是本书主要关注基础问题，对此不再做详细的介绍。

除了最简单的单楔面，在斜爆轰研究中还存在两种研究较多的基本几何构型，即轴对称锥和轴对称钝头体。图 2.12 显示了这两种几何结构及它们所诱导的斜爆轰波基本构型。相对于二维楔面，锥面存在一个周向的膨胀，超声速气流中的锥激波在气体动力学中研究较多，流动特性和二维平面激波存在明显的差别。钝头体的构型变化较多，如完整圆球或半球头加圆柱体，其共同特点是通过脱体的弯曲激波诱导高温高压区实现点火起爆。此外，轴对称的锥也可以后接圆柱，形成锥柱组合。本节主要介绍这类轴对称的几何构型诱导的斜爆轰波系结构特性。

在无反应的超声速气流中，锥激波后的轴对称流动也称为 Taylor - McColl 流。其特点在于激波角相对于二维流动的激波角要小很多，同时波后气流密度、

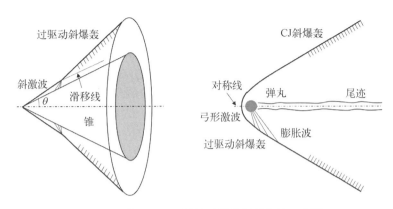

图 2.12　锥形和弓形激波诱导的斜爆轰波示意图

温度不均匀,流线向壁面靠拢。在超声速可燃气体中,初始阶段锥体诱导斜激波后可以看作 Taylor - McColl 流,但是随着点火和释热逐渐地影响波系结构,会形成二维轴对称的斜爆轰波。总体而言,锥面斜爆轰波相对于相同偏转角(半锥角或半楔角)的平面斜爆轰波难以起爆,这是因为波角小,波后压力和温度相对较低。图 2.13 展示了采用单步反应模型得到的锥激波后斜爆轰波[14],为了方便地展示整个圆锥被压缩成了一条对称轴,上半部为压力,下半部为温度。可以看到当楔面角度较大时,顺利实现了起爆并在下游波面上发生了失稳,如图 2.13(a)所示。由于采用了单步反应模型,如前面所述对起爆区无法实现高精度模拟,但是从马赫数 8.0 和楔面角度高达 40°的组合可以看出,锥激波后的斜爆轰波确实难以起爆。将楔面角度降低到 34°,可以观察到起爆导致了斜爆轰波面的凸起,但是起爆后的波面局部波角出现了下降。这种波角的下降伴随着化学反应放热区与斜激波的耦合程度减弱,如黑线半化学反应区位置所示,但是在下游出口处激波与放热区又重新发生强耦合。这种在轴对称效应影响下可能发生

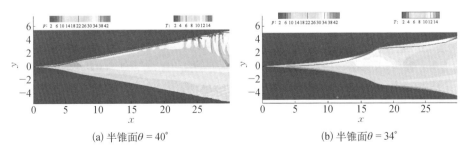

(a) 半锥面$\theta = 40°$　　　　　　　(b) 半锥面$\theta = 34°$

图 2.13　来流马赫数 $M_0 = 8.0$ 产生的锥面斜爆轰波压力(上半部,黑线表示半化学反应区位置)和温度(下半部)场

解耦,导致形成了一种新的斜爆轰波解耦-再耦合结构,也为分析轴对称斜爆轰波的特征提供了一个新的角度。

锥面诱导的斜爆轰波从几个角度影响波系结构特性,有必要拆解进行更细致的分析。一方面,轴对称的几何构型导致了周向膨胀,降低了斜激波角,导致锥面斜爆轰波不容易起爆;另一方面,锥激波存在波后气流密度、温度不均匀,也是影响斜爆轰波点火起爆的一个重要因素。为了将这两个因素的影响进行区分,进一步在保证斜激波角相同的情况下,对斜爆轰进行了模拟。图 2.14 给出了轴对称和二维平面斜爆轰温度场[15],两者的诱导区斜激波角是相同的。为了得到相同的诱导区斜激波角,首先计算给定的半楔角情况下斜激波角,然后根据斜激波角反推二维平面条件下的半楔面角度,进而将此角度输入到程序中进行流场模拟,得到二维平面斜爆轰流场。数值结果表明,在斜激波角相同的情况下轴对称斜爆轰波不容易起爆,起爆位置超出了计算域,而两个算例下都可以看到二维平面斜爆轰波起爆及波面失稳的过程。从图 2.14 轴对称斜爆轰波模拟结果可以看到,对称轴附近的流场温度较高,这是由 Taylor – McColl 流的特点决定的,实质上是有利于起爆的。然而,轴对称效应导致的周向膨胀抑制了起爆的发展,决定了此类斜爆轰波的主要流动特征。

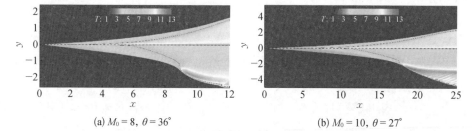

(a) $M_0 = 8,\ \theta = 36°$ (b) $M_0 = 10,\ \theta = 27°$

图 2.14   具有相同诱导区斜激波角的轴对称(上半部)和平面
(下半部)斜爆轰温度场(黑线表示半化学反应区位置)

为了分析轴对称效应影响,一个相同楔面角/半锥角情况下的斜爆轰波温度场如图 2.15 所示。与前述相同诱导区斜激波角的流场对比,可以看到这种情况流场的差别更大。由于锥面斜激波角小于楔面斜激波角,在给定的其他参数相同的条件下,二维楔面斜激波很快诱导了斜爆轰波,发展出胞格波面,然而锥面斜激波导致了多次重复起爆和解耦,展现了和图 2.13(b)类似的波系结构。在二维楔面情况下,滑移线的 K – H(Kelvin – Helmholtz)不稳定性也得到充分的发展,诱导了壁面附近的涡结构。这种结构的发展需要相当长的距离,目前展示的只是其起爆后尚未达到平衡状态的流场。对于涉及波面和滑移线失稳的斜爆轰波系结构,目前的研究还很少,对其特性与机制进行深入研究和分析是有待开展的重要工作方向。

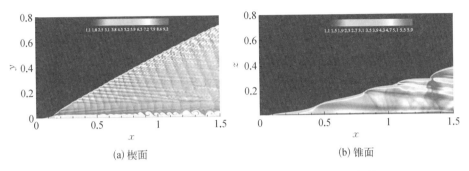

(a) 楔面　　　　　　　　　　(b) 锥面

图 2.15　相同楔面角/半锥角和马赫数($\theta = 30°$, $M_0 = 7$)条件下,
楔面和锥面诱导的斜爆轰温度场[15]

前述工作采用了二维平面和轴对称的模型,已经显示锥面和楔面斜爆轰波的明显差别,但是仍然是高度简化的结果。Han 等[15]采用全三维模拟对锥激波后的斜爆轰进行了模拟,可以观察到鱼鳞状的胞格结构,其结构如图 2.16 所示。在轴对称激波诱导的斜爆轰波中,不稳定性在周向的发展形成了三维胞格波面,这种结构通过二维轴对称的模拟是无法研究的;在平面激波诱导的斜爆轰波中,同样可以观察到胞格波面沿着垂直于流向和壁面法向的非均匀性。三维胞格爆轰波结构特征的定量研究是爆轰基础研究的一个难点,常规的测量技术难以对

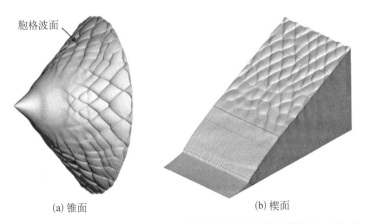

(a) 锥面　　　　　　　　　　(b) 楔面

图 2.16　锥面和楔面诱导的三维斜爆轰波面结构(单步化学反应模型, $\theta = 30°$, $M_0 = 7$)[15]

其进行动态显示,而数值模拟往往精度不够,依赖于可压缩湍流模型、化学反应模型等。上述结果说明二维平面或轴对称斜爆轰波存在过度简化的问题,特别是在胞格结构方面,也初步揭示了三维空间的斜爆轰波面不稳定性。然而,由于三维模拟研究需要耗费巨大的计算资源,实验测量也缺乏可用的技术手段,相关研究还处于起步阶段。

在锥激波诱导的斜爆轰波系结构之外,还存在一种常见的轴对称斜爆轰波,那就是钝头体或弓形激波诱导的斜爆轰波。在超声速气流中,钝头体会诱导较为复杂的激波系:正前方是脱体的正激波,正激波向外延伸发展为逐渐弯曲的斜激波,在激波面和钝头体之间存在一个高温高压的亚声速区。当可燃气体进入这个亚声速区时,就会发生释热反应,进而可能诱导爆轰波。图 2.17 显示了半球形的钝头体作为高速弹丸诱导的燃烧,是 Lehr[5] 于 1972 年开展的经典实验。在第一种情况下,爆轰波没有成功起爆,燃烧面和激波面在钝头体后方发生了解耦,形成了振荡燃烧现象。在第二种情况下,激波和燃烧带紧密耦合在一起,斜激波的激波角大幅度地增加,在波面上形成了不规则的胞格结构,说明实现了爆轰波起爆。两次实验采用的气体不同,弹丸速度也不同,但是气体的影响可以通过 CJ 速度进行量化,可以看到如果弹丸速度大于预混气体的 CJ 速度,那么爆轰波能够起爆。这个起爆与否的速度准则并不具有普适性,但是定性地描述了弹丸速度对斜爆轰波起爆的影响。钝头体前方的高温高压气体可以视为起爆的点火源,弹丸速度越大越容易起爆,这是容易理解的。另外,当弹丸速度略小于 CJ 速度时,如图 2.17 所示,钝头体诱导的燃烧波系发生振荡,在后续工作中得到了广泛的关注和深入的研究。

对于钝头体诱导的斜爆轰波,过去几十年日本学者开展了较多的实验研究[16-20]。图 2.18 显示了将球形弹丸高速射入可燃气体中诱导的燃烧流动情况。球形弹丸通过弹道靶发射,在实验中保持弹丸速度和燃料组分不变,通过调节可燃气体的压力,可以得到不同形态的斜爆轰波。由于 CJ 爆轰波的速度主要取决于组分,随压力变化较小,因此可以认为弹丸的无量纲速度是不变的。在压力较低时,如图 2.18(c)所示,球形弹丸诱导了爆燃波。随着压力的升高,爆燃波和激波面的分离位置逐渐上移,趋向于爆轰波。在图 2.18(c)中,可以观察到球形弹丸后的激波和爆燃波解耦,但是下游出现了重新耦合,形成了波面剧烈变化的斜爆轰波。随着马赫数的增加,斜爆轰波的波面变得相对光滑,如图 2.18(d)所示,形成了典型的球体弹丸诱导斜爆轰。上述结果说明钝头体诱导的斜爆轰能够成功起爆,不仅仅取决于弹丸速度。Ju 等[21]对此问题进行了研究,提出了考

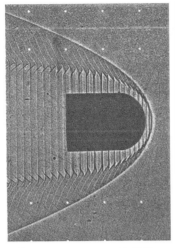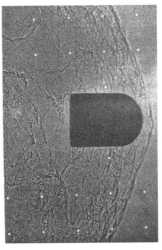

(a) 2H$_2$+O$_2$+3.76N$_2$, p_0 = 42.66 kPa,　　(b) 2H$_2$+O$_2$, p_0 = 24.80 kPa,
　　$V_p/D_{CJ} \approx 0.987$　　　　　　　　　　$V_p/D_{CJ} \approx 1.061$

图 2.17　高速弹丸诱导的燃烧[5]

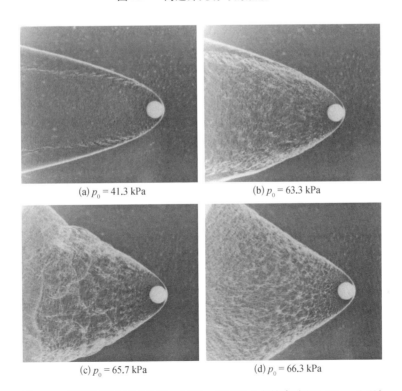

(a) p_0 = 41.3 kPa　　　　　　　　　　(b) p_0 = 63.3 kPa

(c) p_0 = 65.7 kPa　　　　　　　　　　(d) p_0 = 66.3 kPa

图 2.18　预混可燃气体(C$_2$H$_2$+2.5O$_2$+10.5Kr)中的高速(V_p/D_{CJ} = 1.62) 圆球诱导的爆燃燃烧和爆轰燃烧[16]

虑点火能量和燃烧动力学的起爆模型。Fang 等[22]研究了钝头体斜劈诱导的斜爆轰波,认为存在两种点火机制,一种是钝头体较大条件下的高温高压区点火,另一种是钝头体小条件下的斜劈诱导激波点火。后一种点火机制就是 2.2 节中主要的点火机制,这说明即使钝头体存在,其高温高压点火机制并非一定能够发挥主导作用,仍然取决于钝头体半径、楔面角度、来流马赫数等因素。对于实际工程问题,钝头体的形状和来流参数可能非常复杂,需要根据具体情况进行分析。

2.4　不同燃料中的起爆结构特征

在起爆波系结构研究中,为了提升数值模拟效率,化学反应通常采用简化反应模型,无法从真实分子反应层面考虑微观过程,以及忽略了物性参数的影响。前面的研究揭示了斜激波与放热的多种耦合形式,构建了斜爆轰波系结构分析的基础。在此基础上,本节针对具体燃料中的斜爆轰波,介绍采用基元反应模型、考虑高温真实气体效应的斜爆轰波系结果,探讨燃料类型及流动参数对起爆结构的影响。

氢气分子量小、声速高,有利于高速推进系统中燃料的混合、点火和放热,也是反应机理最简单的燃料。首先研究了以氢气为燃料、空气为氧化剂的斜爆轰的起爆结构特征[23,24]。图 2.19 显示了理想化学当量比 H_2-空气混合气体(即 $H_2 : O_2 : N_2 = 2 : 1 : 3.76$),在标准状态下(压力为 1 atm,温度为 293 K)的斜爆轰起爆区结构,其中诱导楔面角度为 25°。可以看到在马赫数较高时,波系结构靠近上游,起爆距离短,过渡区结构为渐变。随着马赫数的降低,整体起爆区结构向下游移动,过渡区结构逐渐从渐变变为突变。马赫数从 10 降低到 7,起爆长度有一个量级的变化。另外,波系结构也发生明显的变化:斜激波到斜爆轰波面的过渡区从渐变转变为突变,耦合燃烧带的压缩波也增强,变为楔面斜激波后的二次斜爆轰波。这些规律同前面得到的波系结构变化规律是一致的,即便采用了不同类型的化学反应模型,进一步证明马赫数对波系结构的影响规律具有普遍性。

采用基元反应模型可以使化学反应进程的模拟更加贴近实际情况,既考虑了具体的组元变化,也考虑了高温真实气体效应,从而保证对释热、波系过程的精确模拟。然而在相同网格下基元反应模型耗费的计算量比总包反应模型往往

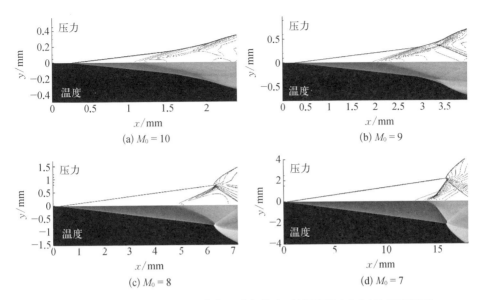

(a) $M_0 = 10$

(b) $M_0 = 9$

(c) $M_0 = 8$

(d) $M_0 = 7$

图 2.19　理想化学当量比 H_2-空气混合气体中,斜爆轰压力(上)和温度(下)

要高一个量级乃至更多,因此具体问题选用的化学反应模型,需要考虑模型精度
与网格数目之间的平衡。

作为飞行器关键部件,发动机中的流动需要考虑飞行状态的影响。在斜爆
轰发动机内流道中,速度太高的气流,如马赫数 10,会带来多种问题,导致无法
应用。同时,飞行马赫数为 10 的来流,需要经过前体和进气道压缩才能进入燃
烧室,实际速度会大幅度地降低。进一步的研究考虑了飞行状态和压缩过程等
制约因素,构建了一个简化的模型发动机流动场景。在此简化模型中,给定飞行
器的飞行高度和飞行速度,根据标准大气模型和高度可以确定发动机入口的压
力、温度、密度,根据飞行速度可以进一步确定发动机入口速度,从而获得发动机
入口参数。进入斜爆轰发动机的气体要经过进气道压缩进行减速,并在超声速
气流中完成燃料喷注、掺混和燃烧。作为简化模型,可以将减速过程简化为多道
斜激波或者斜激波-等熵压缩波,并对燃料喷注掺混过程进行建模求解,从而得
到斜爆轰波前参数。上述发动机流动场景最重要的是飞行高度和飞行速度,进
而只需要给出压缩角度和燃料喷注、掺混带来的损失,就可以得到斜爆轰波前参
数,开展斜爆轰波的数值模拟计算。

利用上述发动机简化建模方法,可以模拟获得斜爆轰发动机内典型的起爆
波系,如图 2.20 所示。在本算例中,给定飞行马赫数 $M_0 = 10$,飞行高度 $H_0 =$

30 km,来流经过两道偏转角度 12.5° 的楔面压缩后进入燃烧室[23]。由于燃料喷注掺混带来的影响与构型相关,具有较大的不确定性,此处暂时不考虑,简单认为燃料迅速地实现了均匀混合。利用斜激波关系,可以得到燃烧室入口马赫数和压力、温度、密度等热力学参数,也就是斜爆轰波前的可燃气状态:波前来流马赫数 $M_1 = 4.3$,静压 $p_1 = 56$ kPa,温度 $T_1 = 1\ 021$ K。利用这组参数,对 15° 的斜劈诱导的斜爆轰波进行计算模拟,可以得到图 2.20 所示的斜爆轰结构。其起爆长度大约为 30 mm,具有光滑的斜激波到斜爆轰波过渡区结构。产生渐变过渡区结构的原因是斜激波和斜爆轰波的角度差别比较小,相对来说高空来流条件导致来流温度高、密度低,实际化学反应放热量较小。

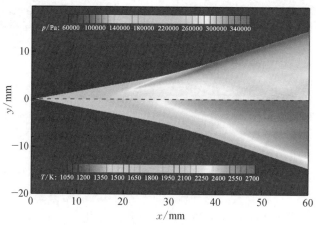

图 2.20   高空来流条件下 H_2-空气混合气体中($M_0 = 10, H_0 = 30$ km)
斜爆轰波压力 p 和温度场 T

从上述斜爆轰波的温度场图可以看出,沿不同平行于 x 轴的直线上,激波与燃烧的关系总体上可以分为三种典型情况:对 $y = 3$ mm 的诱导区情况,激波与燃烧是解耦的;对 $y = 6$ mm 的起爆区情况,激波与燃烧弱耦合;对 $y = 9$ mm 的斜爆轰波面情况,激波与燃烧强耦合。由于来流气体的高温、低压,爆轰燃烧的增压程度总体来说低于常温常压来流中的斜爆轰波。与此同时,来流对应的 CJ 马赫数也比较低,即使来流马赫数 $M_1 = 4.3$,斜爆轰波也能驻定。为了进一步分析这种斜爆轰波的特点,图 2.21 显示了在 y 方向上投影的激波/火焰面位置和诱导区长度(由于 $x < 20$ mm 区域内没有燃烧,所以火焰面位置取 0)。基元反应模型中放热区长度较长,因此用诱导区长度对波后释热的特征进行量化,从而能够与单步反应模型中的反应区长度进行比拟。可以看到,诱导区长度首先上升,这

是由于斜激波的发展而火焰面尚未出现。在火焰面开始形成之后,存在一个下降的过程,但是下降比较温和,且不存在过冲。诱导区长度曲线上存在若干个台阶,对应存在局部的激波和放热平衡现象,最后的平衡态对应斜爆轰波面,未发现失稳和复杂横波结构的形成过程。这种斜爆轰波反应区长度变化规律与大放热量情况下突变过渡的诱导区变化规律存在明显的不同[25],反映了高空来流条件对斜爆轰波系结构的影响。

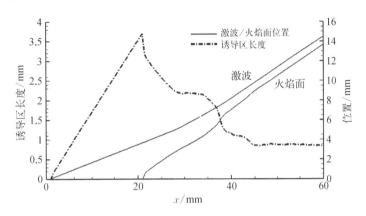

图 2.21　高空来流条件下 H_2-空气混合气体中($M_0 = 10$, $H_0 = 30$ km),斜爆轰波的诱导区长度和激波/火焰面位置

进一步的研究针对氢气燃料斜爆轰发动机,研究了不同飞行高度和速度下的斜爆轰波系结构特征。图 2.22 显示了在保持飞行马赫数 10 不变的条件下,斜爆轰波温度场随飞行高度的演化。在这组算例中,飞行高度在 20~40 km 变化,静压会发生较大的变化,与此对应也会导致静温变化但是变化量不大,即飞行马赫数 10 对应的速度也仅有小幅的变化。在压缩和起爆模型方面,假设来流经过两道等强的斜激波压缩实现了 24°的偏转,诱导斜爆轰波的楔面角度为19°,即燃气出口与来流有 5°的角度差向后方喷出。在燃料喷注模型方面,仍然不考虑燃料喷注模型带来的流动损失,假设喷注前后速度不变且燃料与空气均匀混合。可以看到在 20 km 的飞行高度下,斜爆轰波面是一个突变结构,起爆距离在毫米量级。随着飞行高度的提升,斜爆轰波面的角度和斜激波面的角度差别越来越小,过渡区逐渐从突变转变渐变,斜激波/爆轰波面在 40 km 飞行高度的斜爆轰流场中已经难以区分,且起爆距离增加到 100 mm 量级。这说明在保持飞行马赫数不变的条件下,飞行高度对斜爆轰波系结构有很大的影响。根据标准大气模型,这种影响应该是由空气的环境压力和密度随高度的降低导致的,高

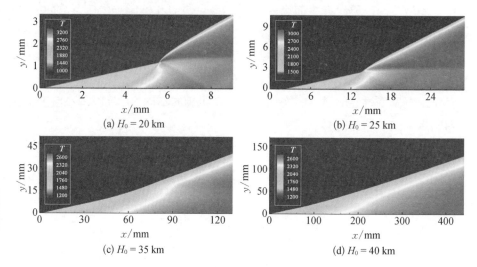

图 2.22   高空来流条件下 H_2-空气混合气体中($M_0 = 10$)，
斜爆轰波温度场随飞行高度 H_0 的变化

空大气压力和密度低,导致燃烧释热量减小,导致了上述变化。

　　除了飞行高度,飞行速度对高空飞行条件下斜爆轰波系结构特征的影响也需要研究。图 2.23 显示了飞行高度固定为 30 km 时不同飞行马赫数下的斜爆轰波系温度场及叠加的压力等值线,除了飞行高度和速度的其他参数设置保持不变。可以看到随着飞行马赫数的降低,起爆距离在增加,这是因为飞行马赫数降低导致了波前来流马赫数降低,进而引起了斜激波强度减弱及波后温度降低。然而,更为明显的变化在于波系结构特征,飞行马赫数的降低导致了斜激波和斜爆轰波角的增大,同时伴随着起爆区下方压缩波的增强。通过压力等值线,在图 2.23(b)和(c)中可以看到处于燃烧释热带的压缩波变成压缩波和斜激波的组合体,即下部贴近壁面处是压缩波、上部连接三波点处是斜激波。随着马赫数的进一步降低,上部连接三波点处的斜激波变成了正激波。这部分斜激波和正激波与释热区紧密耦合在一起,也可以说是斜爆轰波或正爆轰波。

　　为了进一步分析马赫数降低导致的波系结构的变化规律,图 2.24 显示了图 2.23 中在飞行马赫数为 9.0 和 8.5 的情况下,沿着不同流线的压力分布。随着 y 坐标的增长,可以看到第一个压力台阶,即斜激波导致的压力突变,间断面均匀地向下游移动,这是符合流场波系特征的。燃烧导致了下游的第二个压力增长,这个增长在压力曲线上并非台阶,而是先增大后减小,形成了一个尖峰。在马赫数为 9.0 的条件下,除了最后一条粉色曲线,其余压力曲线从波前到波后都

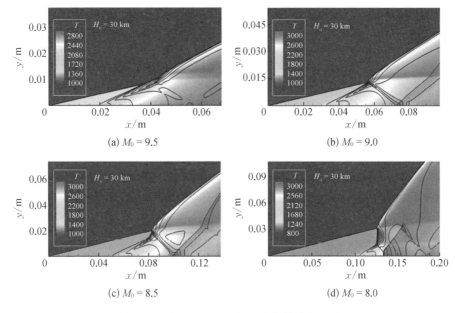

图 2.23 高空来流条件下 H_2-空气混合气体中斜爆轰波温度场
（黑线表示压力等值线），$H_0 = 30$ km

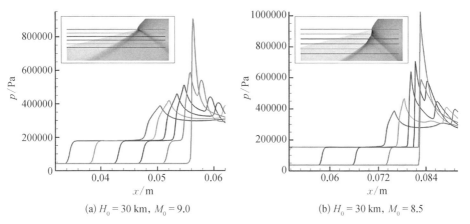

图 2.24 斜爆轰波起爆区压力分布

显示出一种渐增的变化，说明耦合在释热区上的是压缩波。而在马赫数为 8.5
的条件下，从蓝线往后的压力曲线都显示出一种突增的变化，说明耦合在释热区
上的是激波，而且压力峰值最高的曲线对应了正激波。虽然从图 2.23 中的流场
可以看出耦合在释热区上压力波的变化，但是图 2.24 提供了直接的证据，说明

在起爆区下方既可以单独出现压缩波,也可以出现压缩波和斜激波、正激波的组合,总体的波系结构十分复杂。对不同波系结构形成和演化机理的讨论将在 2.5 节进行。

除了氢气-空气混合气体,其他类型的可燃混气中的斜爆轰波也得到了研究,包括采用不同的稀释气体或者不同的燃料。氩气稀释的氢氧气混合中的斜爆轰特性[26-28]是一个值得关注的问题。相对于氢气-空气,这种混合气体相当于将稀释气体从氮气变成了氩气,改变了燃料的物理性质和化学反应动力学参数。虽然这种混合气体作为发动机燃料应用的可能性较小,但是可以用来研究斜爆轰结构特性等方面,类似的可燃气体在以往的基础研究中也采用较多。图 2.25 显示了混合气体 $2H_2+O_2+7Ar$ 中的斜爆轰波温度场,初始压力与温度分别为 1 atm 和 298 K,楔面角度为 25°。可以看到模拟得到的斜爆轰波与此前采用 H_2-空气混合气体得到的斜爆轰波结构类似,即通过斜激波过渡到斜爆轰波,且存在渐变和突变两种过渡区结构。更重要的是,斜爆轰起爆区结构受来流马赫数的影响规律也相同,较低的来流马赫数导致突变起爆,较高的来流马赫数导致渐变起爆。类似 H_2-空气混合气体中的斜爆轰波,也可以观察到突变起爆结构更加复杂,有比较明显的滑移线及向右下方延伸的斜激波,以及斜激波的下游壁面反射。然而,这组斜爆轰波和之前研究的常温常压 H_2-空气中的斜爆轰波存在一些定量的差别,说明稀释气体对波系结构还是产生了明显的影响。一方面是起爆长度的定量差别,另一方面的差别体现在突变/渐变过渡区的转换上,理

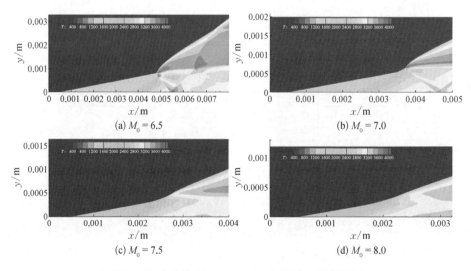

图 2.25   混合气体 $2H_2+O_2+7Ar$ 中的斜爆轰波温度场

想化学当量比 H_2-空气斜爆轰波发生在来流马赫数为 8.0 ~ 9.0,而图 2.25 中的斜爆轰波(70% Ar 稀释的理想化学当量比 $2H_2$- O_2)相应马赫数为 7.0 ~ 7.5。如果给定相同的马赫数,那么本组斜爆轰波相对于此前研究的 H_2-空气混合气体中的斜爆轰波,波系结构更趋向于渐变过渡。这种改变是由稀释气体造成的,作为一种单原子分子,氩气 Ar 的比热比大于双原子分子 N_2,相同马赫数下 Ar 稀释混合气体中斜激波后温度高、点火时延短,导致起爆类型改变对应的来流马赫数降低。

　　除了来流马赫数对过渡区类型的影响,研究还发现氩气稀释 H_2- O_2 气体中的斜爆轰结构对于初始压力敏感,与 H_2-空气斜爆轰不同。如对图 2.25 显示的来流马赫数为 7 的斜爆轰,如果来流压力从 1.0 atm 降低到 0.5 atm 同时保持其他参数不变,那么斜爆轰就会变为突变结构,而这种情况在图 2.19 所示的 H_2-空气斜爆轰波中是不存在的。为了分析这种现象产生的原因,首先,对 N_2 稀释混合气体的比例进行调整,发现 H_2- O_2- N_2(2∶1∶7)的气体和 H_2-空气(H_2- O_2- N_2,2∶1∶3.76)的气体相同,其结构也对压力不敏感,排除了稀释比例的影响。其次,对不同压力、不同稀释比例的两种混合气体进行大量的模拟,通过分析找到了能够对这种结构的压力敏感性进行判别的参数 R_L。该参数是一个比值,分子是诱导区长度,分母是放热区长度,均根据斜爆轰波后紧贴壁面流线的温度变化来定义。保持反应气体的摩尔量不变,添加不同的稀释气体(如 0.3 atm 的 $2H_2$- O_2,添加 7Ar,则得到 1.0 atm 的 H_2- O_2- Ar,其比例为 2∶1∶7),得到的该参数随稀释气体摩尔数的变化如图 2.26 所示。总体来说,R_L 在 N_2 稀释气体中较

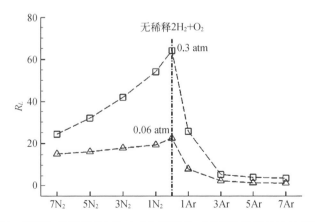

图 2.26　稀释气体种类(N_2 和 Ar)和稀释比对理想化学当量比的 $2H_2$+O_2 混合气体斜爆轰 R_L(诱导区与反应区长度比)的影响

高,在 Ar 稀释气体中较低。R_L 低意味着放热反应的距离和诱导反应是可比的,从流动和放热耦合角度出发,这意味着诱导区容易被放热区改变。反之,R_L 高意味着诱导区不容易受放热区的影响,结构的敏感性较低。因此,起爆结构对压力的敏感性是由燃料的放热特性决定的,可以通过 R_L 对敏感性进行判别。这和起爆结构对马赫数或温度的敏感性不同:对压力的敏感性只存在于部分气体中,对温度的敏感性在所有气体中都存在,两者从不同角度反映了稀释气体对斜爆轰波系的复杂影响。

在氢气燃料斜爆轰基础上,碳氢燃料中的斜爆轰研究也得到了关注。研究者模拟分析了 C_2H_2 燃料,即 $C_2H_2 - O_2 - Ar$ 混合气体中的斜爆轰,这种混合气体之所以在爆轰物理研究中得到广泛的应用,是因为其与氧气的混合气体特别容易起爆。起爆能量和胞格宽度的三次方成正比,由此可见 C_2H_2 爆轰波胞格宽度比较小。为了降低实验成本和提升安全性,爆轰实验希望在较细的管道中开展。由于可以用较小直径的管道容纳较多的胞格,过去几十年采用 C_2H_2 燃料开展了大量平衡态爆轰的研究,积累了较多的爆轰物理方面的研究成果。即使考虑到斜爆轰发动机以 C_2H_2 为燃料的可能性不大,研究者仍然对其开展了模拟和分析,从机理角度深化对斜爆轰的认识。在 85% Ar 稀释的 $C_2H_2 - O_2$ 混合气体中 $[C_2H_2 - O_2(1:2.5)$,压力为 20 kPa,温度为 298 K],高速来流诱导的斜爆轰波如图 2.27 所示(来流马赫数为 7~10,楔面角度为 25°)。可以看到气体种类的改变对斜爆轰结构的变化规律没有产生影响,依然是低来流马赫数导致突变起爆、高来流马赫数导致突变渐变起爆,前者靠近上游起爆距离短、后者靠近下游起爆距离长。然而,燃料种类的改变也带来了一些不同,如马赫数为 7 的来流诱导的斜爆轰波,如图 2.27(a)所示,就显示出了一种特别的波系结构。这种结构的特点在于在突变起爆点的下方存在一个连接二次斜爆轰波的正爆轰,虽然这段正爆轰长度很短,但是这种结构通常在来流马赫数较低条件下才能观察到,至少燃料性质对斜爆轰波系结构会产生定量的影响。另一组的结果如图 2.28 所示,保持气体的压力、温度和楔面角度不变(压力为 5 kPa,温度为 298 K,楔面角度为 25°),调节稀释气体比例和来流马赫数,得到了两个相似的爆轰波结构。这两个结构的共同特点是均从反应面向右下方延伸出两道斜激波,而通常只有一道斜激波。这种双斜激波结构的形成是由火焰面决定的,从三波点向左下方延伸的火焰面强度不一致,总体上分成了两段,上半段是斜爆轰波,下半段是普通火焰面。为了匹配不同反应面后的气体参数,从两段连接处又形成了一道斜激波,与波面上起爆三波点延伸出的斜激波组成了双波结构。虽然图

2.28 显示的结果均是基于渐变结构,这种现象在突变结构中也存在,如果仔细观察,那么图 2.27(a)中两道斜激波就已经有迹可循了。此外,不同稀释比例的气体对起爆区长度和结构的研究还有一些不同于氢气燃料的情况,在此不再详细列举。

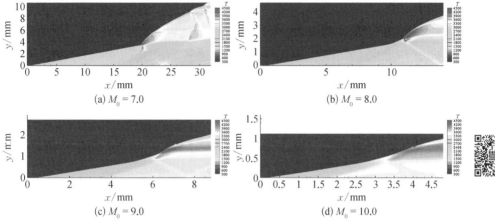

图 2.27　混合气体 $C_2H_2+2.5O_2+85\%Ar$ 中的斜爆轰温度场

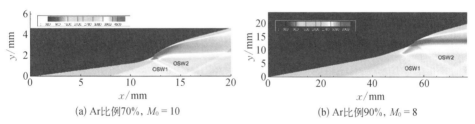

图 2.28　不同稀释比例的 $C_2H_2-O_2(1:2.5)$ 混合气体中的斜爆轰温度场

上述不同的斜爆轰起爆区结构,综合反映了气体动力学参数、化学反应模型参数、燃料的物理性质参数对斜爆轰诱导燃烧的影响。从基础研究角度,对重要的燃料在不同条件下的斜爆轰波系结构进行研究是有意义的,也是未来需要进一步开展的研究。从工程应用的角度,发动机设计需要以可靠起爆为基础,非常有必要对起爆距离的变化规律进行研究。图 2.29 给出了不同燃料-空气混合气体中的斜爆轰起爆距离受来流马赫数和楔面角度的影响规律。其中,图 2.29(a)中楔面角度为 30°,图 2.29(b)中飞行马赫数为 10,其他参数保持一致,即飞行高度为 30 km,气流经两道等强斜激波压缩后,总偏转角度为20°。模拟结果显示,随着马赫数和楔面角度的增加,起爆距离会快速地减小,在此基础上进一步增加马赫数和楔面角度并不会对起爆距离造成较大的影响。对于较低来流马赫数和较小楔面角度,不同燃料之间起爆距离甚至会产生量级的差异,且氢气、乙炔和甲烷的起爆距离依次增大。如来流马赫数为 8 时,甲烷斜爆轰的起爆距离甚至达到了 1 m[图 2.29(a)],远远超出了高速飞行器燃烧室的工程尺度,会造成大量燃料的非爆轰燃烧,以及有限尺度内的爆轰起爆失败。

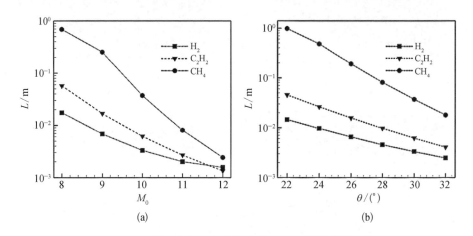

图 2.29　不同燃料-空气混合气体中楔面诱导斜爆轰的起爆距离

单一甲烷燃料斜爆轰难以满足高速飞行器宽域的飞行的需求,但由于其绝热燃烧温度低及含碳量少的特点,仍是高速推进系统的重要燃料之一。研究人员通过在甲烷燃料中添加少量的氢气,能够有效地缩短甲烷斜爆轰的起爆距离[29],并提出了甲烷-氢气混合燃料的点火模型,能够快速地评估斜爆轰的起爆长度。参考两步总包反应模型中诱导反应进程变量的设置,该模型将各个燃料的诱导反应速率对时间的积分无量纲地化为 1,得到如下公式:

$$1 = \int \omega \mathrm{d}\tau \tag{2.4.1}$$

总的化学反应速率可以表示甲烷和氢气反应速率之和:

$$\omega_t = \omega_{CH_4} + \omega_{H_2} \tag{2.4.2}$$

考虑到斜爆轰起爆区内的温度基本不变,而诱导反应速率 ω 的可设定为常数,即 $\omega \cdot \tau = 1$。将其代入式(2.4.2)中可以得到混合燃料诱导反应时间的关系:

$$\frac{1}{\tau_t} = \frac{1}{\tau_{CH_4}} + \frac{1}{\tau_{H_2}} \tag{2.4.3}$$

将式(2.4.3)中的诱导反应时间乘上斜激波后的速度倒数,即可得到斜爆轰起爆长度:

$$\frac{1}{L_t} = \frac{1}{L_{CH_4}} + \frac{1}{L_{H_2}} \tag{2.4.4}$$

式中,L_{CH_4} 与 L_{H_2} 分别为纯甲烷和纯氢气斜爆轰波的理论起爆长度;L_t 为混合燃料斜爆轰波起爆长度。借助于式(2.4.4),可用定容燃烧理论分别计算相同压力与当量比条件下甲烷和氢气的理论长度,进而获得混合燃料的起爆距离。该理论已应用于相关的分析,并与数值仿真结果吻合良好[29]。

2.5　起爆机理及波系结构预测模型

斜爆轰波的起爆现象虽然复杂,但是通过采用不同的气体动力学参数和化学反应参数的数值模拟,研究者已经获得了比较全面的认识。总体而言,斜爆轰的起爆区波系可以分为四类,如图 2.30 所示。在这四种结构中,波面存在斜激波和斜爆轰波两个主要部分。2.3 节讨论的利用钝头体诱导的弯曲激波实现起爆的波系结构没有包含在内,其总压损失的问题不利于工程应用,并非目前阶段的重点研究对象。对于通过无限长斜激波诱导斜爆轰波的流动,起爆区就是斜激波到斜爆轰波的过渡区,目前的研究主要关注过渡区的波面类型,以及波面下方的过渡区波系特征。根据前述结果,在马赫数较高、楔面角度较大、化学反应释热较慢或释热量较小的情况下,容易出现图 2.30(a)所示的渐变结构。渐变结构下方的起爆区波系一般为压缩波,但是压缩波同样可以导致波面过渡区的突变结构,如图 2.30(b)所示。突变结构会导致在燃烧产物中形成向下游壁面延伸的斜激波(OSW in the product),并在壁面和滑移线上发生反射。在突变结构中,更常见的是压缩波在到达起爆波面上的三波点之间就已经会聚形成了斜激波。这种斜激波由于出现在主斜激波(main OSW)压缩后的高温气体中,会迅速诱导放热反应,与放热耦合起来形成斜爆轰波,称为二次斜爆轰波(secondary ODW),如图 2.30(c)所示。更进一步地,在飞行马赫数较低的极限情况下,二次斜爆轰波可能发展为正爆轰波(normal detonation wave,NDW),进而导致两道滑移线的复杂波系结构,如图 2.30(d)所示。

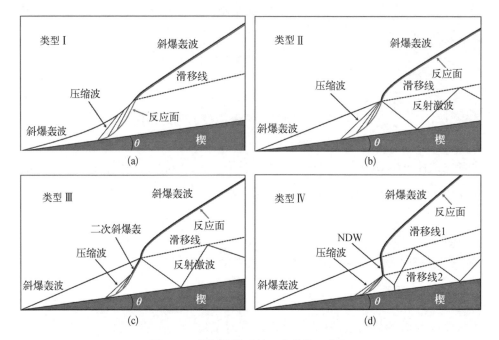

图 2.30　斜爆轰波系的四种结构示意图

　　研究者能对起爆现象的变化规律进行定性的归纳,然而流动中涉及激波和释热反应的复杂作用,对波系结构进行精确的预测难度很大。虽然斜爆轰起爆的现象已经得到了广泛的研究,但是其起爆机理尚不清晰。本章 2.1 节最后一段对斜激波到斜爆轰波的过渡区类型预测模型进行了简单的介绍,然而模型的提出往往过于依赖研究者掌握的数据,不具有大参数范围的普遍性。因此,需要对斜爆轰波的起爆机理进行分析,以建立斜爆轰波系结构精确预测模型。

　　斜爆轰波的流动特征在于来流马赫数远大于 1,通常全流场都是超声速的。在楔面诱导的斜激波后方,经过压缩的来流仍然是超声速的,且尚未受到释热反应的影响。因此,此区域的流动特征可以通过斜激波关系得到,斜激波后紧贴壁面的流线就可以作为起爆机理分析的基础。理论上,已知来流参数和楔面角度,就可以根据斜激波关系计算得到波后参数。这些参数适用于波后任何一条流线,然而考虑到化学反应对流动的影响,流动特征会在释热开始后被改变。这种改变不仅包括沿流线的自点火,更重要的是不同流线之间的相互影响,如沿垂直壁面方向,斜激波后点火时延距离。因此,紧贴壁面的流线就是最理想的一个分析对象,由于缺乏下层流体释热的影响,可以将其视为激波压缩后的自点火过程。这种自点火不仅实现了压力和温度的增加,而且通过沿壁面法向的传播和累积形成了压缩波,最终实现了斜爆轰波起爆。总体上,斜爆轰波的起爆机理可以认为是壁面附近激波压缩自点火与压缩波演化的共同作用。

为了检验上述结论正确与否,需要对自点火过程和压缩波会聚过程进行建模,开展模型结果和数值模拟结果的对比。对于一个沿着壁面附近流线的自点火过程,由于流动速度比较高,而且在燃烧之前没有其他波系的干扰。本节采用一维无黏可压缩反应流控制方程,并根据斜激波关系得到的波后参数进行积分求解,可以解析壁面处反应气流的自点火过程:

$$\frac{\mathrm{d}\rho}{\mathrm{d}x} = -\frac{\rho\tilde{\sigma}}{u(1 - M^2)} \tag{2.5.1}$$

$$\frac{\mathrm{d}u}{\mathrm{d}x} = \frac{\tilde{\sigma}}{1 - M^2} \tag{2.5.2}$$

$$\frac{\mathrm{d}P}{\mathrm{d}x} = -\frac{\rho u\tilde{\sigma}}{1 - M^2} \tag{2.5.3}$$

$$\frac{\mathrm{d}Y_i}{\mathrm{d}x} = -\frac{\omega_i}{\rho u} \tag{2.5.4}$$

归一化的热释放速率 $\tilde{\sigma}$ 由式(2.5.5)计算:

$$\tilde{\sigma} = \sum_{i=1}^{n} \left(\frac{\bar{w}}{w_i} - \frac{h_i}{C_p T} \right) \frac{\mathrm{d}Y_i}{\mathrm{d}t} \tag{2.5.5}$$

式中,$\bar{w}$ 是混气的平均分子量;C_p 是混气的冻结比热;Y_i 是各组分的质量分数。利用上述方程可以得到自点火的过程中各参数随时间变化的曲线,进而确定点火时延时间。这个点火时延时间乘以斜激波后气体的速度,就可以得到点火距离。这种理论计算得到的点火距离和数值模拟得到的距离在大部分情况下非常接近[30],说明自点火模型能够较好地预测斜爆轰波系壁面附近的点火特征。自点火模型无须耗时较多的计算流体力学模拟,在应用的便捷性方面具有明显的优势。

对于压缩波演化过程进行建模比自点火过程更加复杂。这是因为自点火过程是沿流线的一维流动,而压缩波的演化是二维流动,涉及不同流线之间的相互作用。为了对此物理过程获得深入的认识,图 2.31 显示了 2.4 节中两个算例的沿壁面流线的放热率和温度曲线。可以看到放热率存在一个峰值,在诱导区末端存在一个先增大后减小的过程,与此同时放热导致了温度基本单调增加。这是一个典型的超声速一维加热流动,热量添加会导致速度和马赫数的降低。小扰动在这种气流中诱导的马赫波,其上游的波角较小,下游的波角较大,由此产生压缩波会聚,如图2.31(b)所示。从图2.23的流场中,可以看出过渡区下方压缩波的会聚是普遍存在的过程,只是速度有快有慢。慢速的压缩波会聚导致了渐变波系结构,而快速的压缩波压缩导致了突变波系结构和二次斜爆轰波(secondary ODW),因此有必要对压缩波会聚进行量化建模。

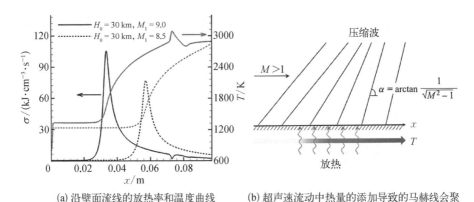

(a) 沿壁面流线的放热率和温度曲线　　　(b) 超声速流动中热量的添加导致的马赫线会聚

图2.31　沿壁面流线的释热参数分布和马赫线会聚示意图

由于不同流线之间的相互作用比较复杂,初步的压缩波会聚模型仅考虑贴近壁面流线诱导的两条马赫波。第一条是放热起始位置的马赫波,第二条是放热量最大值位置对应的马赫波。从放热曲线上获得这两点的位置,就可以根据其马赫数计算马赫波的波角。由于第一条马赫线角度较小,第二条马赫线角度较大,两条马赫线会在下游相交。其交点与数值模拟得到起爆位置的相对关系,反映了压缩波会聚在起爆中发挥的作用,也可以作为预测波面过渡区类型的准则。应当说这个压缩波会聚模型是比较粗糙的量化模型,缺乏对真正二维流动特征的分析,两条马赫线的选择也是尽可能地简化设置。然而相对于其他起爆机理的模型,如2.1节末尾介绍的唯象模型,本章所提模型在对流动机制的研究方面更深入了一步,后面的量化结果也验证了该模型的优越性。

基于该压缩波会聚模型,图2.32显示了在不同飞行条件下的斜爆轰波放热速率分布及两个特征尺度H_{CW}与H_{ini},其中,H_{CW}为两条马赫线的会聚点距离壁面的垂直距离,H_{ini}表示起爆区或者斜激波到斜爆轰波的过渡区高度。对于突变结构,H_{ini} 对应三波点高度;对于渐变结构,H_{ini} 对应弯曲激波中点的高度。可以看到对于图 2.32(a)所示的波系结构,H_{CW} 显著地小于 H_{ini},对应突变结构。值得注意的是,三波点的会聚点与压缩波会聚的位置存在差异,原因在于将压缩波会聚进行了简化,没有考虑压缩波与释热在超声速气流中的耦合作用,这种简化对于实现解析计算是必要的。对于图 2.32(b)所示的波系结构,H_{CW} 显著地大于 H_{ini},对应渐变结构。在此情况下,压缩波的会聚并没有实际发生,而是被斜爆轰起爆打断了,H_{CW} 只是标记了一个根据模型导出的特征长度。根据图 2.32 的结果,H_{CW} 和 H_{ini} 的相对大小,可以作为斜爆轰波面过渡区结构类型的判别准则,突变结构对应的 H_{CW} 小于 H_{ini},而渐变结构对应的 H_{CW} 大于 H_{ini}。从流动特征分析,这是容易理解的。如果压缩波会聚较快,那么就会形成二次斜爆轰波,与主波面作用较强,进而导致突变结构出现。

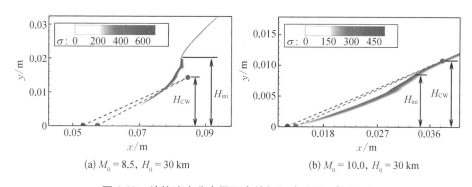

(a) $M_0 = 8.5$, $H_0 = 30$ km　　　　(b) $M_0 = 10.0$, $H_0 = 30$ km

图 2.32　放热速率分布及两个特征尺度(H_{CW} 与 H_{ini})

针对斜爆轰波的起爆机理,上述模型抓住了斜激波后超声速气流中的释热流动特征,揭示了起爆区的波系结构演化规律。然而,此压缩波会聚模型是个后验模型,还不完善。这是因为 H_{CW} 虽然可以通过解析计算得到,H_{ini} 却依赖于数值或者实验结果。为了解决此问题,建立能够对起爆区特征进行预测的先验方法,需要发展改进的模型[31]。改进的压缩波会聚模型,依然保留了 H_{CW},但是采用了 H_{osw} 替代 H_{ini}。H_{osw} 的定义为两道马赫波会聚的流向位置处,主斜激波对应的高度或与壁面的距离。这个改进的模型仍然是基于压缩波会聚的现象发展出的量化模型,物理基础没有发生变化,然而相对于原始的模型更方便使用。基于上述模型,研究者建立了不同飞行条件下斜爆轰波起爆类型与 H_{osw}/H_{CW} 的关系,如图 2.33 所示。可以看到,空心标记的渐变过渡基本上位于对角线左上方,以实心标记的突变过渡基本上位于对角线右下方。换句话说,在相应的流场中,如果压缩波会聚发生在斜激波下方,那么会形成突变结构;如果发生在斜激波上方,那么形成渐变结构。这说明该模型得益于对流动特性的精准把握,能够在大范围内对斜爆轰波系结构特征进行预测。

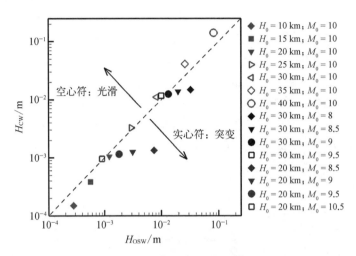

图 2.33　不同飞行条件下斜爆轰波起爆类型与 H_{osw}/H_{cw} 的关系

为了在更大范围内检验上述模型的普遍性,图 2.34 显示了混合气体 C_2H_2+2.5O_2+85%Ar 中的斜爆轰温度场,特征高度 H_{osw}(黑点)与 H_{cw}(白点)虽然标记在流场上,但是它们不依赖于流场计算结果。可以看到即使对于稀释比例高达

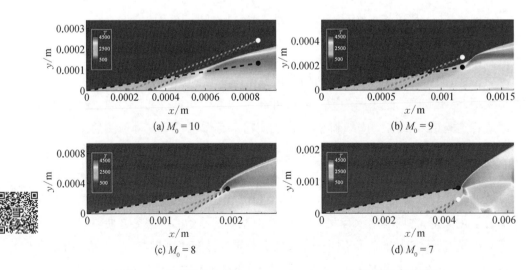

图 2.34　基于混合气体 C_2H_2+2.5O_2+85%Ar 中的斜爆轰计算的
特征高度 H_{osw}(黑点)与 H_{cw}(白点)

85%的乙炔燃料斜爆轰波,两个特征高度的对比依然较好地给出了突变和渐变结构的差别。进一步的研究还采用理想化学当量比的 CH_4-空气作为燃料,模拟了其斜爆轰波系结构在不同来流马赫数下的变化。对上述两种小分子碳氢燃料的模拟和分析结果如图 2.35 所示。可以看到空心标记的渐变过渡和实心标记的突变过渡被对角线很好地分割开来,即压缩波会聚发生在斜激波下方则形成突变结构,发生在斜激波上方则形成渐变结构。因此,改进的压缩波会聚模型不仅适用于多种飞行状态下的氢气燃料斜爆轰,而且适用于小分子碳氢燃料,具有较好的普适性。

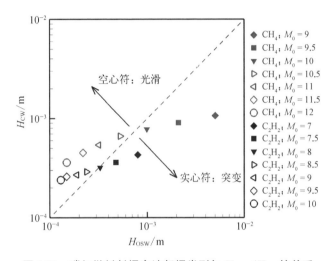

图 2.35　碳氢燃料斜爆轰波起爆类型与 H_{osw}/H_{cw} 的关系

除了突变和渐变结构的差别,斜爆轰波中还有一个值得关注的现象是起爆区波系中可能形成正爆轰。如图 2.30(d)所示,这种正爆轰波通常位于壁面压缩波上方,与突变结构的三波点相连接,可以认为是二次斜爆轰波发展的极限形式。其波面虽然相对整体来流存在一个倾角,但是基本垂直于其上游的波前来流。这种结构一般在来流马赫数较低时出现,如图 2.23(d)所示,对应飞行马赫数 $M_0 = 8.0$(飞行海拔 30 km,当量比 1.0 的 H_2-空气混合气体),因此也可以称为斜爆轰波系的下临界结构。为了阐明其形成机制,我们开展了大量的数值模拟,通过飞行高度(30 km 和 25 km)和当量比(0.45~1.0)的联合变化进行了系统研究。模拟结果显示,飞行马赫数 M_1 的降低会导致波系结构失稳向上游传播,在失稳之前,往往会出现图 2.30 所示的下临界结构。我们统计了经过斜激波压缩的气流,即正爆轰波前气流的马赫数,以 M_S 表示,同时利用热力学程序计算了此气流对应的 CJ 爆轰波马赫数,以 $M_{S, CJ}$ 表示。量化分析结果如表 2.2 所示,可以看到 $M_S/M_{S, CJ}$ 略大于 1。计算中当量比 φ 的变化步长为 0.05 而 M_0 的变化步长为 0.25,如果调低步长还可能得到更接近 1 的结果。上述结果说明,如果来流马赫数 M_S 小于其对应的 CJ 爆轰波马赫数 $M_{S, CJ}$,就会导致波系失稳、难以驻定;如果来流马赫数 M_S 略大于其对应的 CJ 爆轰波马赫数 $M_{S, CJ}$,就会形成包含正爆轰的斜爆轰波下临界结构。

表 2.2　不同飞行马赫数和当量比对应的斜爆轰波系稳定边界[32]

H_0/km	M_0	φ	M_S	$M_{S, CJ}$	$M_S/M_{S, CJ}$
30	8.0	1.00	2.507	2.500	1.003
30	7.75	0.80	2.531	2.499	1.013
30	7.5	0.70	2.521	2.510	1.004
30	7.25	0.55	2.525	2.471	1.022
30	7.0	0.50	2.493	2.479	1.006
25	8.0	0.85	2.555	2.528	1.011
25	7.75	0.70	2.563	2.516	1.019
25	7.5	0.60	2.553	2.506	1.019
25	7.25	0.50	2.539	2.472	1.027
25	7.0	0.45	2.507	2.466	1.016

参考文献

[1] 滕宏辉,杨鹏飞,张义宁,等.斜爆震发动机的流动与燃烧机理[J].中国科学:物理学力学天文学,2020,50(9):090008.

[2] 滕宏辉,姜宗林.斜爆轰的多波结构及其稳定性研究进展[J].力学进展,2020,50(1):202002.

[3] Li C, Kailasanath K, Oran E S. Detonation structures behind oblique shocks[J]. Physics of Fluids, 1994, 6(4): 1600-1611.

[4] Viguier C, Figueira da Silva L F, Desbordes D, et al. Onset of oblique detonation waves: Comparison between experimental and numerical results for hydrogen-air mixtures [J]. Symposium(International) on Combustion, 1996, 26(2): 3023-3031.

[5] Lehr H F. Experiments on shock-induced combustion[J]. Astronautica Acta, 1972, 17(4-5): 589-597.

[6] Kaneshige M J, Shepherd J E. Oblique detonation stabilized on a hypervelocity projectile[J].

Symposium (International) on Combustion, 1996, 26(2): 3015 – 3022.

[7] Figueria da Silva L F, Deshaies B. Stabilization of an oblique detonation wave by a wedge: A parametric numerical study[J]. Combustion and Flame, 2000, 121(1 – 2): 152 – 166.

[8] Teng H H, Jiang Z L. On the transition pattern of the oblique detonation structure[J]. Journal of Fluid Mechanics, 2012, 713: 659 – 669.

[9] Wang A F, Zhao W, Jiang Z L. The criterion of the existence or inexistence of transverse shock wave at wedge supported oblique detonation wave[J]. Acta Mechanica Sinica, 2011, 27(5): 611 – 619.

[10] Yang P, Teng H, Jiang Z, et al. Effects of inflow Mach number on oblique detonation initiation with a two-step induction-reaction kinetic model[J]. Combustion and Flame, 2018, 193: 246 – 256.

[11] Teng H, Ng H D, Li K, et al. Evolution of cellular structures on oblique detonation surfaces [J]. Combustion and Flame, 2015, 162(2): 470 – 477.

[12] Bomjan B, Bhattrai S, Tang H. Characterization of induction and transition methods of oblique detonation waves over dual-angle wedge[J]. Aerospace Science and Technology, 2018, 82 – 83: 394 – 401.

[13] Teng H, Zhang Y, Yang P, et al. Oblique detonation wave triggered by a double wedge in hypersonic flow[J]. Chinese Journal of Aeronautics, 2022, 35(4): 176 – 184.

[14] Yang P, Ng H D, Teng H, et al. Initiation structure of oblique detonation waves behind conical shocks[J]. Physics of Fluids, 2017, 29(8): 086104.

[15] Han W, Wang C, Law C K. Three-dimensional simulation of oblique detonation waves attached to cone[J]. Physical Review Fluids, 2019, 4: 053201.

[16] Kasahara J, Arai T, Chiba S, et al. Criticality for stabilized oblique detonation waves around spherical bodies in acetylene/oxygen/krypton mixtures[J]. Proceedings of the Combustion Institute, 2002, 29(2): 2817 – 2824.

[17] Maeda S, Inada R, Kasahara J, et al. Visualization of the non-steady state oblique detonation wave phenomena around hypersonic spherical projectile[J]. Proceedings of the Combustion Institute, 2011, 33(2): 2343 – 2349.

[18] Maeda S, Kasahara J, Matsuo A. Oblique detonation wave stability around a spherical projectile by a high time resolution optical observation[J]. Combustion and Flame, 2012, 159(2): 887 – 896.

[19] Maeda S, Sumiya S, Kasahara J, et al. Initiation and sustaining mechanisms of stabilized oblique detonation waves around projectiles[J]. Proceedings of the Combustion Institute, 2013, 34(2): 1973 – 1980.

[20] Maeda S, Sumiya S, Kasahara J, et al. Scale effect of spherical projectiles for stabilization of oblique detonation waves[J]. Shock Waves, 2015, 25(2): 141 – 150.

[21] Ju Y, Masuya G, Sasoh A. Numerical and theoretical studies on detonation initiation by a supersonic projectile[J]. Symposium(International) on Combustion, 1998, 27(2): 2225 – 2231.

[22] Fang Y, Zhang Z, Hu Z, et al. Initiation of oblique detonation waves induced by a blunt

wedge in stoichiometric hydrogen-air mixtures[J]. Aerospace Science and Technology, 2019, 92: 676 – 684.

[23] Wang T, Zhang Y, Teng H, et al. Numerical study of oblique detonation wave initiation in a stoichiometric hydrogen-air mixture[J]. Physics of Fluids, 2015, 27(9): 096101.

[24] Teng H, Ng H D, Jiang Z. Initiation characteristics of wedge-induced oblique detonation waves in a stoichiometric hydrogen-air mixture[J]. Proceedings of the Combustion Institute, 2017, 36(2): 2735 – 2742.

[25] Teng H H, Jiang Z L, Ng H D. Numerical study on unstable surfaces of oblique detonations [J]. Journal of Fluid Mechanics, 2014, 744: 111 – 128.

[26] Zhang Y, Fang Y, Ng H D, et al. Numerical investigation on the initiation of oblique detonation waves in stoichiometric acetylene-oxygen mixtures with high argon dilution[J]. Combustion and Flame, 2019, 204: 391 – 396.

[27] Fang Y, Zhang Y, Deng X, et al. Structure of wedge-induced oblique detonation in acetylene-oxygen-argon mixtures[J]. Physics of Fluids, 2019, 31(2): 026108.

[28] Tian C, Teng H H, Ng H D. Numerical investigation of oblique detonation structure in hydrogen-oxygen mixtures with Ar dilution[J]. Fuel, 2019, 252: 496 – 503.

[29] Xi X, Tian C, Wang K. Effects of hydrogen addition on oblique detonations in methane-air mixtures[J]. International Journal of Hydrogen Energy, 2022, 47(13): 8621 – 8629.

[30] Teng H, Tian C, Zhang Y, et al. Morphology of oblique detonation waves in a stoichiometric hydrogen-air mixture[J]. Journal of Fluid Mechanics, 2021, 913: A1.

[31] Shi X, Xie H, Zhou L, et al. A theoretical criterion on the initiation type of oblique detonation waves[J]. Acta Astronautica, 2022, 190: 342 – 348.

[32] Teng H, Bian J, Zhou L, et al. A numerical investigation of oblique detonation waves in hydrogen-air mixtures at low Mach numbers[J]. International Journal of Hydrogen Energy, 2021, 46(18): 10984 – 10994.

第3章

波面失稳和局部结构

在斜爆轰发动机中,波面后的放热区是燃料发生能量转换的主要区域,因此对波面失稳和局部结构需要开展系统研究,为可靠、高效燃烧组织提供基础。大量已有研究表明,爆轰波在管道中传播时会发生失稳,形成包含往复运动横波的局部结构,又称胞格爆轰波面。波面失稳现象也发生在斜爆轰波面上,但是与正爆轰波面存在显著的差异,对其进行研究具有理论和应用价值。本章首先介绍斜爆轰波面的失稳现象,然后对失稳位置的量化规律进行研究,给出活化能等重要参数的影响规律。在此基础上进一步分析波面失稳机制,并进一步采用多种手段,对失稳前的光滑区松弛过程进行量化分析,以深化对波面动力学特性的认识。

3.1 光滑波面失稳及其诱导的局部结构

爆轰波传播速度快、波后压力和温度高,斜爆轰波早期研究缺乏合适的测量工具,无法实现对斜爆轰波面进行直接观察和测量[1,2]。因此当时的研究通常不考虑失稳及其诱导的局部结构,默认斜爆轰面是光滑的。光滑波面的认识反映了当时研究的局限性,这一点与早期研究中忽略起爆区的存在是相似的。然而,与此同时,研究者已经认识到正爆轰波面会发生失稳,形成胞格爆轰波,并对失稳机制和胞格结构开展了大量的研究。由于斜爆轰波研究的相对滞后性,波面的失稳及可能诱导的局部小尺度波系结构在20世纪90年代斜爆轰流动研究的起步阶段,并没有得到足够的关注[3,4]。一方面,实验设备的总温总压不足,斜爆轰波很难通过地面实验获得,同时也存在测量困难的缺点,如高精度的光学测量手段不足[5-9];另一方面,对高速燃烧的气体进行数值模拟的手段不成熟,高速反应流算法和计算机技术发展不足,难以支撑对斜爆轰波系的高精度模拟[10,11]。无论是从基础还是应用研究的角度出发,对斜爆轰波面的稳定性进行研究都是很有必要的。爆轰波面稳定性本身就是爆轰物理中的重要基础问题,对波系整体结构的驻定可能会产生影响。同时,不稳定的波面导致了失稳的发生和演化,形成了局部结构,影响总体波系和燃烧效率。因此,波面失稳是超声速气流中斜爆轰波系中的核心流动特征,深入开展波面稳定性及其多波结构的研究是很有意义的。

关于斜爆轰波面不稳定性的研究,公开文献中 Papalexandris[12] 采用数值模拟较早开展了斜爆轰不稳定性的研究。由于当时计算资源的限制,数值模拟采用的网格数并不太多,但是已经可以观察到斜爆轰波面后方存在一定程度的不稳定性。然而,受限于当时的计算条件,很难确定这些不稳定现象是数值方法引起的,还是真实的流动现象,因此并没有其他研究者迅速跟进、开展进一步的研究。波面失稳现象后来得到了韩国学者的关注[13,14],他们率先开展了比较系统的研究,一些结果如图 3.1 所示。这些模拟采用单步反应模型,给定来流马赫数和楔面角度,通过改变无量纲的化学反应活化能和网格分辨率,获得了具有不同稳定性特征的斜爆轰波面。作为基础算例,数值结果显示在单步反应活化能为 20 的情况下,无论如何加密网格,都不能得到失稳的波面。因此研究者认为,在这种情况下波面是稳定的,不会失稳形成包含三波点的局部结构。当单步反应活化能提高到 30 时,计算结果表明在采用较粗的网格时波面仍然是不会失稳的,但是波面出现了一些褶皱。随着网格的加密,刚起爆后的波面仍然是光滑的,但是经过一段距离的发展后,在下游发生失稳。失稳诱导了胞格波面结构,并一直延伸到下游边界处。进一步加密网格,失稳位置会向上游移动,导致迅速失稳,大部分波面都出现局部胞格结构,形成了多个三波点。在采用非常小的网格时,计算结果表明波面不仅会失稳形成如前面所述的三波点,而且三波点的运动会进一步地影响波面,在下游演化出更复杂的局部结构。此外,滑移线在粗网格下不会失稳,在细网格下会出现失稳现象,可以观察到明显的 Kelvin - Helmholtz 不稳定性产生的漩涡,如图 3.1(d) 所示。

上述研究结果说明,单步反应模型中活化能是影响波面稳定性的核心参数,若可燃气体具有较高的活化能,则其中的斜爆轰波容易失稳,反之,较低活化能气体中斜爆轰波不易或者不会失稳。从燃烧化学角度,活化能表征了反应发生的难易和释热剧烈程度,因此剧烈释热导致失稳从机制上是容易理解的。更重要的是,上述结果说明计算网格分辨率不足将严重地影响斜爆轰波失稳的模拟

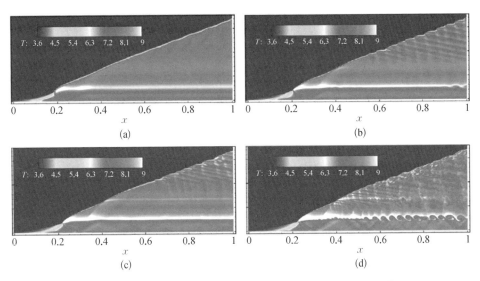

图 3.1 采用不同网格模拟获得的斜爆轰波系结构温度场[13]

单步反应活化能 $E_a = 30$，x 方向网格为 250、500、1 000、2 000

结果,阐明了此类研究中数值模拟精度的重要性,也解释了早期研究中斜爆轰波面失稳被忽视的原因。同时,上述研究也表明斜爆轰波面刚刚起爆时也有可能存在光滑波面,说明失稳导致局部结构的形成需要一定的时空条件,这对后续研究是具有启发性的结论。需要注意的是,图 3.1 的结果依赖于网格分辨率且采用无黏假设,因此可能并非真实的物理现象。如果考虑黏性的作用,那么真实的流动可能不会显示出如此强的不稳定性。然而,这些现象说明计算精度对波面不稳定性的研究是至关重要的,即使计算网格能够捕捉起爆区波系结构,对波面局部结构的模拟未必精确,这个认识是开展进一步研究的重要基础。

涉及波面不稳定性时,模拟结果对计算精度非常敏感,需要很高的网格分辨率。目前公开文献上的研究一般采用简单反应模型,通常是定性的结果[15-17]。在一定的计算资源约束下,基元反应模型需要大幅度地缩减网格数,如果采用简单反应模型,如单步或两步总包模型,在相近网格分辨率(如保持相同的半反应区网格数)的情况下,那么计算时间或计算量通常要低一个数量级。除了计算效率优势,简单反应模型关键参数,如活化能、放热量等,可以直接指定,方便对其进行变化,从而开展系统的参数化研究。另外,简单反应模型劣势也很明显,通常无法考虑一些复杂的流动机制,如真实气体效应导致绝热系数的非线性变化、影响起爆的链式反应过程、组元扩散等耗散机制。因此,主要采用简单反应模型开展一些定性的研究,其无法胜任较复杂的斜爆轰流动特征研究。

对斜爆轰波面稳定性和失稳的研究,一个有争议的核心问题是在具有较高活化能的来流中,波面是否一定会失稳。二维和三维的正爆轰波一定会失稳形成胞格爆轰,但是斜爆轰波面往往是过驱动的,失稳会被抑制。这种抑制作用是否从根本上改变了斜爆轰波面的稳定性,导致某些情况下不会失稳,是需要研究清楚的。Verreault 等[18]采用单步反应模型研究发现,对于较高活化能($E_a = 50$)的气体,如果来流马赫数比较高,导致斜爆轰波的过驱动度达到 1.8 以上,那么波面不会发生失稳。其中斜爆轰波的过驱动度定义为波前来流马赫数的波面法向投影与 CJ 马赫数比值的平方。考虑到正爆轰波中也存在过驱动爆轰波不易失稳的现象,研究者容易简单地推论得出斜爆轰波面是稳定的这个结论。然而,斜爆轰波的情况和正爆轰波不同,尤其是图 3.1 的结果说明分辨率不足的模拟结果可能导出错误的结论。为了获得斜爆轰的失稳规律,需要对该问题进行更进一步的模拟和分析[19]。

为了建立坚实的研究基础,首先采用单步不可逆放热化学反应模型,开展典型算例计算,对自编程序模拟精度进行了检验。图 3.2 显示了不同网格条件下获得的斜爆轰温度场,计算域尺寸采用了诱导区长度并进行了无量纲化。在以往采用单步反应模型的正爆轰[20,21] 和 Verreault 等[18]的斜爆轰研究中,通常采用 $E_a = 50$,本模拟沿用了这个活化能取值。相关的计算方法、无量纲参数将在第 6 章进行详细的介绍。由于活化能较高,起爆距离较长,可以通过增大楔面角度或马赫数来减小起爆距离。增大楔面角度可能导致斜爆轰波驻定窗口变小,容易失稳向上游传播,因此采用了增大马赫数的方法,将来流马赫数 M_0 增大到 15。如此高的马赫数在工程应用中是难以实现的,但是为了凸显研究对象流动特征,在基础研究中是可以采用的。图 3.2 的结果和以往研究获得的结果(图 3.1)是类似的,显示出较低的网格分辨率会导致波面失稳被抹平,也说明较密网格的模拟结果是可信的。

根据图 3.2 的结果,可以认为网格尺寸 0.02 足以对斜爆轰波面失稳进行研究。在下面的模拟中,采用了 0.01 的网格进行下一步的模拟,获得了高活化能、高速来流气体($E_a = 50$,$M_0 = 15$)中的斜爆轰波,见图 3.3。通过调节楔面角度,可以获得不同过驱动度的斜爆轰波,过驱动度可以根据波角及来流参数计算得到。结果显示,随着过驱动度的增加失稳变得困难,光滑波面长度增加,这是与之前结果一致的。然而,在较大楔面角的条件下,即使对于很高过驱动度的斜爆

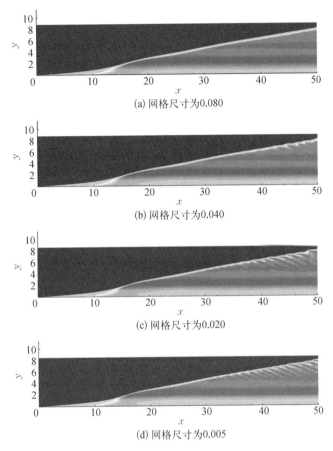

(a) 网格尺寸为0.080

(b) 网格尺寸为0.040

(c) 网格尺寸为0.020

(d) 网格尺寸为0.005

图 3.2　斜爆轰温度场随计算网格大小的变化($E_a = 50$，$\theta = 27°$，$M_0 = 15$)

轰波,其波面仍然会失稳。这与之前的研究结论是矛盾的,因为早期的研究认为,较高的来流马赫数或者楔面角度会导致爆轰过驱动度增加,强爆轰波面不容易发生失稳,进而存在一个中性稳定性边界。中性稳定性边界的概念可以类比正爆轰波的稳定性研究结果:预混气体中传播的 CJ 爆轰波均会失稳,随着过驱动度的增加,存在稳定性边界,高过驱动度的正爆轰不失稳[22]。因此,早期研究[18,23]推论这种现象在斜爆轰波中也是存在的,并给出临界过驱动度(1.73),即大于该值的情况下斜爆轰波不会失稳。基于高精度模拟结果,图 3.3 表明高过驱动度下波面失稳仍然会发生,所展示的三个算例,其过驱动度都超越了以前研究给出的稳定性边界。因此,我们认为早期结果可能是由于计算模拟精度不够,没有得出正确的结论。

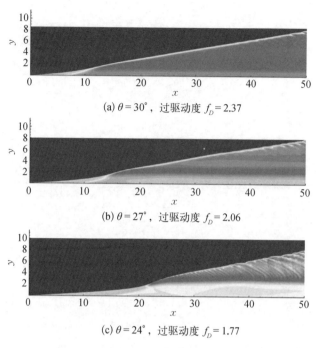

(a) $\theta = 30°$，过驱动度 $f_D = 2.37$

(b) $\theta = 27°$，过驱动度 $f_D = 2.06$

(c) $\theta = 24°$，过驱动度 $f_D = 1.77$

图 3.3　斜爆轰温度场($E_a = 50$，$M_0 = 15$)

　　为了分析斜爆轰波面的失稳特征,图 3.4 给出了斜爆轰波面的反应区长度在 y 方向的投影随位置的变化规律,该长度是根据数值模拟得到的结果,提取其中的化学反应起始(释热进度为 5%)和结束(释热进度为 95%)位置并计算得到的。在没有化学反应位置,如在前导激波区域,可以捕捉到斜激波的高度。在三种情况下,爆轰波起爆后的化学反应区长度都出现剧烈下降的现象,如图 3.4 显示。然而,三个算例存在明显的差别。在第一个算例中,波面过驱动度比较高,化学反应区长度下降幅度比较小,而且下降之后还会有一个逐步上升的过程,然后在平台区内逐渐发生振荡。考虑到反应区长度逐渐开始发生振荡的区域,其波前来流仍然是均匀的,因此振荡是沿着波面从小扰动放大而来的。在第三个算例中,反应区长度降低趋势非常剧烈,而且在下降之后马上就出现剧烈的振荡现象,振幅经历了一个由小变大的过程。第二个算例可以看作上述两个算例的过渡结果。这些结果显示了小扰动沿着波面的发展,导致的激波与释热区耦合结构的振荡,最后形成失稳波面的过程。即使较高的过驱动度抑制了波面失稳的迅速发展,经过足够长的时空演化,失稳仍然能够发展起来。因此,从小扰动发展的角度,高活化能不是抑制失稳,而是促进了失稳的发展。

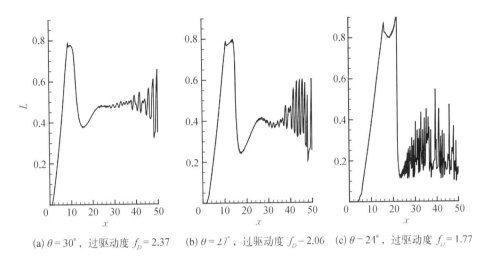

(a) $\theta = 30°$，过驱动度 $f_D = 2.37$　　(b) $\theta = 27°$，过驱动度 $f_D = 2.06$　　(c) $\theta = 24°$，过驱动度 $f_D = 1.77$

图 3.4　斜爆轰的反应区长度（$E_a = 50$，$M_0 = 15$）

上述结果说明，斜爆轰波面在均匀来流中也能够失稳，高活化能和低过驱动度对失稳过程的发展具有促进作用。在斜爆轰流动中，过驱动度提升可以推迟波面失稳，但是无法完全地抑制失稳。同时，斜爆轰的波面失稳之后形成局部的波系结构，与一般的正爆轰波的胞格波面存在明显的区别。具体来说，在一般正爆轰波的胞格结构中，存在强度相当、方向相反的两组横波传播，然而斜爆轰波面上只有一组横波单向传播。为了进一步地阐明斜爆轰波面的不稳定性特征，需要对失稳规律和局部波系结构进行深入的研究，并与正爆轰胞格结构进行对比分析。由于常规燃料的无量纲活化能不超过 50，相关研究进一步模拟了中等活化能（30 左右）条件下的斜爆轰波。典型结果如图 3.5 所示[24]，可以看到斜爆轰波面在起爆后大体会分为三个区域。起爆后的波面首先是一段光滑的平面，

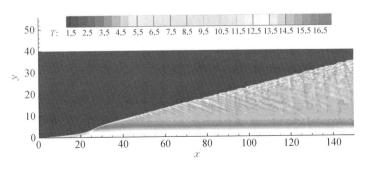

图 3.5　斜爆轰温度场（$E_a = 31$，$\theta = 26°$，$M_0 = 12$）

波角略有下降,之后波面失稳形成三波点。然而,失稳波面上游和下游存在明显的差别,波面失稳之后形成的局部结构并不是最终的状态,而是会经历二次失稳,进一步演化形成更复杂的波系结构。两次失稳都需要扰动经历足够长的发展,这也决定了光滑区和首次失稳区的长度,需要对其中涉及的复杂爆轰波动力学过程进行分析。

为了观察失稳流场的局部结构特征,图3.6显示了放大的波面首次和二次失稳的局部温度场。可以看到首次失稳发生在靠近上游($x=40\sim45$)的位置,基本特征是波面从平面变为存在锯齿形的火焰阵面。与此对应,二次失稳形成的局部波系更复杂,从锯齿形火焰阵面演变化为拱心石(key-stone)形状的火焰面。通过对温度、压力场的综合分析,发现锯齿形火焰的形成是由一系列的左行三波点/横波导致的,也就是一次失稳导致了一组左行横波的产生。值得注意的是,在来流强烈的输运作用下,这组左行三波点在实验室坐标系下是向右即向下游传播的。这种失稳过程和结构在以往研究中已经被观察到,与之前研究结论[13]是一致的。然而,公开发表文献中对二次失稳研究很少,可以看到二次失稳导致了更复杂的局部结构,在左行三波点/横波的基础上新出现了一组新的右行三波点/横波。虽然这两组三波点在实验室坐标系下都是向右传播的,但是它们共同构成了拱心石形状的火焰面,导致其接近正爆轰中的胞格爆轰波的火焰面。斜爆轰波面上两次失稳后形成的局部波系结构在波面上形成了两组相对运动的三波点/横波,本质上和正爆轰胞格结构是一致的。此外,两次失稳的位置在一定范围内具有随机性,或者说两组三波点形成的位置并不是绝对固定的,而是在一个区域内变化,形成了一个三段波面动态共存的波系结构。

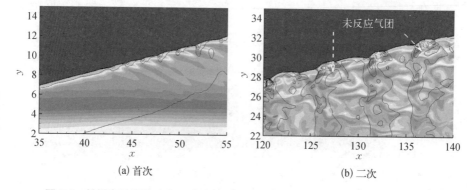

(a) 首次　　　　　　　　(b) 二次

图3.6　斜爆轰波面首次和二次失稳的局部温度场($E_a=31$, $\theta=26°$, $M_0=12$)

以往的研究对首次失稳研究较多,图 3.4 也对反应区的变化规律进行了分析,发现首次失稳是小扰动在波面上的逐渐放大诱导的。进一步的研究需要分析二次失稳的波系演化机理。斜爆轰波面失稳的一个典型特征在于,左行三波点首先产生,诱导了首次失稳,然后导致右行三波点产生,诱导了二次失稳。左行和右行三波点并非同时形成的,这与正爆轰胞格波面形成了明显的区别。

为了分析二次失稳的波系结构演化过程,图 3.7 给出了首次失稳波面上不同时刻的温度场。以 TW(transverse wave)标识了四道横波,按照 1~4 进行标记。可以看到这些横波在向下游移动过程中,由于速度不同会发生相互碰撞,进而形成更强、距离也更大的横波,即 TW1 和 TW2 合并成 TWa,TW3 和 TW4 合并成 TWb。对于新形成的横波 TWa 和 TWb,其间距较大导致下游相邻区域存在较多高温可燃气体,在横波向下游传播中放大形成热点,进而诱导了另一组右行横波。由此可见,右行横波的形成得益于左行横波的碰撞增强,左行横波背风面的高温可燃气体为右行横波的出现提供了必要条件。另外,右行横波并不是从左行横波发展而来的,而是在经过前导激波压缩的可燃气体中,从小扰动发展而来的。这与左行横波的形成具有类似的机制,也说明斜爆轰波波面的失稳机制与正爆轰波面失稳并无本质区别,只是在不同来流与波系条件下形成了不同的现象和过程。

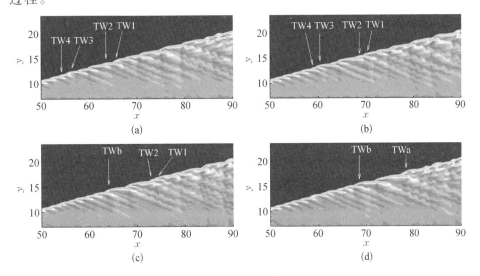

图 3.7　斜爆轰波面不同时刻的温度场演化($E_a=31$, $\theta=26°$, $M_0=12$)

3.2　活化能对失稳特性的影响规律

作为单步反应模型中最重要的可变参数,活化能 E_a 是影响波面失稳的关键因素,这在上一节已经得到证实。斜爆轰波面的失稳,无论是首次还是二次,都是源于小扰动在激波-释热区耦合波面后的不断增长,其原因在于激波和释热区的耦合结构的不稳定性,该特征在单步反应模型中最重要的表征参数就是活化能。在以往的正爆轰波研究中,对活化能的影响进行了较多的分析,发现活化能较低的气体中,波后释热曲线比较平缓,同时形成的胞格比较规则。与此相反,在活化能较高的气体中,波后释热曲线比较陡峭,形成的胞格比较混乱。针对斜爆轰波的失稳和胞格结构特征,以往的研究发现一方面受活化能影响很大,另一方面还受到过驱动度的影响。过驱动度取决于气体放热量、来流马赫数和楔面角度,3.1 节的结果表明过驱动度高的斜爆轰波不容易发生失稳。在此基础上,有必要系统地研究活化能的影响,从而深化对于斜爆轰波面不稳定性的认识[25]。

图 3.8 显示了不同的活化能对斜爆轰压力和温度场的影响,在模拟中采用

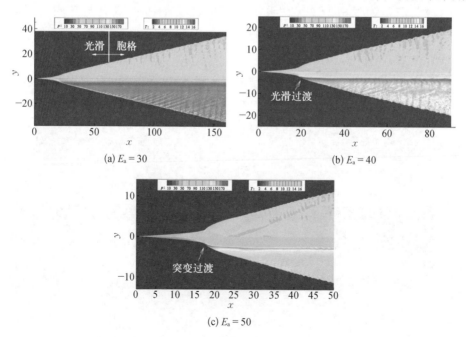

(a) $E_a = 30$　　　　(b) $E_a = 40$

(c) $E_a = 50$

图 3.8　斜爆轰压力和温度场 ($\theta = 26°$, $M_0 = 12.5$)

固定的楔面角度和来流马赫数,即 $\theta=26°$, $M_0=12.5$。可以看到在较低的活化能条件下,起爆位置靠近上游,过渡区是渐变的,起爆后的波面经过两次失稳,形成了具有复杂局部结构的波面。活化能从 30 增加到 40,如图 3.8(b) 所示,起爆位置下移,仍然是渐变的过渡区,而且波面失稳的绝对位置几乎保持不变。同时,由于起爆位置下移,起爆后的光滑波面长度减小。进一步增加活化能到 50,如图 3.8(c) 所示,起爆位置继续下移,过渡区结构类型不再是渐变的,而是转变为突变。较高的活化能不仅诱导了突变过渡区,而且明显地提升了起爆三波点后局部波面的激波角,进而形成了一个比较强的滑移线。从图 3.8 可以看出,活化能增加导致滑移线越来越强,起爆后光滑波面的长度持续减小。

波面的失稳源于小扰动的放大,具有一定的随机性。失稳位置虽然保持在一个区域,但是并不是一直不变的,因此斜爆轰波面流场局部结构是非定常的。为了对非定常流动特性进行研究,特别是对失稳规律进行分析,可以利用后处理生成数值胞格,如图 3.9 所示。数值胞格在正爆轰波的数值模拟中经常采用,其原理是模仿实验中具有多波结构的波面扫过烟迹片、吹除部分烟迹等过程。由于三波点附近存在强剪切流动,胞格边界即对应三波点运动轨迹。在对数值结果进行处理中,可以通过记录扫过某位置的最高压力生成数值胞格,这是

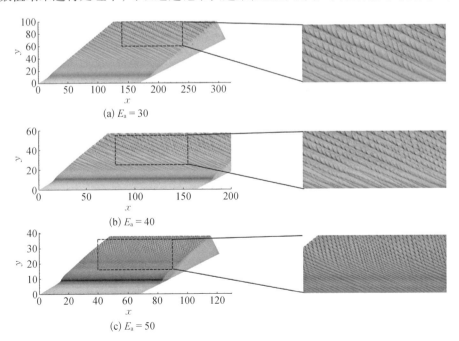

(a) $E_a = 30$

(b) $E_a = 40$

(c) $E_a = 50$

图 3.9　斜爆轰的数值胞格($\theta=26°$, $M_0=12.5$)

因为三波点附近同样是流场的最高压力点。斜爆轰波的胞格同样通过记录扫过某位置的最高压力来实现,需要在模拟中动态监控。由于大量的模拟采用旋转坐标系,x 轴并不是沿来流方向而是沿楔面方向,在生成数值胞格中需要进行变换。

对图 3.8 所示的斜爆轰波,其数值胞格如图 3.9 所示,为了更好地显示将 x 方向调整为来流方向。可以看到活化能的变化对首次失稳和二次失稳的位置都有明显的影响,特别是在流场图中难以分辨的二次失稳位置,只能通过接近垂直于 x 轴的三波点形成得以识别。总体而言,活化能增大导致了二次失稳位置向 $-y$ 方向移动,更加靠近起爆区,同时二次失稳形成的三波点间距更小。灰度显示了压力的大小,在波前压力相同的情况下,可以看到高活化能时二次失稳的三波点后压力更大。考虑到二次失稳发生在首次失稳下游波面上,图 3.8 的结

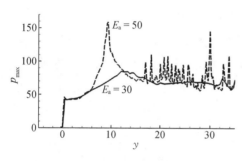

图 3.10 沿图 3.9 数值胞格中 $x = 60$ 的压力分布

果显示高活化能导致二次失稳在首次失稳后迅速发生,说明这种情况下对首次失稳的依赖程度减弱。为了定量地分析活化能的影响,图 3.10 对比了 $E_a = 30$ 和 $E_a = 50$ 两种斜爆轰数值胞格中沿 $x = 60$ 的压力分布。在低活化能斜爆轰波还没有发生首次失稳之前,高活化能斜爆轰波已经形成了多组横波,导致压力曲线上出现了剧烈的振荡。特别是在起爆区,高活化能斜爆轰波形成了一个明显的压力峰值,达到了低活化能斜爆轰波压力峰值的两倍,体现了活化能对失稳的明显影响。

为了对斜爆轰波面进行更深入的研究,需要发展波面失稳的量化表征方法。图 3.11 给出了两次失稳长度的定义,即将起爆到首次失稳位置(key position 1,KP1)的距离在 x 方向的投影定义为首次失稳长度,将首次失稳位置到二次失稳位置(key position 2,KP2)的距离在 x 方向的投影定义为二次失稳长度。如前面所述,波面失稳源于小扰动的发展,会在一定范围内变化,因此两个失稳长度并非固定不变的。为了研究失稳长度的变化规律,在已经达到稳态的流场中对 KP1 和 KP2 进行监测,经过长时间的迭代,就可以得到两者的概率分布,如图 3.11(b)所示,进一步地,图 3.11(c)给出了两个失稳位置的累积概率分布。可以看到活化能越高、失稳位置总体上越靠前,即活化能增加导致容易失稳,这在以前的流场图中就可以观察到。然而,量化分析也提供了一些新的结果,如在较

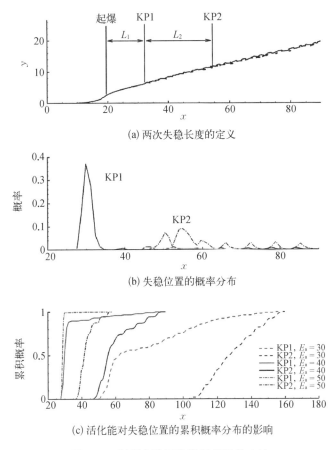

(a) 两次失稳长度的定义

(b) 失稳位置的概率分布

(c) 活化能对失稳位置的累积概率分布的影响

图 3.11　斜爆轰波面失稳规律量化方法

低活化能下失稳发生区间范围比较宽,而马赫数增加导致失稳发生区间变窄。

如果需要获得一个失稳长度以表征失稳特性,可以利用概率分布达到 50% 的位置定义失稳长度,图 3.12 显示了由此得到的失稳长度随活化能的变化规律。可以看到在给定的参数条件下,斜爆轰波的失稳长度存在明显的变化,总体而言,活化能的增加导致失稳长度的减小。这个规律对于首次和二次失稳长度都适用,同时二次失稳长度受起爆区后非平衡效应影响较小,呈现出接近线性的衰减规律,相对首次失稳其变化幅度比较大,如当活化能从 30 增加到 50 时,二次失稳长度变为以前的 1/5。值得注意的是,首次失稳长度在活化能增大到 35 以上之后,随活化能继续增加变化不大,其原因可以归结为斜爆轰波系的影响。高活化能导致起爆后的光滑波面凸起,如图 3.8 所示,形成了局部的非平衡爆轰波,波面角度明显地大于根据极曲线计算得到的平衡波面角度。对这种非平衡波面的松弛过程,本章3.4节将进行详细的研究,然而可以确定的是,这种非平衡效应导致了斜爆轰波角增大,过驱动度增加,对波面失稳有抑制作用。因此,即使活化能的增加促进了失稳,其效果却被局部波角增大的非平衡效应抵消,最终导致首次失稳长度变化不大。

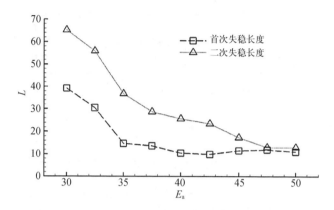

图 3.12   首次和二次失稳长度随活化能的变化规律

起爆后光滑区的非平衡效应对波面失稳产生的影响可以通过波面过驱动度进行量化。图3.13显示了过驱动度随波面位置的变化规律,从起爆开始到首次失稳结束,由于失稳后产生胞格局部波面的过驱动度不再有意义。图3.13中的理论直线(theoretical)对应达到平衡状态波面的过驱动度,其值为1.57。可以看到起爆确实导致了刚刚起爆后的波面具有较高的过驱动度,其数值在逐渐衰减,到达平衡状态之前就失稳形成胞格结构。这说明波面的失稳本质上是一种非平衡爆轰波的失稳,并非小扰动在平衡波面上逐渐放大的理想状态。然而,对于活化能较低的斜爆轰波,失稳前的光滑波面较长,失稳位置比较靠近下游。活化能

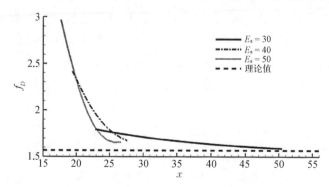

图 3.13   过驱动度随波面位置的衰减规律

越高起爆后的过驱动度越大,活化能为 40 和 50 的斜爆轰波,存在波面过驱动度的迅速衰减和失稳。原则上较高的过驱动度会抑制失稳,但是图 3.13 的结果显示的结果与此相反,说明高活化能促进失稳的机制,在其中起到了主导作用。

3.3　定常来流中的波面失稳机制

活化能作为单步反应模型中最重要的参数,对于斜爆轰波的影响已经得到了充分的研究。然而,单步反应模型的模拟结果,在用于研究斜爆轰波面的失稳特性和局部波系结构方面,在物理本质的可靠性上存在一些不足。单步反应模型过于简化,导致模拟结果中诱导区和放热区无法进行区分。诱导区和放热区的相互作用是爆轰波失稳的内在原因,因此需要更精细的模型对此进行研究。为了对化学反应过程进行建模,以前的研究者提出了两步、三步,甚至更多步的简化反应模型,将诱导区独立出来。这些模型为深入分析流动和释热的耦合规律开辟了新的途径,在正爆轰波不稳定性的研究中得到了应用[26]。本节采用其中比较简单的诱导-放热两步化学反应模型,对不稳定的斜爆轰波面开展了系统研究,以深化对于波面失稳特性和机理的认识。关于两步反应模型的详细介绍见本书第 6 章,此节主要介绍波面失稳特征和机制相关的研究结果[27]。在本节的模拟中,将来流马赫数 M_0 固定为 10,将无量纲的放热量 Q 固定为 50,这是由于波面稳定性对这两个量的依赖关系已经比较清楚,且不受化学反应模型的影响。此外,选取楔面角度 θ 和放热速率的控制参数 k_R 为变量,通过调整楔面角度来改变过驱动度,调整放热速率改变化学反应区的宽度。k_R 越大放热越快、越小放热越慢,作为化学反应模型的核心可变参数,可以粗略地认为相当于单步反应模型中的活化能。

斜爆轰受放热速率系数(k_R)的影响如图 3.14 所示,通过温度场来显示,其中来流马赫数和楔面角度是固定的。可以看到,当 $k_R = 2.0$ 时斜爆轰波面的过渡区是渐变结构,起爆后的波面也存在较长的光滑段,在计算域的出口附近出现了首次失稳。首次失稳形成了锯齿形的火焰面,其实质是左行横波/三波点,这与之前采用单步反应模型得到的结果是一致的。当 $k_R = 3.0$ 时,释热速率的增大导致起爆区位置前移,过渡区仍然是渐变结构,但是起爆后的光滑波面长度明显地减小。当 $k_R = 4.0$ 时,源于更大的释热速率,斜爆轰波系结构的特征发生了明显的改变:起爆位置前移,过渡区类型从渐变变成了突变,波面光滑区长度减小。

对于失波面的空间特征,可以看到失稳位置从 $x = 130$ 左右移动到 100 以内,且计算域的出口附近出现了二次失稳。总体上,波面失稳的现象与利用单步不可逆放热反应模型获得的斜爆轰波面现象是类似的,说明之前获得的失稳机制是可靠的,不依赖于化学反应模型。

在两步反应模型中,可以通过 k_R 改变放热速率,同时保持诱导区温度和压力不变,这是其有别于单步反应模型的特点。由于参数数目限制,单步反应模型没有严格意义上的诱导区,活化能的改变导致整个波后的释热曲线变得平缓(降低)或者陡峭(增大)。而两步反应模型对诱导区和释热区有明确的区分,有利于分析两者的相互作用。图 3.14 的结果显示,在诱导区控制参数保持不变的情况下,诱导区的末端波系结构可能发生明显的变化。释热的速率影响了起爆距离和过渡区结构,速率增大导致起爆距离变短、过渡区趋向于突变,反映了释热区对诱导区的影响。另外,诱导区对释热区也会产生影响,可以通过波面失稳位置的变化反映出来,在本章后续内容中也将对诱导区影响下的释热区变化规律进行探讨。

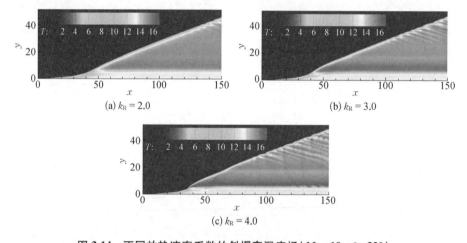

(a) $k_R = 2.0$

(b) $k_R = 3.0$

(c) $k_R = 4.0$

图 3.14   不同放热速率系数的斜爆轰温度场($M_0 = 10$, $\theta = 32°$)

为了掌握波面失稳特性的量化结果,需要斜爆轰波面上对不同位置的波面运动情况进行分析。分析数据来源于模拟过程,在斜爆轰波系完全建立达到宏观稳定后,监测沿着某平行于 x 轴的直线上半反应区(即释热量达到 50% 位置)的压力,获得不同高度波面上半反应区的压力随时间的变化。对于较低放热速率($k_R = 2.0$)的斜爆轰波,波面不同位置的压力振荡曲线如图 3.15 所示。可以看到四个典型位置上的波面存在不同的振荡特性:波面在 $y = 10$ 直线上无振荡,

在 $y=28$ 和 $y=35$ 直线上有微弱振荡,在 $y=40$ 直线上有明显的周期性振荡。上游无振荡位置对应光滑波面,微弱振荡位置对应的是小扰动逐渐放大的区域,而周期性振荡区域对应失稳后的波面。对于较高放热速率($k_R=4.0$)的斜爆轰波,波面不同位置的压力振荡曲线如图 3.16 所示。可以看到在其他参数相同的情

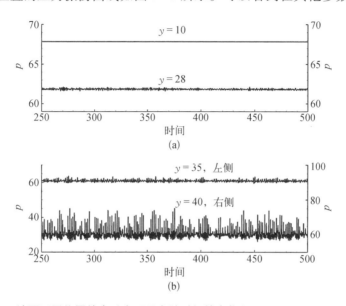

图 3.15　波面不同位置的半反应区压力随时间的变化($M_0=10$, $\theta=32°$, $k_R=2.0$)

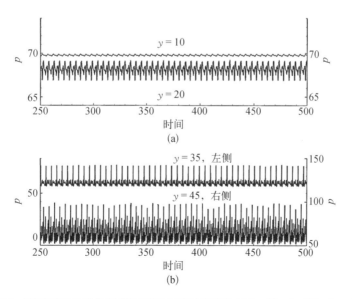

图 3.16　波面不同位置的半反应区压力随时间变化($M_0=10$, $\theta=32°$, $k_R=4.0$)

况下，k_R对波面振荡特性产生了明显的影响：波面在 $y=10$ 直线上已经可以观察到小幅振荡，随着波面向下游延伸，振荡幅度越来越大，但是对比不同位置的振荡信号，可以发现振荡周期并没有发生变化。

利用 FFT（快速 Fourier 变换）对压力振荡曲线进行处理，可以得到频率能量谱密度（power spectrum density，PSD）表征了振荡能量在不同频率上的分布。针对低放热速率和高放热速率两个算例，分别选取了半反应区压力振荡曲线中较低和较高的两条线进行变换，得到的 PSD 结果如图 3.17 所示。总体上，上游刚刚起爆后的光滑波面上振荡能量较低，下游失稳后的振荡能量较高。考虑到爆轰波面失稳存在逐渐发展的过程，这在直观上是容易理解的。然而，不同放热速率诱导了能量谱密度曲线的差异：在较低放热速率下，上游和下游的振荡频率都是比较平均分布的；在较高放热速率下，上游和下游都存在若干主导频率，对应图 3.17（b）中的尖峰。值得注意的是，在较高放热速率下，波面的能量谱密度曲线上的上游（即 $y=10$）峰值与下游（即 $y=45$）峰值是对应的，即便上游曲线上的峰值相对大小在下游会发生变化。上述现象说明，下游的振荡是由上游发展而来的，上游的波面振荡是下游波面振荡的诱因。

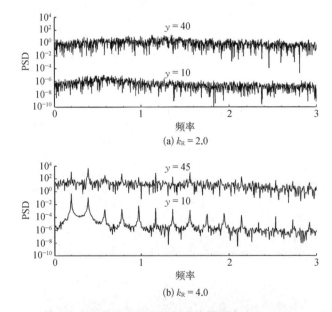

图 3.17　基于压力振荡曲线得到的频率能量谱密度（$M_0=10$，$\theta=32°$）

斜爆轰波面之所以发生失稳，源自激波和释热区耦合结构的不稳定性，这也是正爆轰波面局部结构形成的根本原因。对于较高的放热速率下的斜爆轰波面失稳,从流场图看上游波面是平面,但是借助实时监控数据的量化分析,发现其已经蕴含了包含若干主导频率的小扰动,并发展成为下游的胞格波面。由于波前是无扰动的,而且小扰动并不是随机的而是包含主导频率的,上述扰动最可能的来源就是起爆区的振荡。起爆区的振荡在以前的研究中曾经被观察到,而在本算例中无法直接观察到,因此只能通过排除法推测有规则的扰动源自起爆区。释热区对起爆区的影响前面已经进行了分析,如增大放热速率导致起爆位置及过渡区类型变化。起爆区对释热区的影响通过对失稳现象的分析得到证实,证实起爆区与释热区是相互影响的,深化了对斜爆轰波中复杂波系相互耦合的认识。

以较高放热速率的算例为基础,进一步研究了斜爆轰波受楔面角度的影响,其温度场如图 3.18 所示。可以看到在楔面角度减小时,起爆距离会增加,同时过渡区类型仍然保持突变,但是楔面角度减小导致转折点上下游角度变化更剧烈。作为对比,图 3.18 显示的起爆长度和过渡区类型变化趋势,与此前采用单步放热模型获得的变化趋势也是一致的。另外,在斜爆轰波面失稳特性方面,可以看到较小的楔面角度下,失稳位置会向略微上游移动(相对于起爆点而言),形成的横波或三波点结构较强。失稳位置的变化主要受过驱动度影响,较小的楔面角度一方面导致波面整体的过驱动度降低,容易发生失稳。另一方面,较小的楔面角度导致主三波点下游刚刚起爆的光滑波面角度较大,局部的过驱动度增大。两种因素互相抵消,因此起爆后的光滑波面长度变化不大。

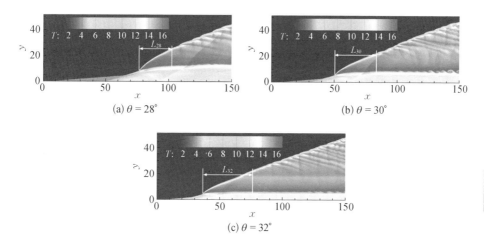

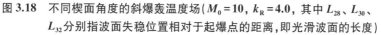
图 3.18　不同楔面角度的斜爆轰温度场($M_0 = 10$,$k_R = 4.0$,其中 L_{28}、L_{30}、L_{32} 分别指波面失稳位置相对于起爆点的距离,即光滑波面的长度)

采用与前面相同的方法获得不同高度波面上半反应区的压力随时间的变化,如图 3.19 所示。对于 $\theta=32°$ 和 $\theta=30°$ 两个算例,波面取刚刚起爆后的波面 $y=10$ 和已经完全失稳的波面 $y=35$;对于 $\theta=28°$ 算例,完全失稳波面纵向位置保持不变,刚刚起爆后的波面取 $y=20$。经过长时间的迭代,流场已经达到准定常状态,宏观波系不再发生变化。可以看到三种情况下波后的光滑波面上均会出现振荡现象,但是在较小楔面角度下的振荡曲线存在明显的长周期变化,小幅振荡和宽幅振荡间隔出现。较小楔面角度下失稳波面的振荡也出现了长周期变化,有的时间段振幅较小、有的时间段振幅较大。中等和较大楔面角度的斜爆轰波振荡呈现出比较好的周期性,下游的振荡幅度随着楔面角度的增大而增加。

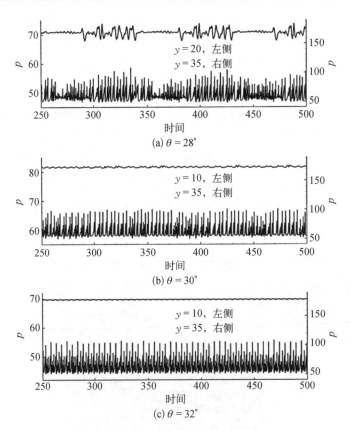

图 3.19　波面不同位置的半反应区压力随时间变化($M_0=10$, $k_R=4.0$)

对下游压力振荡曲线进行 FFT 变换,可以得到的频率能量谱密度分布,如图 3.17 所示。可以看到在较大的楔面角度下[图 3.20(c)],能量谱密度分布出现了几个孤立的峰值,且峰值对应的频率之间存在倍数关系,说明振荡能量集中在几个特殊的频率上。随着楔面角度的降低,如图 3.20(b)所示,能量谱密度分布出现了一个很高的峰值,但是能量分布更加散乱,说明振荡的周期性在减弱。在较小的楔面角度下[图 3.20(a)],能量谱密度分布又出现了多个峰值的现象,但是峰值不存在倍数关系,且延续了中等楔面角度下能量分布散乱的特点。上述不同的能量谱密度分布特点说明,较大的楔面角度抑制了斜爆轰波面的失稳。

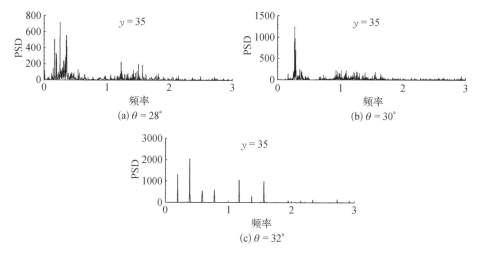

图 3.20　基于压力振荡曲线得到的频率能量谱密度($M_0=10$, $k_R=4.0$)

虽然爆轰波的不稳定性已经得到了广泛的研究,但是对其进行量化分析是比较困难的。以前的研究者提出了稳定性参数 χ,能够对不同的爆轰波稳定性进行较好的评估[26]。这个稳定性参数的定义是

$$\chi = \frac{E_I}{T_S} \frac{\Delta_I}{\Delta_R} \tag{3.3.1}$$

式中,E_I 是诱导反应活化能(采用波前气体状态 RT_0 进行无量纲化,R 是气体常数,T_0 是波前气体温度);T_S 是一维 ZND 爆轰波前导激波后的温度;Δ_I 与 Δ_R 分别是诱导反应和放热反应宽度。基于大量数据的分析表明,稳定性参数 χ 的值越小,爆轰波越稳定,而且其绝对大小对于不同燃料类型和预混气体参数都适用。稳定性参数 χ 可以看作一个改进的活化能,引入了 T_S、Δ_I 和 Δ_R 对其进行修正,获得了广泛爆轰波稳定性预测能力。基于上述方法,表 3.1 显示了不同楔面角度和释热速率下的稳定性参数。可以看到 χ 随着楔面角度的增大而减小,随着放热速率的增大而增加。然而,这个稳定性参数对楔面角度不敏感,对放热速率

很敏感,导致跨行或跨列比较斜爆轰波稳定性时,该参数无法使用。因此,正爆轰研究中提出的稳定性参数 χ 可以定性地应用于斜爆轰,但不是一个能够对稳定性进行量化表征的参数。

表 3.1　不同楔面角度和释热速率下的稳定性参数

χ	$\theta = 28°$	$\theta = 30°$	$\theta = 32°$
$k_R = 1.0$	0.97	0.94	0.92
$k_R = 2.0$	1.92	1.88	1.82
$k_R = 3.0$	2.86	2.80	2.72
$k_R = 4.0$	3.79	3.71	3.61

比较前面采用不同化学反应模型得到的斜爆轰波稳定性,可以发现一些共同的规律。上述研究均采用了均匀混合的定常来流条件作为初始条件,因此排除了来流中扰动导致的失稳。这种均匀来流中的波面非定常现象,源于激波和释热区耦合结构的内在不稳定性,在某些情况下小扰动能够发展起来,诱导横波或三波点的形成。可以看到,无论采用什么化学反应模型,波面都会形成两种失稳过程,分别对应左行横波和右行横波的形成。与此同时,通过横波的振荡频率,可以分析存在两种小扰动发展过程。一种是完全随机的小扰动,另一种是源于起爆区的小扰动。前者对应的反应区压力在失稳后表现为嘈杂无规则的振荡,且没有起主导作用的主频信号,而后者对应的反应区压力振荡具有显著的周期性,且存在特征频率,在下游失稳后剧烈振荡的波面上仍然能够清晰地分辨出来。

3.4　非平衡波面松弛过程量化分析

相对于起爆前的斜激波面,斜爆轰波面一方面存在波角增大的现象,另一方面可能会发生失稳,其发展过程取决于活化能、过驱动度等因素的影响。前面讨论了过驱动度随波面位置的衰减规律(图 3.13),总体而言波角在起爆区附近迅速达到最大值,然后逐渐衰减,伴随着小扰动在波角/过驱动度衰减的波面上逐渐放大,在下游形成失稳波面。这说明斜爆轰波起爆后存在一段非平衡波面,并非马上达到平衡状态,非平衡效应会对波系结构和波面稳定性产生影响。非平衡波面上游是斜激波面,其下游既可能是理论预测的平衡波面,也有可能是发生流动失稳形成的胞格波面。流动失稳后的胞格波面,其波角剧烈变化难以测量,然而平均波角与平衡波面相同。非平衡波面起到了连接平衡斜激波面和平衡/失稳斜爆轰波面的作用,对下游的发展起到重要作用,因此对其松弛过程进行研究很有必要。

作为对非平衡波面研究的基础,有必要首先分析一下斜爆轰平衡波面的特点。平衡波面的波角和波后马赫数可以通过极曲线理论进行预测,如图 3.21 所示,将斜激波的极曲线也画出作为对比,可以视为无放热量($Q=0$)的斜爆轰波。黑色曲线表示的激波极曲线存在两个分支,而蓝色曲线表示的爆轰极曲线存在三个分支,形成了封闭曲线。给定任意一个楔面角度,爆轰波极曲线除了左右两个极点,均对应着两个波面角度。斜爆轰极曲线的三个分支对应三类理论解,分别为强过驱动斜爆轰波(strong overdriven,S)、弱过驱动斜爆轰波(weak overdriven,WO)和弱欠驱动斜爆轰波(weak underdriven,WU)。在爆轰极曲线理论中存在两个关键楔面角:CJ 状态斜爆轰波所对应的楔面角度 θ_{CJ} 和脱体楔面角度 θ_D。当楔面角度 $\theta>\theta_D$ 时,理论上无法形成附体的斜爆轰波,且波后为亚声速流动,起爆后的爆轰波会向上游移动而脱体,形成强过驱动的斜爆轰波。当楔面角度 $\theta=\theta_{CJ}$ 时,斜爆轰波的法向来流速度与可燃物的 CJ 爆速相等,波后气流的法向马赫数为声速,除了存在切向速度,其他均与一维 CJ 正爆轰波一致,因

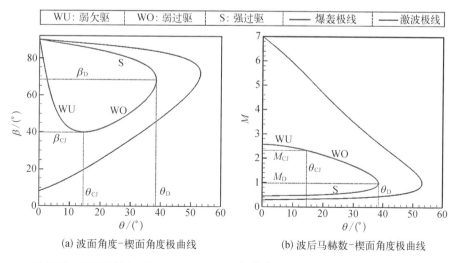

(a) 波面角度-楔面角度极曲线　　　　(b) 波后马赫数-楔面角度极曲线

图 3.21　爆轰波($M_0=7$,$\gamma=1.2$,$Q=25$)和激波($M_0=7$,$\gamma=1.2$,$Q=0$)极曲线

此称为 CJ 斜爆轰波。当楔面角度 $\theta < \theta_{CJ}$ 时,斜爆轰波波后法向为超声速流动,称为弱欠驱动斜爆轰波。楔面角度 $\theta_{CJ} < \theta < \theta_D$ 是目前斜爆轰研究主要关注的区域,该范围内斜爆轰的主要流动特点是波后为超声速流动(脱体楔面角度 θ_D 附近除外,θ_D 对应的波后马赫数 M_D 略小于 1),但法向流动为亚声速,因此,此区域的斜爆轰处于过驱状态。本书用 β_W、β_S、β_D 分别表示理论斜爆轰的弱解(WO 或 WU 分支)、强解(S 分支)和临界脱体波面角度(对应 θ_D)。

　　斜爆轰极曲线的理论分析存在局限性,主要在于没有考虑化学反应放热需要的时间和空间,因此只能给出平衡波面后方的状态,无法预测斜爆轰波起爆区及非平衡波面后方的流动释热特征。对于理想的无限长楔面诱导的斜爆轰波,当波面不会发生失稳时,如较高的过驱动度或较低的活化能,下游远场波面的数值模拟结果和理论结果基本一致。因此,参考极曲线理论结果,开展考虑流动不稳定性的非平衡波面的比较分析研究,可以深化对起爆后非平衡流动特征的认识[28,29]。

　　本节的数值模拟采用了 Euler 方程和两步化学反应模型,与 3.3 节相同。选用的化学反应参数为 $Q = 25$,$\gamma = 1.2$,诱导区活化能 $E_I = 4.0 T_S$,放热区活化能 $E_R = 1.0 T_S$,放热区指前因子(或者称为化学反应速率常数)$k_R = 1.0$,其中,T_S 是一维 ZND 正爆轰波前导激波后的冯·纽曼(von Neumann)温度,即 $T_S = T_{vn}$。该组参数并不对应任何实际的燃料,主要侧重于激波动力学与化学放热耦合的研究,但相应的参数范围是具有合理性的,如常见的小分子氢气和碳氢燃料活化能的范围为 $4.0 \sim 12.0 T_S$。该组参数所对应的一维正爆轰波的传播马赫数为 4.5,与常温条件下的氢气-空气爆轰波的传播速度接近。

　　为了对波面非平衡松弛过程开展量化分析,需要获得局部波面的角度,进而与平衡状态角度进行对比。其难点在于爆轰波面的辨识,因为数值模拟结果提供的是基于网格的离散点数据,处理不当容易引起非物理的振荡。为了获得局部波面角度,利用自编程序对数据进行后处理,从波前搜索激波面,将压力达到或超过波前压力 2 倍的位置识别为激波面,通过后处理程序首先获得激波面的离散数据点,如图 3.22 所示的红线。然后采用基于最小二乘法的多项式拟合方法,对离散点进行拟合和求导,获得波面角度随位置的变化曲线。考虑到斜爆轰波面比较复杂,仅靠一条多项式曲线难以实现具体细节的准确描述,所以本节根据波面特点将波面进行了分割,如图 3.22 所示。波面分割原则是尽可能地避免在局部的拟合曲线内出现突变点,然后分别对相对光滑的各段进行多项式拟合,最终实现斜爆轰中激波面的提取和波面角度的计算。

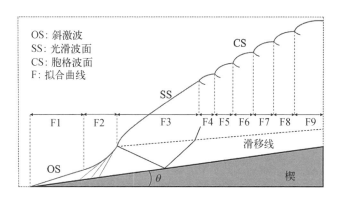

图 3.22 对斜爆轰波面进行分割以获得角度演化的示意图

为了对非平衡波面的松弛过程进行分析,首先模拟获得了不同来流马赫数下的斜爆轰波系结构。图 3.23 显示了 M_0 从 7.0 到 5.5 等四个典型的温度场,其中,黑线表示声速线,以区分亚声速区和超声速区。可以看到,随着来流马赫数的降低,斜爆轰起爆区流动波系变得越来越复杂,波面角度增大,波面上开始出现不稳定的三波点结构。当 $M_0 = 7.0$ 时,斜激波-斜爆轰波的转变区域为渐变的弯曲激波,起爆类型归为渐变型起爆。随着来流马赫数的降低,起爆点附近的爆轰波面角度显著地增加,并且波面下游开始出现失稳。当 $M_0 = 5.5$ 时,起爆区的

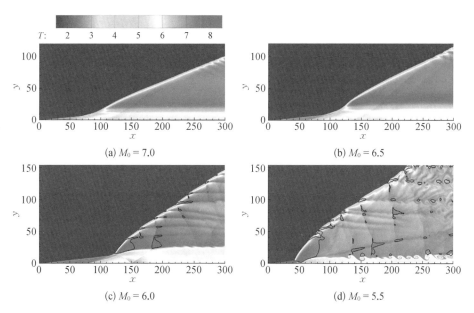

图 3.23 斜爆轰波温度场($\theta=25°$,黑线为声速线)

结构发生了较大的转变,斜激波和斜爆轰波直接相交,并且反射出二次斜激波直接作用到壁面上。值得注意的是,在斜爆轰波起爆波系发生改变的同时,波后的流动速度也在变化。当突变型斜爆轰波(即斜激波和斜爆轰波通过一个多波点衔接)出现时,起爆区中有亚声速区出现。局部的亚声速区域导致了与超声速区不同的流动特性,使扰动能够上传,起爆结构更容易会受到下游波面失稳等因素的干扰。

以上述流场为基础,采用波面分割和分段拟合方法,可以得到斜爆轰波面角度随位置的变化,如图 3.24 所示。其中,三条虚线上所标注的符号 β_S、β_D 及 β_W 分别表示三个波面角度的理论值: β_S 是强过驱动斜爆轰解; β_D 是临界脱体波面角度,也是斜爆轰波强解和弱解的临界值; β_W 是弱过驱动斜爆轰解。爆轰极曲线的理论过于简化,无法考虑波面的非平衡和起爆区的非均匀流动特征,此处用来分析数值模拟结果和理论结果的偏离程度。当来流马赫数比较大($M_0 = 7.0$)时,斜激波向斜爆轰波过渡区域是渐变的弯曲激波,对应图 3.24(a),可以看到波面角度呈现出保持定值-增长-缓慢下降的变化趋势: 对于无化学反应的定比

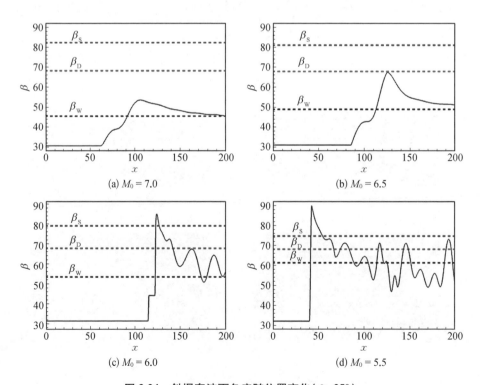

(a) $M_0 = 7.0$

(b) $M_0 = 6.5$

(c) $M_0 = 6.0$

(d) $M_0 = 5.5$

图 3.24　斜爆轰波面角度随位置变化($\theta = 25°$)

热比量热完全气体,斜激波的角度保持定值不变;当壁面附近开始放热反应时,会诱导出一系列的压缩波/激波,向上方和下游延伸,最终与斜激波相交抬升波面角度;起爆区附近的波面角度在高马赫数时呈现出两阶段增长的特点,起爆后波面角度达到最大值,随后波面角度缓慢下降,逐渐趋向近理论值 β_{w}。当 $M_0 = 6.5$ 时,对应图 3.24(b),波面角度的变化基本上也呈现出先增长,后逐渐趋近于理论值 β_{w} 的趋势。然而,起爆区波面角度增长的速度更快,且最大值接近于脱体波面角度值 β_{D}。当 $M_0 = 6.0$ 时,波面角度由斜激波角度首先跃升到一个较小的值(低于 β_{w}),而后二次跃升到一个很大的值,如图 3.24(c)所示。第二次跃升标志着斜爆轰波起爆成功,其波面角度最大值超过了理论的强解 β_{s}。当 $M_0 = 5.0$ 时,当起爆区结构失稳时,斜激波直接和斜爆轰波连接,起爆初始阶段爆轰波面的角度值接近于 90°,如图 3.24(d)所示。这说明局部爆轰波具有极高的过驱动度,但是其波角和过驱动度并不能维持,而是快速下降,最终仍然围绕理论波面角度 β_{w} 振荡。

为了获得具有一般性的规律,进一步模拟获得了楔面角度对斜爆轰的影响,如图 3.25 所示。保持 $M_0 = 6.5$,可以看到楔面角度的减小会显著地增大斜爆轰波的起爆距离,且起爆类型由渐变型变为突变型,在突变型斜爆轰的起爆点附近

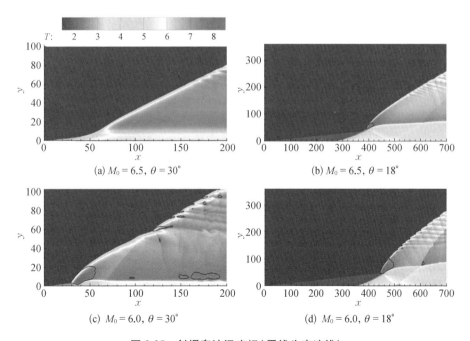

(a) $M_0 = 6.5$, $\theta = 30°$ (b) $M_0 = 6.5$, $\theta = 18°$

(c) $M_0 = 6.0$, $\theta = 30°$ (d) $M_0 = 6.0$, $\theta = 18°$

图 3.25　斜爆轰波温度场(黑线为声速线)

存在一个亚声速区。这些结果显示楔面角度较小会有利于亚声速区的形成,大楔面角度更倾向于形成没有亚声速区的渐变型斜爆轰波。当 $M_0 = 6.0$ 时,较大楔面角度导致出现特殊的起爆区结构,起爆点位置向上游突起,而较小楔面角度时,起爆长度大幅度地增加,回归到传统的、稳定的起爆区结构。因此,低来流马赫数和大楔面角度容易导致斜爆轰波起爆区波系结构的失稳,这与理论预测是一致的:楔面角度的增大或者马赫数的降低,使得斜爆轰流动特征更加接近理论极曲线中的脱体区域,来流参数接近于脱体状态而导致斜爆轰波起爆波系结构失稳。

采用波面分割和分段拟合方法处理上述流场,得到的斜爆轰波面角度随位置变化如图 3.26 所示。可以看到当斜爆轰波起爆成功即波面角度达到最大值后,角度会逐渐地下降,波角最终仍趋向于理论斜爆轰波的波面角度 β_W。此外,对于存在小尺度波系的失稳斜爆轰波面,靠近下游的波角会在理论值附近振荡,楔面角度越小斜爆轰波面的松弛距离越长。总之,斜爆轰起爆后的波面是非平衡的,局部的波面可能获得超出强解的波角,然而经过松弛过程会收敛于弱解。

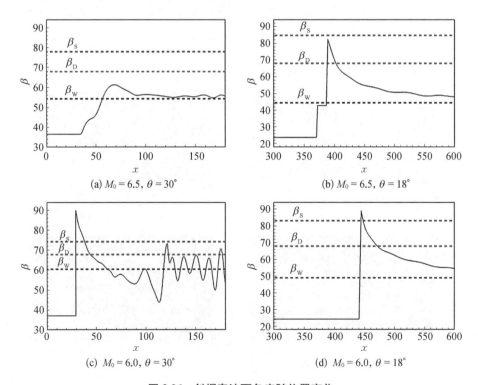

图 3.26   斜爆轰波面角度随位置变化

以斜爆轰极曲线理论中波面脱体角度 β_D 为基准,当斜爆轰波面的角度 β 大于 β_D 时,认为斜爆轰波出现了局部强解。强解的出现往往伴随有亚声速的出现,然而不能仅仅根据亚声速区判断出现了强解。相比于全场超声速流动的起爆结构,具有强解特征的爆轰波的非均匀流动特性更加显著,因此强解区域出现的临界条件及其影响因素需要进一步研究。

图 3.27 给出的是临界条件下的起爆区温度流场的局部放大图,其中,图 3.27(a) 为基础算例,对应的来流参数为 $M_0 = 6.5$, $\theta = 25°$, $k_R = 1.0$,其流场特征为斜激波面和高温区逐渐耦合,并形成了渐变型的斜爆轰波面。其余三个算例均在此基础上调整参数得到,即分别小幅度地改变来流马赫数、楔面角度和化学反应速率常数,直到得到突变的波系结构。这三种结构的共同特征是爆轰波面则出现了起爆三波点,并从该三波点处反射了一条斜激波并延伸到下壁面,起爆三波点和亚声速区同时出现。可以看到各个参数的调整量均不大,如来流马赫数减小 0.1,楔面角度减小 1° 和 k_R 增加 0.1,但足以触发突变型斜爆轰波的形成,

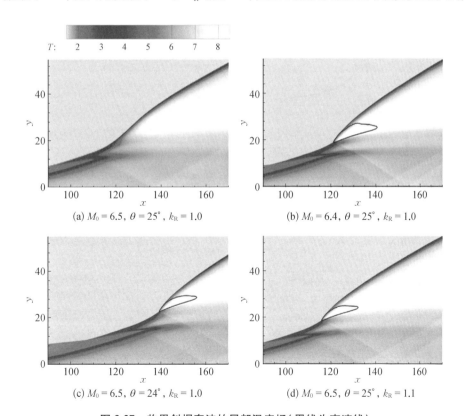

(a) $M_0 = 6.5$, $\theta = 25°$, $k_R = 1.0$　　(b) $M_0 = 6.4$, $\theta = 25°$, $k_R = 1.0$

(c) $M_0 = 6.5$, $\theta = 24°$, $k_R = 1.0$　　(d) $M_0 = 6.5$, $\theta = 25°$, $k_R = 1.1$

图 3.27　临界斜爆轰波的局部温度场(黑线为声速线)

因此为分析气动、几何和化学参数对斜爆轰强解的影响机制提供了基础。可以看到的是,当渐变型斜爆轰波处于临界状态时,外界参数的微小变化就会引起其过渡类型的转变,更为重要的是两种转变结构的区别不仅仅体现在三波点是否存在,而且有了局部亚声速的出现。由于波后的超声速和亚声速流动具有流动性质上的区别,这对于斜爆轰的起爆及其波系结构的驻定特性的影响是极其重要的。

图 3.28 给出了临界斜爆轰波的波面角度随位置的变化。可以看到,渐变型斜爆轰波面角度变化均呈现出先增长后减小的趋势,且起爆区附近波面角度曲线是光滑的,其最大值非常接近于临界脱体波面角度 β_D;而其他三种情况下的突变型斜爆轰的波面角度虽然也呈现出先增长后减小的趋势,但在起爆点附近会形成尖锐的峰值。尖锐峰值不仅远大于理论波面脱体角度 β_D,甚至会超出或者接近对应的理论波面角度 β_S。参考气体动力学中的激波极曲线理论,波面脱体角度 β_D 是斜爆轰波强解和弱解的临界点,这意味着突变型斜爆轰波起爆点处

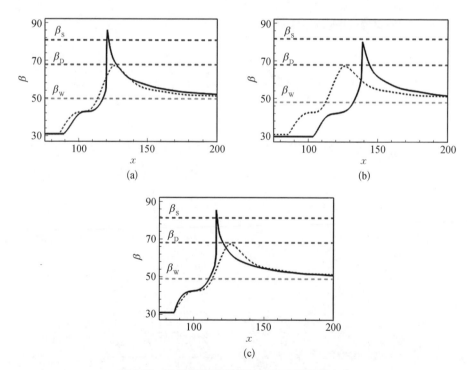

图 3.28 临界斜爆轰波的波面角度随位置变化

黑色虚线对应默认参数 $M_0 = 6.5$, $\theta = 25°$, $k_R = 1.0$;黑色实线的参数分别为 (a) $M_0 = 6.4$, $\theta = 25°$, $k_R = 1.0$; (b) $M_0 = 6.5$, $\theta = 24°$, $k_R = 1.0$; (c) $M_0 = 6.5$, $\theta = 25°$, $k_R = 1.10$

的斜爆轰波是一个强解。当波面角度超过 β_D 时,亚声速区的出现导致局部波面的流动性质发生改变,该区域的压力出现激增,进而导致三波点的形成。同时可以观察到,无论起爆区是否出现强解,起斜爆轰波形成后最终都会松弛到理论值 β_W,差异主要在于松弛的距离和快慢。

除了角度的变化,起爆后波面的非平衡特征也导致了流动的非均匀性。图3.29 给出了通过调节 k_R 获得的临界起爆结构放热反应速率场和放热区宽度的分布特征。其中,白色的曲线表示的是化学反应进程,$\eta=0.05$ 可近似地表示化学反应放热的开始,$\eta=0.95$ 可近似地表示化学反应放热的结束。可以看出,化学反应在波面附近具有较大的化学反应速率,之后快速完成能量的释放。结合图 3.27 的流场可以看出,当斜爆轰波起爆区为渐变的弯曲激波时,放热区宽度较大,当转变为突变过渡区即三波点出现后,放热区宽度显著地缩小。图 3.29(c)和(d)还给出了化学反应区宽度随波面位置的变化(化学反应宽度沿着流线进行

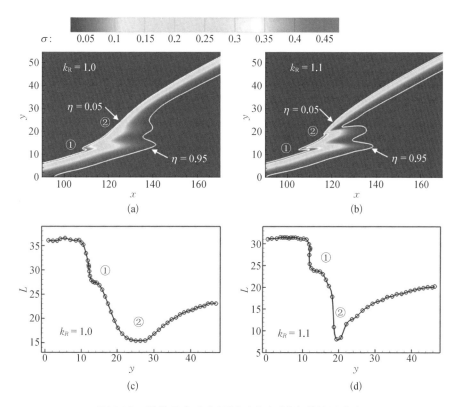

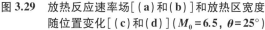

图 3.29　放热反应速率场[(a)和(b)]和放热区宽度
随位置变化[(c)和(d)]($M_0=6.5$,$\theta=25°$)

测量,横坐标为流线与波面交汇位置)。两种临界结构的化学反应区宽度整体上均表现为保持一段平直段,然后快速下降到最低值,最后化学反应宽度逐渐上升。对于渐变型起爆区而言,化学反应区的宽度从数值上要大于突变型起爆区,说明斜激波诱导的化学反应放热过程相对平缓。对于突变型斜爆轰波,在起爆点位置,激波与化学反应区强耦合形成了局部的高温高压起爆点,放热区宽度有一个明显收窄的过程。

波面角度变化反映流动松弛的过程,也可以通过对沿不同流线的化学反应与流动耦合进行分析。为此,需要定义沿流线的波面特征参数 Da_s,其涉及两个特征长度参数 L_f 和 L_r(图 3.30)。定义流动特征长度 L_f 从激波面开始到流动方向与楔面平行为止,为了更具有可操作性,将流场沿着逆时针旋转一定的角度以保证来流方向水平。当流线的角度大小与楔面角度差值的相对误差保持在 $\pm 1.0\%$ 时,认为流动达到了平衡或者均匀的状态,将其作为流动特征长度终点位置。化学反应特征长度 L_r 的起始位置定义为诱导反应开始的位置,结束位置定义为放热反应完成 99.0% 的位置。需要说明的是,在非均匀的起爆区附近流线是一条弯曲的线,定义在流线上的特征长度的获取应该沿着流线进行积分,而不能简单地定义为起点和终点的直线距离。将无量纲参数 Da_s 定义为 $Da_s = L_f/L_r$,在理想情况下流动和化学反应应该会同时达到平衡。由于斜爆轰波起爆时会涉及波系之间强烈的相互作用,其非均匀流动的特点导致 Da_s 往往会偏离理论值(1.0),因此可以作为表征其非均匀流动特性的一个特征参数。

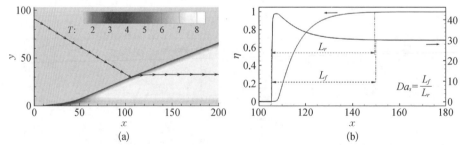

图 3.30   波面特征参数 Da_s 的定义:流动特征参数和化学反应特征参数的比值

在相同角度、不同马赫数下四个算例对应的特征参数 Da_s 的分布特征如图 3.31 所示,其对应的流场见图 3.23,楔面角度为 25°,来流马赫数为 7.0~5.5。在理想条件下,斜爆轰波面每条流线所对应的 Da_s 值均为 1.0,即化学反应放热完

成时流体微团会达到平衡,流动变得均
匀。当起爆区附近出现强解时,斜爆轰
波面的曲率一直处于变化过程中,具有
强烈的非均匀特征。特征参数 Da_s 沿
着波面呈现出先增加后减小的变化趋
势,当马赫数比较小时特征参数值变化
比较剧烈。马赫数的增大会使得斜激
波-斜爆轰波的过渡区域变得平缓,同
时特征参数 Da_s 的值整体上会降低,但
仍然可以看到不同波面位置存在一定
的差异。该特征参数与波面角度的变

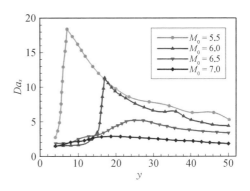

图 3.31　特征参数 Da_s 在斜爆轰波面上的
分布特征 ($M_0 = 7.0 \sim 5.5$, $\theta = 25°$,与图 3.23 对应)

化具有一定程度的同步性,两者沿着波面的演化过程体现的是起爆区复杂流动
结构及波系之间的干扰作用。

　　三种出现强解的临界结构上 Da_s 随位置的变化曲线如图 3.32 所示,其中,虚
线代表的是渐变型斜爆轰波的起爆区特征,纵轴表示特征参数 Da_s ,横轴表示波
面的高度位置 y。与波面角度的变化趋势类似,波面特征参数 Da_s 的变化呈现出
起爆点位置高两侧低的分布规律,渐变型斜爆轰波的特征值 Da_s 曲线是光滑的,
突变型斜爆轰的特征值曲线存在尖峰。对于图 3.32(b),通过楔面角度的减小
来获得局部强解,并导致了突变型斜爆轰波的下游波面特征参数略高于渐变型
爆轰波;对于剩下的两个算例,通过减小来流马赫数或者增大化学反应速率常数
来获得局部强解,导致突变型斜爆轰波的下游波面特征参数略低于渐变型爆轰
波。产生这种差异的可能性有两种,一种是斜爆轰波起爆点位置降低,二是参数
的改变对流动特征参数 L_f 和化学反应特征参数 L_r 产生了影响。来流马赫和楔面
角度的变化会显著地改变斜激波后的流动速度,同时改变温度和压力等参数进
一步地影响化学反应进程。化学反应速率常数的增加原则上对波后气流速度的
影响极为有限,但会显著地缩短化学反应区的宽度,导致 L_r 的减小和 Da_s 的增大。

　　鉴于突变型和渐变型斜爆轰波的峰值 Da_s 存在显著的分布区域差异,前者
为 5~8,而后者为 4~5,有必要对不同来流条件下流动特征参数 Da_s 的分布区间
规律进行系统的研究。进一步的模拟采用固定楔面角度($\theta = 25°$),通过调整来
流马赫数 M_0 和化学反应速率常数 k_R 寻找突变型的临界结构,并逐渐减小控制参
数的值获得临界渐变型斜爆轰波的峰值 Da_s ,相应的结果展示在图 3.33 中。图
中的数据点是计算值,虚线是拟合曲线;黑色数据表示的是突变型斜爆轰波特征

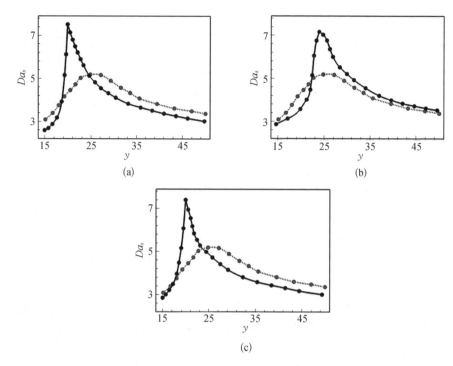

图 3.32 临界斜爆轰波的 Da_s 随位置的变化

虚线对应默认参数 $M_0 = 6.5$, $\theta = 25°$, $k_R = 1.0$；黑色实线的参数分别为（a）$M_0 = 6.4$, $\theta = 25°$, $k_R = 1.0$；（b）$M_0 = 6.5$, $\theta = 24°$, $k_R = 1.0$；（c）$M_0 = 6.5$, $\theta = 25°$, $k_R = 1.1$

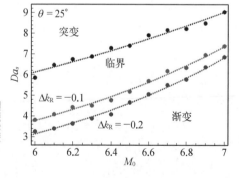

图 3.33 不同马赫数下临界斜爆轰波的最大特征参数 Da_s 分布

参数 Da_s 的最大值；以突变型临界结构为基础，以 0.1 为步长减小 k_R，获得渐变型斜爆轰波特征参数的最大值，分别绘制成红色和蓝色数据点。可以看到，随着马赫数的增加，突变型和渐变型斜爆轰波峰值 Da_s 单调增大，且渐变型的 Da_s 峰值始终小于突变型的。然而，在同样是渐变型斜爆轰波（红色和蓝色曲线）情况下，k_R 的进一步减小并未带来流动特征参数的显著变化，即 k_R 同样变化 0.1，黑色与红色曲线的差异，明显地比红色与蓝色曲线要大。这说明了渐变型斜爆轰波和突变型斜爆轰波之间并不能通过参数的微调实现两者的连续变化，亚声速区的出现是两者物理流动结构差异的本质原因。

综上所述,本节以斜爆轰起爆后的过驱动波面为研究对象,利用波角变化规律和沿流线的特征参数 Da_s 分析了非平衡波面的松弛过程。相比于理论上平直的斜爆轰波面,斜爆轰波的起爆波系不可避免地存在非平衡区,其中的流动存在极强的非均匀特性,波角和流动特征参数 Da_s 均呈现出先增长后持续缓慢下降的趋势。渐变型斜爆轰波的波面角度/特征参数峰值区域为一渐变的鼓包,突变型斜爆轰则具有一个尖锐的峰值。尖峰的出现主要是由于局部波面角度超过了临界脱体波面角度 β_D,导致强解的出现。当斜爆轰波出现局部强解时,波后流动会变成亚声速区,局部的波面角度发生跃升,甚至会超过理论的强解 β_S 而接近于 90°。上述研究获得的非平衡波面的特征,为认识斜爆轰波的起爆和波面失稳提供了量化分析结果,也可以用于建立更客观的起爆类型和起爆长度量化判据。

参考文献

[1] Li C, Kailasanath K, Oran E S. Detonation structures behind oblique shocks[J]. Physics of Fluids, 1994, 6(4): 1600 - 1611.

[2] Broda J C. An experimental study of oblique detonation waves[D]: The University of Connecticut, 1993.

[3] Pratt D T, Humphrey J W, Glenn D E. Morphology of standing oblique detonation waves[J]. Journal of Propulsion and Power, 1991, 7(5): 837 - 845.

[4] Powers J M, Gonthier K A. Reaction zone structure for strong, weak overdriven, and weak underdriven oblique detonations[J]. Physics of Fluids A: Fluid Dynamics, 1992, 4(9): 2082 - 2089.

[5] Viguier C, Guerraud C, Desbordes D. H_2 - air and CH_4 - air detonations and combustions behind oblique shock waves[J]. Symposium (International) on Combustion, 1994, 25(1): 53 - 59.

[6] Viguier C, Silva L F F d, Desbordes D, et al. Onset of oblique detonation waves: Comparison between experimental and numerical results for hydrogen-air mixtures [J]. Symposium (International) on Combustion, 1996, 26(2): 3023 - 3031.

[7] Viguier C, Gourara A, Desbordes D. Three-dimensional structure of stabilization of oblique detonation wave in hypersonic flow[J]. Symposium (International) on Combustion, 1998, 27(2): 2207 - 2214.

[8] Desbordes D, Hamada L, Guerraud C. Supersonic H_2 - air combustions behind oblique shock waves[J]. Shock Waves, 1995, 4(6): 339 - 345.

[9] 袁生学,赵伟,黄志澄.驻定斜爆轰波的初步实验观察[J].空气动力学学报,2000,18(4): 473 - 477.

[10] Morris C I, Kamel M R, Hanson R K. Shock-induced combustion in high-speed wedge flows [J]. Symposium (International) on Combustion, 1998, 27(2): 2157 - 2164.

[11] Morris C I. Shock-induced combustion in high-speed wedge flows[D]. Palo Alto: Stanford University, 2001.

［12］ Papalexandris M V. A numerical study of wedge-induced detonations［J］. Combustion and Flame, 2000, 120(4): 526 - 538.

［13］ Choi J Y, Kim D W, Jeung I S, et al. Cell-like structure of unstable oblique detonation wave from high-resolution numerical simulation［J］. Proceedings of the Combustion Institute, 2007, 31(2): 2473 - 2480.

［14］ Choi J Y, Shin E J R, Cho D R, et al. Onset condition of oblique detonation wave cell structures［C］. 46th AIAA Aerospace Sciences Meeting and Exhibit, Reno, 2008.

［15］ 王爱峰,赵伟,姜宗林.斜爆轰的胞格结构及横波传播［J］.爆炸与冲击,2010,30(4): 349 - 354.

［16］ 滕宏辉,王春,赵伟,等.斜爆轰波面上复杂结构的数值研究［J］.力学学报,2011,43(4): 641 - 645.

［17］ 归明月,范宝春.尖劈诱导斜爆轰的胞格结构的数值研究［J］.弹道学报,2012,24(2): 83 - 87.

［18］ Verreault J, Higgins A J, Stowe R A. Formation of transverse waves in oblique detonations ［J］. Proceedings of the Combustion Institute, 2013, 34(2): 1913 - 1920.

［19］ Teng H H, Jiang Z L, Ng H D. Numerical study on unstable surfaces of oblique detonations ［J］. Journal of Fluid Mechanics, 2014, 744: 111 - 128.

［20］ Sharpe G J. Transverse waves in numerical simulations of cellular detonations［J］. Journal of Fluid Mechanics, 2001, 447: 31 - 51.

［21］ Ng H D, Higgins A J, Kiyanda C B, et al. Nonlinear dynamics and chaos analysis of one-dimensional pulsating detonations［J］. Combustion Theory and Modelling, 2005, 9(1): 159 - 170.

［22］ He L, Lee J H S. The dynamical limit of one-dimensional detonations［J］. Physics of Fluids, 1995, 7(5): 1151 - 1158.

［23］ Grismer M J, Powers J M. Numerical predictions of oblique detonation stability boundaries ［J］. Shock Waves, 1996, 6(3): 147 - 156.

［24］ Teng H, Ng H D, Li K, et al. Evolution of cellular structures on oblique detonation surfaces ［J］. Combustion and Flame, 2015, 162(2): 470 - 477.

［25］ Zhang Y, Zhou L, Gong J, et al. Effects of activation energy on the instability of oblique detonation surfaces with a one-step chemistry model［J］. Physics of Fluids, 2018, 30 (10): 106110.

［26］ Ng H D, Radulescu M I, Higgins A J, et al. Numerical investigation of the instability for one-dimensional Chapman-Jouguet detonations with chain-branching kinetics［J］. Combustion Theory and Modelling, 2005, 9(3): 385 - 401.

［27］ Yang P, Teng H, Ng H D, et al. A numerical study on the instability of oblique detonation waves with a two-step induction-reaction kinetic model［J］. Proceedings of the Combustion Institute, 2019, 37(3): 3537 - 3544.

［28］ Teng H, Ng H D, Yang P, et al. Near-field relaxation subsequent to the onset of oblique detonations with a two-step kinetic model［J］. Physics of Fluids, 2021, 33(9): 096106.

［29］ 杨鹏飞.斜爆轰波面动力学及起爆区波系研究［D］.北京:中国科学院大学,2021.

第 4 章

扰动来流中的起爆与燃烧

斜爆轰在空天动力领域的应用目标非常明确,即高超声速冲压发动机。这是因为发动机中释热区在流向上必须是相对固定的,必须利用高速来流阻止斜爆轰波上传,而涡轮类和火箭类发动机难以满足来流速度的要求。在高速来流中,燃料的喷注和掺混会变得困难,尤其是斜爆轰发动机被认为适用于超高马赫数的吸气式推进,波前的来流扰动是不可避免的。第 2 章和第 3 章主要关注的均匀来流中的斜爆轰波,结果表明斜爆轰起爆及其波面稳定性对来流参数是比较敏感的,来流压力、温度、速度等都会对斜爆轰产生影响。面向工程应用需要以均匀来流中的斜爆轰为基础,进一步探讨扰动来流中的斜爆轰特性。来流扰动大体可以分为空间扰动和时间扰动,其中,空间扰动是由燃料混合不均匀导致的,即不同来流位置的关键参数如当量比存在差别,而时间扰动来源多元化,如大气湍流、飞行姿态的改变,甚至燃烧室内楔面角度的调整等。扰动来流中的斜爆轰流动现象和机理非常复杂,这方面的研究才刚刚起步。4.1 节介绍非均匀来流中的波系结构;4.2 节~4.4 节分别对三种简化模型下的非定常流动特征进行介绍。

4.1 非均匀来流中的波系结构

宏观的发动机性能分析可以将流动简化为一维的,但是其内流实质上是三维的,而且通常包含一些非均匀特征,这些特征与飞行器前体压缩、燃料混合、进气道隔离段气动过程及边界层发展有关。以冲压发动机应用为目标的斜爆轰流动研究需要考虑非均匀来流中的波系结构,这也是基础研究走向应用不可或缺的。尤其是考虑到斜爆轰发动机的应用特点,即高超声速推进,燃料与来流混合的不均匀通常是难以避免的。然而,爆轰燃烧本质上是一种预混燃烧,这就需要发动机对燃料喷注、混合系统进行精心的设计,以避免混合不足导致难以起爆。多伦多大学的研究团队[1,2]在早期的斜爆轰研究中就对来流非均匀效应进行过探讨,重点分析了对推力性能等因素的影响,但对流动特征如波系结构模拟精度较低且缺乏分析。非均匀来流对起爆和燃烧的影响,在斜爆轰发动机领域并没有得到系统的研究,仅在爆轰的基础研究领域,且主要是针对正爆轰,开展了较多研究。其中的原因,一方面在于斜爆轰的研究起步较晚,更基本的波系结构及稳定性研究尚在进行,另一方面在于非均匀来流的特征主要取决于飞行状态、进气道和燃料喷注设计等,给非均匀来流模型参数的选取带来了很大的不确定性。即使在飞行状态、进气道和燃料喷注设计参数都相同的情况下,诱导斜爆轰波楔面位置的前后移动,也可能导致波系结构及其稳定性发生改变。

在针对工程应用的约束条件很难确定情况下,研究者前期也开展了一些理想模型下的模拟和分析,阐明了非均匀来流中的波系结构多样性。日本学者Iwata 等[3,4]假设了一种比较极端的情况,即来流喷射后在垂直方向上存在明显的非均匀性,设定燃料浓度梯度为 Gaussian 分布的输入条件。通过改变压力和楔面角度,在来流马赫数 $M_0 = 8$ 条件下获得了几种不同的斜爆轰波,其波系结构示意图如图 4.1 所示。由于来流的不均匀,壁面附近来流的当量比较大,诱导反应时间增加,导致壁面附近的释热区后移,形成了一个向上游凸起的火焰面。凸起的火焰面下游存在一道反射激波,随着来流条件的变化,反射激波可能在壁面上发生马赫反射,如图 4.1(b)所示。在其原始研究文献中,这两种结构称为 V形火焰和 V+Y 形火焰。可以推论的是,如果壁面附近来流的当量比较小,那么也会导致诱导反应时间增加,形成了凸起的火焰面。无论是 V 形还是 V+Y 形火焰,其形态均与均匀预混气体中的斜爆轰波系存在很大的区别,原因在于火焰面在来流作用下发生的扭曲。火焰面的扭曲会影响激波面的位置,但是这种现象在实验中并不容易观察到。原因在于激波是一种强间断,局部的压力增加很容

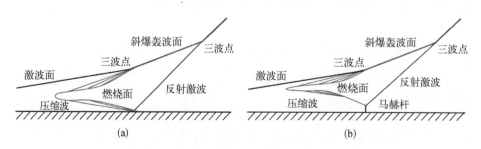

图 4.1 来流不均匀导致的 V 形火焰和 V+Y 形火焰[3]

易向周围扩散,进而通过位置的改变消除了扭曲的效果。只有在波面失稳后,源源不断形成的三波点和横波才能对波面造成局部的扭曲。

受上述简化模型的启发,进一步的研究关注了起爆区非均匀性对斜爆轰的影响。图 4.2 显示了非均匀来流中斜爆轰波模拟示意图,假设在垂直于来流的方向上,底部是非均匀的而斜爆轰波面前方的来流是均匀的[5]。来流的非均匀性通过可燃混合气的当量比 φ 来表征,起爆区前 φ 是从下到上线性变化的,而爆轰波面前 φ 是固定不变的。这种模型是一种高度简化的模型,但是结合均匀来流中的斜爆轰波,能够将起爆区非均匀性的效果进行深入的分析。针对混合气体 H_2-空气中的斜爆轰波,模拟采用基元反应模型。爆轰波面前 φ 的固定值设为 1.0,来流马赫数 $M_0 = 10$,飞行高度 $H_0 = 25$ km,经过两道偏转角为 12.5° 的斜激波面进行压缩。不考虑燃料喷注混合带来的总压损失,计算域入口温度为998 K,压力为 119 kPa,速度为 3 205 m/s,楔面角度 $\theta = 15°$。通过试算发现,沿着垂直来流方向,起爆位置大概位于 $y = 10$ mm 处,因此该位置以上为均匀的主流区,该位置以下当量比均匀变化,到 $y = 0$ mm 处变为指定的当量比。实际上,$y = 0$ mm 处的壁面当量比是本书的一个重要参数,在不同的算例中从 0.0 变化到2.0。对同一个算例,起爆区的当量比是线性变化的,通过 $y = 0$ mm 波面当量比和主流区的当量比 1.0 插值得到。值得注意的是,当量比的变化将导致不同来流的组分浓度有所差别,如何保证流动速度和马赫数不变是十分重要的。考虑高超声速推进技术的特征,相对于保持来流马赫数不变,固定来流速度将会是更好的选择,因此在后面算例中保持来流速度为 3 205 m/s。

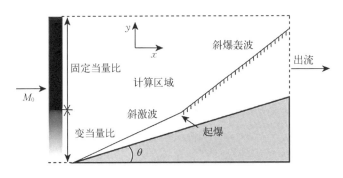

图 4.2　非均匀来流中斜爆轰波模拟示意图

图 4.3 中给出了固定当量比,即当不考虑起爆区来流非均匀时,模拟得到的斜爆轰波压力场。给出的模拟结果采用的网格尺寸为 0.025 mm,并通过网格加密到 0.012 5 mm,排除网格尺度对数值模拟结果的影响。图 4.3 中的黑色曲线标

识诱导区的末端,此处对应温度为 2 200 K。当给定当量比为 1.0 时,对于相同可燃混合物,可计算出相应的 CJ 爆轰波的 ZND 结构。在该反应结构中,ZND 诱导区的末端温度为 2 200 K,因此选择 2 200 K 以给出斜爆轰诱导区末端位置。模拟结果显示,三种情况下的起爆都是通过斜激波到斜爆轰波的过渡实现的,当从

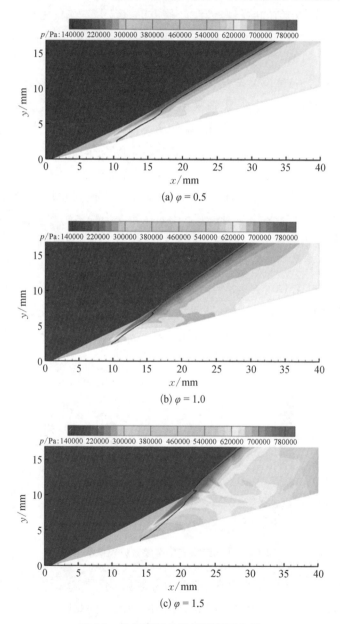

(a) $\varphi = 0.5$

(b) $\varphi = 1.0$

(c) $\varphi = 1.5$

图 4.3　均匀来流中的斜爆轰压力场

当量比为 0.5 的渐变变化到当量比为 1.5 的突变时,诱导区末端在壁面附近最靠近上游的位置。总体上,波系结构和前两章的均匀来流斜爆轰波系结构类似,没有定性的区别,变化规律也与此前讨论的一致。

当斜激波前的来流为贫燃混合气,即壁面当量比 φ 小于 1.0 时,所得到的结果如图 4.4 所示。斜爆轰波的起爆由斜激波的光滑转变获得,其结果与图 4.3 中均匀当量比为 0.5 和 1.0 时类似。此外,起爆位置的结果显示,提高当量比可以使得斜爆轰波整体向上游轻微移动。由于来流在 $y = 10$ mm 以上区域当量比固定为 1.0,在四种情况下斜爆轰波面的倾角也相同。然而,相对于图 4.3 的均匀来流中的波系,非均匀来流效应导致了更为复杂的反应面。黑色曲线显示了诱导区末端,也可以看作反应面。可以看到壁面当量比低于主流区的 1.0,导致壁面附近的热释放时延,产生了扭曲的反应面。这种波系与图 4.1 总结出的结果是一致的,即火焰面发生扭曲向上游凸起,诱导出 V 形火焰面。前面我们已经推论,如果壁面附近来流的当量比较小,那么也会导致诱导反应时间增加,形成了凸起的火焰面。这些推论在模拟中得到了证实,说明诱导反应时间在垂直流向上的不均匀是导致火焰面扭曲的原因。

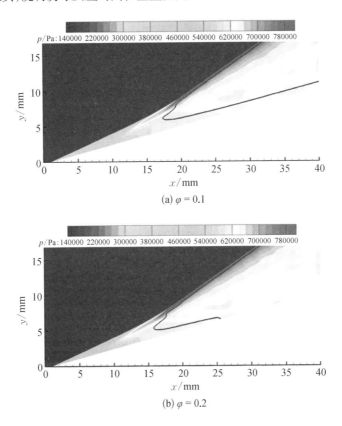

(a) $\varphi = 0.1$

(b) $\varphi = 0.2$

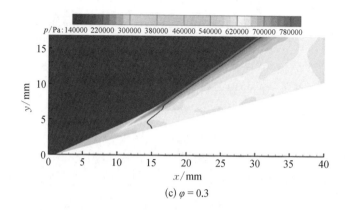

(c) $\varphi = 0.3$

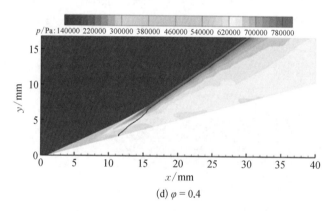

(d) $\varphi = 0.4$

图 4.4　非均匀来流中的斜爆轰压力场

　　为了分析非均匀来流对斜爆轰波系的影响,图 4.5 采用密度、温度等多个物理量的分布,显示了壁面当量比 $\varphi = 0$ 的波系。结果显示,壁面附近的流场具有密度高但温度低的特点,如图 4.5(a)和(b)所示。温度低是壁面当量比 $\varphi = 0$,即缺少燃料无法放热所致,另外波后压力相差不大,由此导致密度较高。对比图 4.5 中不同的密度值可以看到,壁面附近的高密度主要来自 N_2 和 O_2 两种组分贡献,其中 H_2 的含量很低,对总密度的贡献不大。OH 组元密度图表明斜爆轰波后的热释放现象十分剧烈,而在波面附近则弱到可以忽略。由于壁面附近实际上并没有发生放热,上述波系结构可以看作一种"漂浮"在壁面上方的斜爆轰波。这种"漂浮"的斜爆轰波如果能够在发动机中实现工程应用,对于降低壁面的热负荷是很有帮助的,效果类似于火箭发动机等动力装置中的气膜冷却。

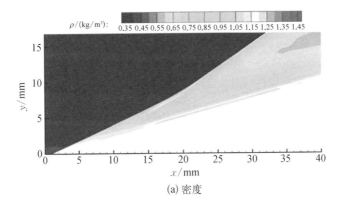

(a) 密度

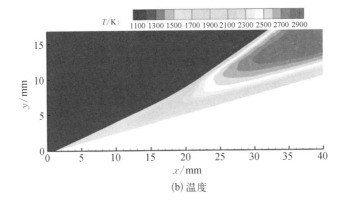

(b) 温度

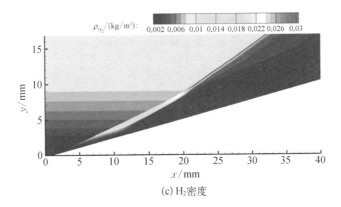

(c) H₂密度

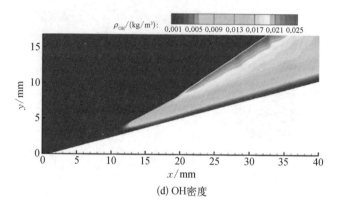

(d) OH密度

图 4.5 非均匀来流中的斜爆轰波系(壁面当量比 $\varphi = 0$)

图 4.6 显示了主流区当量比保持为 1.0,而壁面当量比 φ 逐渐增加所得到的斜爆轰波压力场。从图 4.6 中可以观察到,当 φ 从 0.8 增加到 2.0 时,反应面的前端会向下游移动,同时起爆区斜激波的倾角随之增加,转变类型出现了从光滑类到突变类的过渡。斜激波倾角变化与壁面当量比 φ 的变化有关,因为在流速相同情况下,当混合物中加入更多的氢气以后,当地马赫数是下降的,从而导致斜激波的波角增加。然而,出乎意料的是,在壁面富燃的混合气体中,斜爆轰的起爆过程并没有出现扭曲的 V 形火焰。理论上,壁面附近的高 φ 来流会像低 φ 来流一样,改变诱导时间、扭曲火焰面,但是诱导出包含 V 形火焰波系需要更高的 φ。根据图 4.4 结果,壁面当量比 $\varphi = 0.3$ 是形成 V 形火焰的一个临界点,其对应的富燃来流实质上需要达到其倒数,即 $\varphi = 3.33$,才能获得对应的不均匀度。在实际的斜爆轰发动机中,这种高当量比的非均匀性容易避免,所以我们并没有模拟很高 φ 的算例,也没有观察到 V 形火焰。

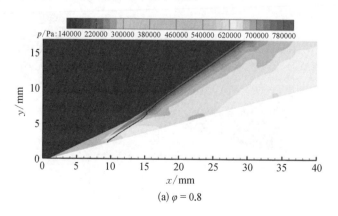

(a) $\varphi = 0.8$

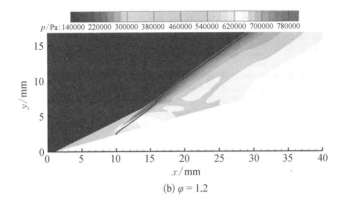

(b) $\varphi = 1.2$

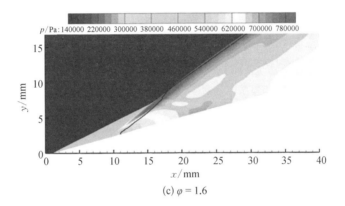

(c) $\varphi = 1.6$

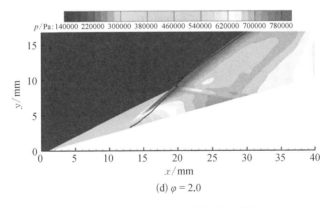

(d) $\varphi = 2.0$

图 4.6　非均匀来流中的斜爆轰压力场

　　为了厘清当量比非均匀性通过化学动力学影响斜爆轰的机理,图 4.7 中给出了 $\varphi = 0.4 \sim 1.6$ 时温度和组元密度的分布图。因为低当量比诱导出较为和缓的燃烧波,所以温度曲线上升较为缓慢,并导致最终的燃烧产物温度较低。当壁

面当量比 φ 提高到 0.8 时,产物的温度上升,OH 组元的密度在 4 个算例中最大。进一步增加当量比,燃烧产物的温度曲线几乎相互重叠在一起,而 OH 组元的密度下降,意味着热释放的减少。比较 $\varphi=0.4$ 和 $\varphi=1.6$ 两个算例,OH 组元密度的曲线几乎彼此重合,而温度曲线则大相径庭,这一现象说明贫燃和富燃混合气有着不同的燃烧特征。这些现象背后的激波诱导释热机制,以及释热对波系结构的影响规律,还有待于进一步的定量化分析。

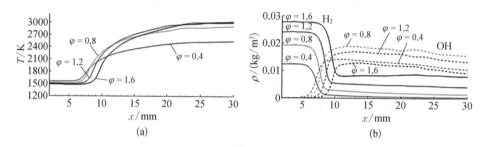

图 4.7　不同壁面当量比 φ 对应的沿楔面流线上的温度和 H_2/OH 密度

　　本节的研究模拟了一个非均匀来流中的典型斜爆轰波,着重分析了起爆区前来流非均匀对其结构和关键特征长度的影响。然而,非均匀来流涉及较多的自由参数,目前对这方面研究还不够系统和深入。如前面几章所述,斜爆轰起爆区存在突变、渐变两种总体结构,每种结构又有若干包含不同波系的子结构,它们对非均匀来流影响的响应必然存在差异。另外,非均匀来流包含许多自由参数,导致模型空间巨大,给系统性研究带来困难。目前通常采用等温、等压变当量比,如果允许存在热力学参数(如温度、压力、密度)的变化将更接近实际情况,但是也导致波系更加复杂、更加多样。即使对于变当量比的简化模型,当量比的变化区间、幅度、形式(线性分布、高斯分布等)也有多种选择。从爆轰波系的角度出发,需要开展不同结构在各种非均匀来流模型下的系统研究,尽可能地采用接近实际的流动燃烧模型进行模拟和分析。

4.2　楔面角度突变导致的波系运动

　　对于发动机中的斜爆轰波,来流不仅在燃料空间分布上是非均匀的,而且可能是非定常的,从而引出一系列复杂的波动力学和燃烧释热现象。燃料在空间分布上的非均匀不能完全避免,但是可以通过设计手段进行削弱。此外,4.1 节的结果也显示,在高空、高速的发动机来流条件下,空间分布的非均匀性对波系整体结构的影响可以限制在一定范围内。然而,非定常来流效应总体来说对斜爆轰波影响更大,对其进行研究也要困难得多。这是因为非定常流动的参数多,导致开展系统的研究计算量大。在高空飞行状态下,飞行器速度、高度、姿态(如攻角)的改变都会给燃烧室入口来流带来变化,而且不同参数的变化量往往差别很大。本节分别对三种简化模型下的非定常斜爆轰流动特征进行介绍,其非定常诱因分别为楔面角度突变、脉冲式来流扰动和周期性来流扰动。需要说明的是,目前的简化模型距离飞行器或发动机实际来流还存在不小的差距,这些研究的目的是揭示非定常效应的影响机制,并非直接服务于工程设计。

第一种情况楔面角度突变,指的是诱导斜爆轰的楔面与来流夹角大小发生变化,从而引起波系的位置和结构变化[6]。这种夹角的变化可以是楔面引起的,也可能是来流引起的,其共同特点是在一种已经建立了稳定波系的状态下,夹角的变化导致了斜爆轰波系的演化。本书其他章节采用楔面角度 θ 作为变量,因此夹角变化仍然用楔面角度来指代。在实际飞行中,这个过程可能是被动的,如飞行攻角发生变化,也可能是主动的,如调整楔面改变释热区位置分布。此外,完全对应实际情况的模拟过于复杂,涉及参数之间的耦合,作为初步研究,选取的参数是独立变化的。为了降低研究难度,来流压力、温度、速度绝对值均保持不变,只有来流与楔面的夹角 θ 发生变化。作为高度简化的化学反应模型,模拟中采用单步不可逆放热模型(采用波前参数无量纲化,$Q=50$,$\gamma=1.2$,$E_a=20$,$M_0=12$)。图 4.8 通过压力和温度流场显示了数值模拟获得的斜爆轰波系结构,可以作为下一步非定常波系研究的基础。可以看到楔角 θ 无论是 18° 还是 24°,斜爆轰起爆区均为渐变结构,只不过前者靠近下游(约为 $x=100$)而后者靠近上游(约为 $x=30$)。

已经起爆并达到稳定状态的斜爆轰流场,角度突降会导致斜爆轰波从上游向下游运动,如图 4.9 所示。其中,0 时刻代表角度开始突变,无量纲时间由无量纲长度和速度导出。可以看到随着角度的突变,斜爆轰波的起爆区向下游移动,总体经过大概 20 个无量纲时间达到稳定状态。初始时刻的流场即为图 4.8(b)所示流场,而最终稳定状态的流场与图 4.8(a)一致,即从一种结构变为另一种结构。虽然初始和最终的稳定斜爆轰波是确定的,仅仅取决于楔面角度这一变量,但是两种渐变结构的变化过程涉及了非稳态的斜爆轰波,在中间的过程中出现了三波点,即诱导以纽结状结构(kink-like structure)为特征的突变起爆结构,如图 4.9(a)所示。随着整体起爆区向下游移动,起爆区结构逐渐发展为以楔形

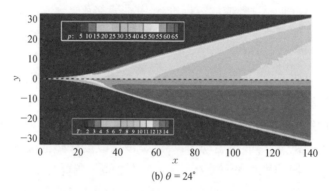

(a) $\theta = 18°$

(b) $\theta = 24°$

图 4.8 斜爆轰波的压力和温度场

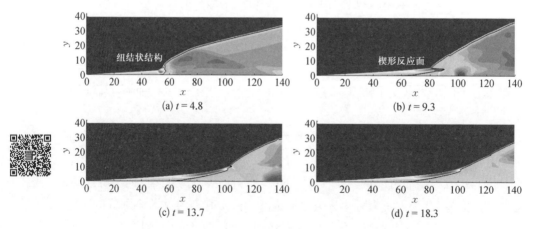

(a) $t = 4.8$

(b) $t = 9.3$

(c) $t = 13.7$

(d) $t = 18.3$

图 4.9 斜爆轰结构演化密度场,θ 从 24° 降为 18°

反应面(reactive front spike)为特征的突变起爆结构,如图 4.9(b)所示。这是因为壁面附近的流动向稳定终态的收敛速度快,而远离壁面区域的流动向稳定终态的收敛速度慢。这种随着位置变化的波系运动过程导致非稳态结构和稳态结构存在明显的差异,体现在起爆区过渡类型上就是出现了两种突变起爆结构。在后续的发展过程中,以 reactive front spike 为特征的结构逐渐向下游移动,整体的斜爆轰波系结构趋向于最终的稳定状态。

为了进一步地分析斜爆轰波系向下游移动过程中的非稳态波系特征,图 4.10 给出了不同高度上的反应面在 x 方向的位置随时间的变化。可以看到壁面附近的反应面(沿 $y=0$)发生了向下游单调增加的移动,但是沿另外两条直线($y=2$ 和 $y=4$)反应面位置的变化都不是单调的,至少在收敛到稳定位置前存在微弱的过冲。更重要的是,初始阶段沿 $y=2$ 直线的反应面位置向下游移动过快,在 $t=4.5$ 附近与沿 $y=4$ 直线的反应面发生了交叉。这在流动波系上对应的就是 reactive front spike 的形成,直到 $t=8$ 附近两者再次交叉,恢复

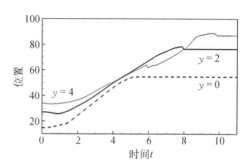

图 4.10　斜爆轰结构演化过程中(θ 从 24° 降为 18°),不同高度上的反应面在 x 方向的位置随时间的变化

了最初的相对位置规律,即远离壁面的反应面位置靠近下游。上述结果说明,非稳态波系中不同位置的流动向稳定终态的收敛速度不同,是影响斜爆轰结构演化的核心因素。

楔面角度从 θ 从 18° 突增为 24°,会导致斜爆轰波从下游向上游运动,如图 4.11 所示。可以看到,楔面角度突增和突降引起的斜爆轰波系演化时间尺度尺度差别很大。突增的波系结构在 $t=4.3$ 时就已经完成了前部的波系构建,如图

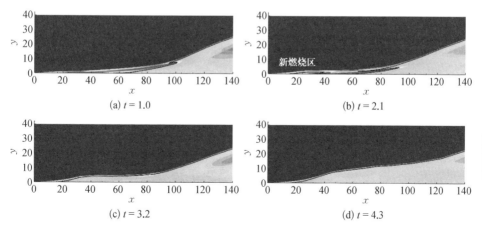

图 4.11　斜爆轰结构演化密度场,θ 从 18° 增为 24°

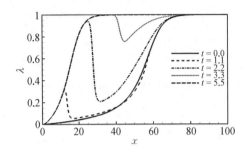

图4.12 斜爆轰结构演化过程中（θ从 18°增为 24°），沿壁面流线上（$y=0$）放热反应进程 λ 随时间的变化

4.11（d）所示，虽然还需要一些时间完成后部的波面角度收敛，但是时间尺度明显更小。之所以出现这种现象，原因在于当角度从 18°增加到 24°时，斜激波强度增大、波后温度升高，在原来的诱导区形成了新的高温区。图 4.12 显示了角度突增导致的沿壁面流线上（$y=0$）放热反应进程 λ 随时间的变化，可以看到放热反应曲线在壁面附近有个重建的过程，并不是从 $t=0$ 的实线演化而来的。新的放热曲线首先在上游抬起，即新燃烧区附近发生了剧烈放热反应，然后向下游蔓延，迅速吞噬了原斜爆轰波的低温诱导区。因此，这种情况下的斜爆轰波系上移或者说流场演化过程，本质上是一种重新起爆，且导致从时间上看比前一种情况要快很多。

上述结果表明，即使对于非常简单的斜爆轰波系，来流与楔面夹角的变化也可能导致复杂的结构演化过程。从流场演化过程看，角度增大或减小导致的结构变化受到很多因素的影响，不是简单的可逆过程，非稳态波系结构的演化存在各自的特点。有研究者对来流角度连续变化导致的斜爆轰波演化过程进行模拟，也发现同样的角度下可能导致不同的斜爆轰结构，源于角度变化引起的结构变化存在弛豫现象[7]。也有研究者采用动网格技术，直接调整楔面的角度，同样发现楔面角度增大会在起爆区内诱导新的着火点，而在斜爆轰波向下游快速后退过程中呈现出多变的流动波系，这主要取决于楔面角度的变化速率[8]。这和本节所述现象是类似的，从不同角度说明了非定常斜爆轰波的复杂性，但是其更深入的波系作用机制还有待于进一步研究。对于来流角度的变化，结果显示斜激波区域能够迅速改变，而斜爆轰波区域响应较慢，因此上述复杂性可以粗略地归结于斜激波和斜爆轰波对来流变化响应速度的不同。这种响应在图 4.11 中体现为新燃烧区，而在图 4.9 中体现为从壁面到远离壁面区域的流场逐渐建立过程。这些结果一方面揭示了影响非定常斜爆轰波的关键机制，另一方面也证实这种研究思路是可行的。当考虑边界层及上游复杂波系的来流情况时，这两个过程可能会更加复杂，有必要在上述工作基础上进一步开展系统研究。

4.3　脉冲式来流扰动的影响

在来流与楔面夹角变化引起的波系演化之后,扰动来流中起爆与燃烧的研究,还需要关注脉冲式来流扰动的影响。脉冲式扰动指的是来流中包含一些离散的扰动,但是在扰动前后的来流状态保持不变的情况下,在扰动影响下斜爆轰波系可能发生一些结构变化,甚至影响其稳定性。对这类问题进行研究,能够帮助研究人员深入地认识斜爆轰波系的流动、燃烧特性及有外部干扰下的稳定性,更具有实际意义。此外,相关研究对于燃烧室的抗干扰能力和发动机的工作裕度评估具有参考价值,也是发动机设计、优化的重要支撑。

脉冲式来流扰动可能存在多种形式,一个比较简单的做法就是在波前引入密度扰动。Fusina 等[9]采用二维层流多组元 NS 方程组,结合 H_2-空气基元反应模型开展了斜爆轰波的数值模拟。模拟采用了理想化学当量比的预混可燃气体,温度为 750 K、压力为 23 kPa。为了获取接近 CJ 状态的斜爆轰波,采用来流马赫数 $M_0 = 7$ 和楔面角度 10.5° 的参数组合,得到无扰动的基础斜爆轰波如图 4.13(a) 所示。而后,在波前添加了若干扰动域,其扰动方式为保持压力、温度、速度不变,将当量比从 1 变为 0,即去除 H_2 形成无反应气团。图 4.13 显示波前扰动确实对斜爆轰波面造成了扰动,导致其偏离平衡位置,然而扰动产生的总体效果并不能改变波系结构。在扰动效应影响区域向下游传出计算域之后,形成的斜爆轰波系与扰动之前的波系是相同的。定量分析发现,扰动域的大小会对波面偏离位置和波系恢复时间产生影响,但是波面总是恢复到初始状态,既不会发展成为其他波系结构,也不会发生波面失稳。

上述研究说明斜爆轰波对脉冲式来流扰动具有抵抗能力,然而,其采用的斜爆轰波是近 CJ 状态的,且扰动强度不太大。为了验证结论的普遍性,图 4.14 研究了过驱动斜爆轰波受扰动的情况,获得了存在较强波前扰动下波系结构的发展过程[10]。模拟采用了理想化学当量比的 H_2-空气预混可燃气体,温度为 298 K、压力为 1 atm,$M_0 = 7$,$\theta = 30°$。由于在起爆区前的来流中设置一个很强的扰动,以至于扰动进入起爆区后就形成了新的爆炸中心,与图 4.11 展示的结果有些类似。这个新的爆炸中心对整个斜爆轰波系客观上起到了重新起爆的作用,对波面和起爆区都产生了巨大的影响。然而,经过一段时间的演化,斜爆轰

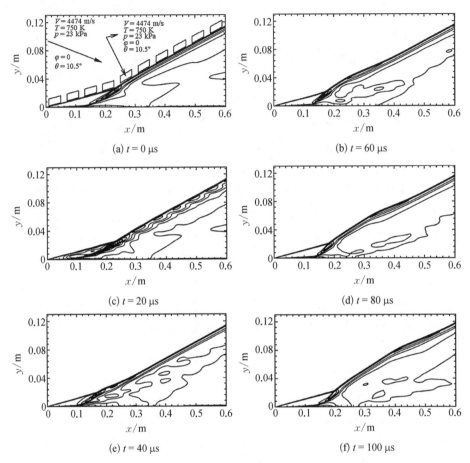

图 4.13 通过密度场表示的多个扰动域影响下的斜爆轰波系发展过程[9]

波再次恢复到其初始状态,说明这种情况下斜爆轰波对来流脉冲式扰动同样具有很强的抵抗能力。

值得一提的是,也有研究发现扰动导致的斜爆轰波系迟滞现象[11]。图 4.15 显示了通过在起爆区内引入热射流,实现斜爆轰波系结构变化的数值纹影(密度在 y 方向上的导数)。虽然起爆区的热射流不是添加在来流中,但是在本质上均为通过扰动已经形成的斜爆轰波系研究其稳定性。模拟采用两步化学反应模型和无黏欧拉方程求解预压缩后的可燃混合气($T=650$ K, $p=20$ kPa),化学参数分别为 $Q=8$, $\gamma=1.2$, $E_I=4.8$, $E_R=1.0$,来流马赫数为 4.0,楔面角度为 32°。热射流以声速进行喷注,静压为来流压力的 10 倍,温度和组分与来流保持一致。为了研究热射流对斜爆轰波的影响,首先采用化学模型参数获得一个稳态的斜

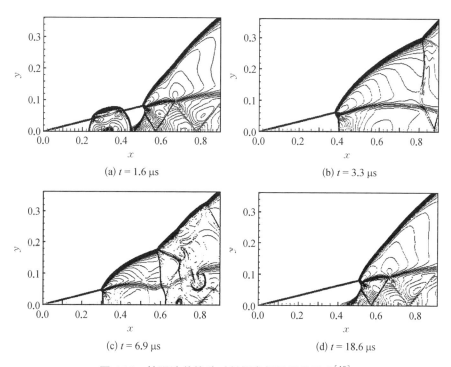

(a) $t = 1.6\ \mu s$　　　　　　　(b) $t = 3.3\ \mu s$

(c) $t = 6.9\ \mu s$　　　　　　　(d) $t = 18.6\ \mu s$

图 4.14　较强波前扰动对斜爆轰起爆区的影响[10]

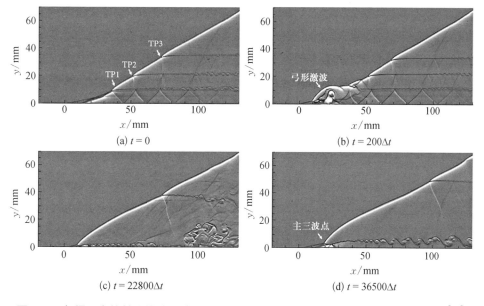

(a) $t = 0$　　　　　　　(b) $t = 200\Delta t$

(c) $t = 22800\Delta t$　　　　　　　(d) $t = 36500\Delta t$

图 4.15　起爆区内热射流扰动导致波系结构变化(射流持续时间为 **200Δt**,$\Delta t = 0.1\ \mu s$)[11]

爆轰波流场,并将其作为基础算例。当射流扰动没有施加时,斜激波向斜爆轰波的转变为传统的突变型起爆,且在波面上存在三个稳态的三波点。起爆区内施加热射流并持续 $200\Delta t$ 时,热射流会诱导出一个较强的弯曲激波并冲出起爆区,破坏原有的斜爆轰波前起爆区波系。经过长时间的演化,斜爆轰波会形成一种新的稳定结构。起爆区存在一个主三波点,且主三波点后的爆轰波面位置更靠近上游。这意味着外界扰动能够在一定程度上改变斜爆轰波流场结构,甚至出现多解的情况。

上述三个工作的特点是研究了脉冲式扰动对斜爆轰波的影响,分析已达到稳定状态的爆轰波在扰动下的演化过程。然而,扰动的形式比较简单,如前两个算例均为波前局部未反应气体,最后一个算例为波后射流。为了验证斜爆轰波对扰动的抵抗能力,进一步的研究考虑了来流状态的整体变化,将扰动从局部拓展到全局,系统研究扰动参数对斜爆轰波的影响。首先基于 Euler 方程和两步诱导-放热反应模型获得基准斜爆轰波,在此基础上保持压力不变,对密度/温度引入正弦或余弦函数形式的扰动。模拟选取的化学反应参数是 $Q = 50$,$\gamma = 1.2$,$E_{I} = 5.0 T_{S}$,$E_{R} = 1.0 T_{S}$,$k_{R} = 1.0$,楔面角度 $\theta = 30°$,稳态来流的马赫数设定为 $M_0 = 10$。由于采用来流密度进行无量纲化,稳定来流密度为 1.0,扰动来流密度采用正弦函数引入脉动量 $\rho = 1.0 + A\sin(\omega t)$。扰动幅值设置为 $A = 0.2$,扰动波数 N 的取值为 $0.01 \sim 0.70$,对应的扰动圆频率 ω 可由公式 $\omega = 2.88N$ 计算得到[12]。

对较小的波数 0.05,典型的斜爆轰波在单脉冲扰动作用下的演化过程如图 4.16 所示,红色曲线表示的是稳态流场中激波面的位置。当扰动来流与波面发生作用时,爆轰波整体会先向下游移动,如图 4.16(b)所示。由于正弦扰动的前半周期密度上升而温度降低,起爆位置主要取决于温度,因此波面平衡位置向下游移动。值得注意的是,由于向平衡位置的松弛需要一定的时间,图中各个时刻的流场并不对应其相应来流条件下的平衡位置,类似的问题在第 3 章中也曾经观察到。在随后的发展中,波面转向上游移动,并超越原平衡位置,如图 4.16(c)所示。在扰动来流通过斜爆轰波面之后,如图 4.16(d)所示,波面基本恢复到初始位置,然而可以观察到形成了一个向下游移动的三波点(TP)。三波点上游区域的爆轰波面与稳态情况下的基本吻合,下游则略有差异,当其向下游传出计算域后,斜爆轰波的温度场与初始时刻达到完全一致。

三波点的形成是扰动来流作用下波面演化特征的重要体现,为了对此进行深入分析,图 4.17 给出了三波点形成前后的压力场。可以看到,三波点形成发

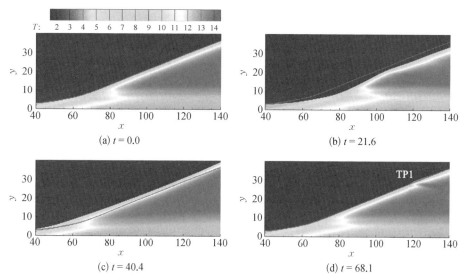

图 4.16　波数 $N = 0.05$ 时单脉冲扰动下的温度场

TP,triple point,三波点;红色曲线表示稳态流场的激波面位置

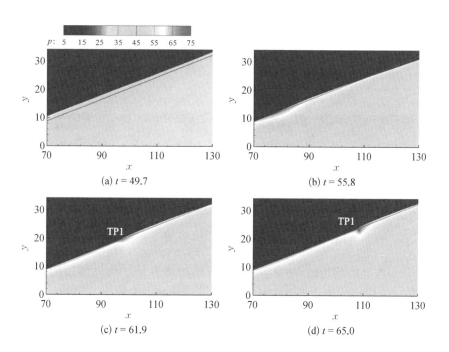

图 4.17　波数 $N = 0.05$ 时单脉冲扰动下的压力场

红色曲线表示稳态流场的激波面位置

生在扰动来流作用的最后阶段,波面恢复到最初位置之前。当爆轰波面从上游
位置向平衡位置移动时,不同位置的波面移动速度存在一定的差异,导致波面产
生了一定程度的扭曲,这种扭曲在图 4.14 的温度图中也可以清晰地看到。这种
扭曲在合适的条件下会增强,在向下游传播过程中逐渐形成三波点(TP)。然
而,波面扭曲发展成为三波点的临界条件和预测模型,仍然需要进一步研究。

　　如果将波数增大,那么会导致不同的演化过程。斜爆轰波在 $N=0.20$ 的单
脉冲扰动作用下,温度场随时间变化如图 4.18 所示。与上一个算例类似,扰动
同样使波面发生了整体移动,并在移动过程中造成了扭曲从而形成了三波点。
然而,不同于 $N=0.05$ 的情况,在此波面上形成了两个三波点 TP1 和 TP2。经过
流场分析,发现前者是在波面向上游移动过程中形成的,而后者是在波面向下游
移动过程中形成的,即 TP2 的形成与此前算例的三波点形成是对应的。这说明
三波点的形成在扰动的前半周期和后半周期都可能发生,同时三波点数目增加,
表明扰动波数的增大给斜爆轰波带来了更强的扰动,造成了更大的波面扭曲。

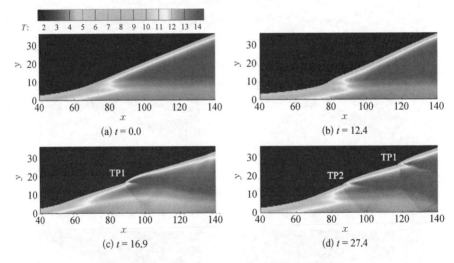

图 4.18　波数 $N=0.20$ 时单脉冲扰动下的温度场

　　进一步将波数增大到 $N=0.35$,可以观察到更为复杂的斜爆轰波面演化过
程,如图 4.19 所示。扰动波数的增加会使得波面扭曲变形加剧,可以看到形成
了 3 个三波点。对其中的 2 个三波点,即 TP1 和 TP2,它们的形成过程与上一个
算例($N=0.20$)相同。我们将这种三波点称为左行三波点,因为虽然它们向右侧
或者下游移动,然而其面对的方向是上游。RTP1(reverse TP1)是一种新类型的
三波点,在 TP1 的下游背风面发展起来,其面对的方向是下游,因此称为反向三

波点。这种新的三波点,即反向三波点(reverse TP),在更高波数的扰动中也同样会出现,由于现象类似,在此不再进行展示。反向三波点的形成与第 3 章中讨论的波面二次失稳是类似的,不仅三波点的形态和特征类似,而且出现条件类似,均需要强不稳定的波面和一定的发展空间。

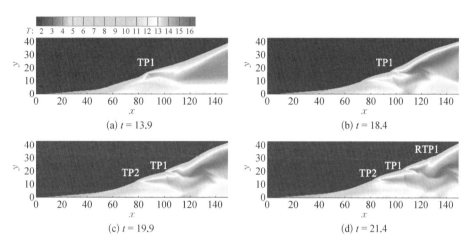

图 4.19　波数 $N = 0.35$ 时单脉冲扰动下的温度场

RTP 为 reverse TP 反向三波点

　　为了进一步地分析斜爆轰波面对单周期扰动的响应特征,图 4.20 分别给出了扰动波数 $N = 0.05 \sim 0.70$ 时、不同高度条件下斜爆轰波的反应面的响应波形。高度 $y = 0$、$y = 5$、$y = 20$ 和 $y = 35$ 分别代表了壁面、起爆区、爆轰波面上游和爆轰波面下游。反应面定义为诱导反应结束、放热反应开始的位置,即 $\eta = 0$, $\lambda = 0$。从图 4.20(a)可以看出,当扰动波数 N 比较小时,壁面处化学反应面的振荡和受扰动时间与来流扰动基本保持一致。化学反应面越靠近下游,其波形变形越严重,这主要是由于下游波面除了受到来流扰动的影响,起爆区及壁面处反应面的波动所产生的扰动也会沿着波面向下游传播。当 N 增大时,如图 4.20(b)和(c)所示,下游斜爆轰波面的振荡特征出现了显著的变化,反应面的振荡波形不再保持或近似于正弦形式,振荡的幅值减小,而周期增大、峰值点数目增加。当扰动频率比较大时,如图 4.20(d)所示,波面下游的振荡幅值远小于波面上游,上游波面扰动和来流扰动并没有共同作用于波面下游,导致其振荡幅值的增加,两者的相互作用在一定程度上抑制了下游波面的振荡。图 4.20(d)中 $y = 0$ 曲线所表示的壁面反应面振荡波形存在一个间断,这与其他三种结果具有显著的差异,主要是来流扰动导致了壁面化学反应出现了提前燃烧的情况,起爆区内部出现了

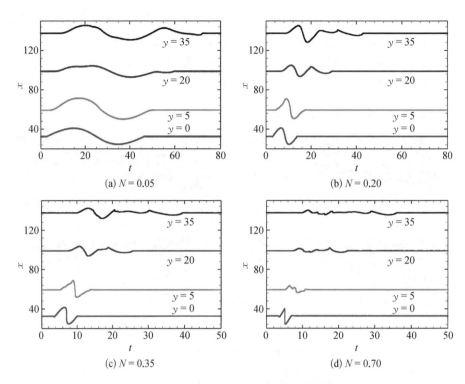

图 4.20　不同高度的反应面位置随时间变化

　　新的点火区,因而造成了化学反应波面的不连续和位置的跳跃。

　　当单脉冲扰动通过斜爆轰波面后,波系能够恢复到初始稳定的状态,但是恢复时间有较大的差异。由于不同扰动波数的时间具有较大差异,不便于对比,在此以来流扰动时间为参考量,对不同扰动波数和高度位置波面的恢复时间进行归一化处理。图 4.21 显示了获得的结果,纵轴是波系的恢复时间,横轴是化学反应面的不同高度位置。可以看到,壁面处化学反应的流动恢复时间基本上接近于 1,与来流扰动保持一致,这说明影响壁面化学反应的主要因素是来流扰动。随着扰动向下游传播,爆轰波面的恢复时间会变得越来越长,并且会随着扰动波数 N 的增加而增长。下游爆轰波面同时受到自由

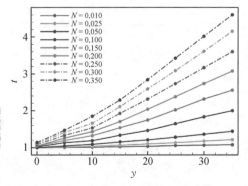

图 4.21　单脉冲扰动作用下斜爆
轰波面的恢复时间

来流扰动和上游波面扭曲变形的影响,导致波面即使在来流输入扰动结束后,仍然需要进行调整。后续的这种过程实质是适应上游波面所传导下来的干扰,大幅度地增加了下游波面的燃烧状态和动力学特性的复杂性。

4.4　周期性连续扰动中的动态波系

在 4.3 节脉冲式扰动对斜爆轰影响的基础上,本节介绍连续式扰动的影响。相对于脉冲式扰动,连续式扰动对应更为复杂的一种来流条件。理论上,连续来流包含无数个状态,每个状态都对应一个稳定的斜爆轰波,实际的斜爆轰波在不同状态之间转换。这种转换形成了复杂的动态波系,既受近期来流状态影响,也包含了更早的来流状态信息。为了简化问题,这里仅研究周期性连续扰动中的斜爆轰波,分析其动态波系的振荡特性。在实际发动机中,来流在时间上的扰动与空间上的扰动可能是耦合在一起的,但如果进一步考虑 4.1 节的非均匀空间分布,会导致模型太过复杂,因此首先进行一些简化的研究。

基于上一节单脉冲扰动的结果,首先采用完全相同的物理、化学模型和模型参数,研究了多周期扰动下的斜爆轰波面变化规律[12]。对于多周期的连续扰动,斜爆轰波需要经历一定的时间才能达到动态平衡,因此在分析结果时需要排除启动阶段,避免初始条件带来的影响。图 4.22 显示了波数 $N = 0.05$ 时多周期扰动下的压力场,同时用红色曲线表示稳态流场的激波面位置。由于波系结构具有明显的周期性,图 4.22 显示从波面位于最上游的位置开始,见图 4.22(a)。在此后的波面演化过程中,波面向下游移动达到初始平衡位置[图 4.22(b)],然后继续向下游移动。图 4.22(d)显示的波面距离初始平衡位置平均值是最大的,其后波面开始反过来向上游移动,并经过初始平衡位置[图 4.22(g)]移到其上游。波面如果继续从图 4.22(h)移动,则回归到与图 4.22(a)完全一致的流场。这种波系演化过程具有明显的周期性,且周期与来流扰动的周期一致,说明波系演化是由来流扰动主导的,形成了一种周期性的振荡波系。

上述振荡波本身能够驻定,也没有发生波面失稳,因此呈现出了有利于工程应用的性质。然而,波面上没有形成三波点结构,从波面失稳特征看是一个有意思的现象。此处可以对比 4.3 节中图 4.16 和图 4.17 的结果,除了扰动为单脉冲,其余所有模型及其参数相同,单脉冲扰动在波面上诱导了三波点的形成。然而,多周期的连续扰动波面始终是光滑的,在图 4.22 中无法观察到

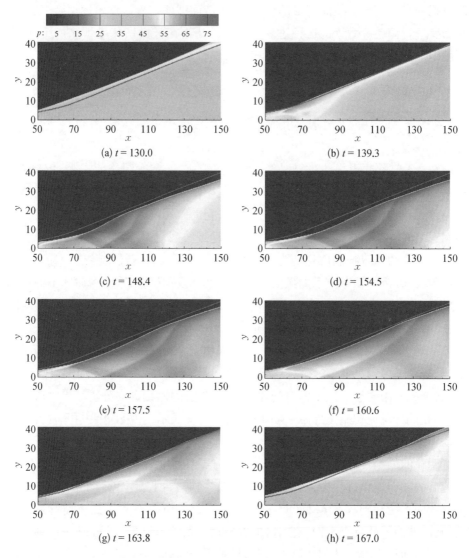

图 4.22　波数 $N = 0.05$ 时多周期扰动下的压力场

红色曲线表示稳态流场的激波面位置

三波点的形成,说明多周期的扰动不能看成单脉冲扰动的叠加。实际上,在图 4.22 中观察到的波面扭曲变形,直观上并不弱于图 4.17 中的相应结果,因此只能说扭曲变形为三波点形成提供了前提。关键在于每个周期的扰动之后,对于多周期的连续扰动,来流并非恢复到扰动来流之前的状态,而是连续地开始后续扰动。这就导致随后的波系运动进入一个新的周期,而没有时间让前一个周期的扰动效果充分地体现在波面上,即导致波面发展形成三波点。因此,这种后续周期对已扰动波面的影响,抑制了波面失稳的发展,诱导了无三波点的光滑波面。

将多周期的连续扰动波数增加为 0.20,得到的温度场演化过程如图 4.23 所示。可以看到在任何时刻的计算域中,都存在两个三波点。这好像与图 4.18 显示的相同波数下的单脉冲扰动的结果是一类的,然而通过对流场的分析,发现两者存在本质差别。图 4.23 显示了一个完整的波面演化周期,为研究这种差别提

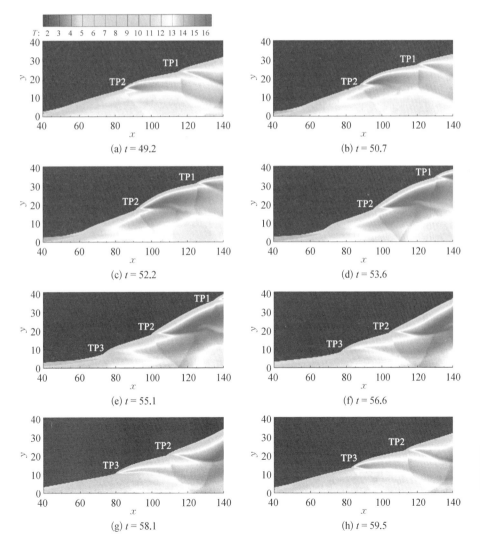

图 4.23　波数 $N = 0.20$ 时多周期扰动下的温度场

供了基础,可以看到首尾两幅图显示的波系结构是完全一致的。如果将初始时刻的两个三波点分别标记为 TP1 和 TP2,会发现两者同时向下游移动,TP1 会移出计算域,同时形成新的三波点 TP3。在下一个周期的波面上靠近下游的三波点,就是上一个周期中的靠近上游的三波点 TP2,而原 TP2 的位置被新形成的三波点 TP3 所替代。换句话说,在一个完整的周期中,只形成了一个三波点,这与相同波数下的单脉冲扰动中形成两个三波点,存在本质的差别。这种差别产生的原因,同样可以归结为上面讨论的后续周期对已扰动波面的影响。无论波数 $N = 0.05$ 还是 0.20,均可以发现连续扰动在诱导三波点能力方面弱于相应的单脉冲扰动,说明这是一种影响波面失稳特性的普遍规律。

为了研究波面振荡特性,图 4.24 给出了不同位置化学反应面的振荡波形,其中,化学反应面的位置取诱导反应结束、放热反应开始的地方。通过固定高度 y 来测量反应面水平方向位置随着时间的变化趋势,获得的波形可以反映出周期来流扰动条件下斜爆轰波的动态特性。首先可以观察到,壁面处反应面(图 4.24 中最下方的曲线)的响应特征随着波数增加发生明显的变化。当来流扰动频率较低时,图 4.24(a)中 $y = 0$ 曲线基本保持为正弦扰动的形式,随着扰动频率

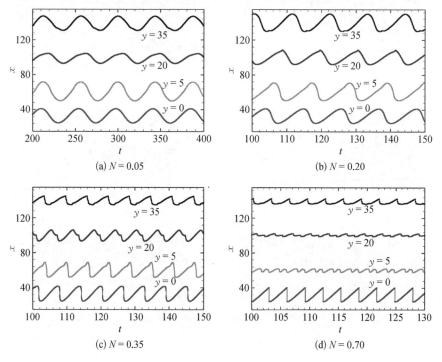

图 4.24 不同高度的反应面位置随时间变化

的增加,波谷到波峰所需要的时间占比越来越大,而波峰到波谷的转变时间越来越小,甚至在高频扰动时出现了突变[图 4.24(d)中的 $y=0$ 曲线],这是由于波数增加在起爆区内诱导了新的不连续燃烧区。另外,远离壁面处的反应面振荡更加复杂,这是因为除了受到来流扰动的影响,还会受到从上游波面传来扰动的影响。远离壁面反应面的复杂振荡在高频扰动时更加剧烈,诱导了形状比较特殊的振荡波形[图 4.24(d)中的 $y=35$ 曲线]。

起爆区内新的燃烧区和旧的燃烧区之间会存在未燃气团,在向下游传播的过程中,未燃气团会重现点火燃烧,增加斜爆轰波面结构的复杂性(图 4.24)。当来流扰动频率过高时,下游的斜爆轰波面往往没有足够的时间调整自身的燃烧状态和波面角度,波面位置的变化幅度反而会减小。整体来看,在周期性来流作用下的斜爆轰波,其波面位置的振荡波形具有极强的周期性特征,波形的周期与来流保持一致,主要的不同是波动形式和振荡幅值。当低频扰动时,波形接近于正弦波动,当高频扰动时波面变得不对称,越靠近下游波面会越复杂。

图 4.25 显示了化学反应面振荡波形所对应的幅值与扰动频率和波面位置的关系。黑色曲线是基础参考数据,为在稳态来流无量纲密度±20%条件下,获得的斜爆轰波波面位置的差值,即对应扰动幅值 $A=0.2$。这种情况可以认为波数无限大,可以看到该振荡幅值的变化趋势是先增加后逐渐减小。当扰动波数比较小时($N=0.01$),即扰动频率比较低时,图 4.25 中的曲线与稳态来流中的变化趋势基本保持一致,此时化学反应面与来流周期扰动具有较好的同步性。扰动频率的增加使得下游爆轰出现过冲,中段波面的振荡幅值开始下降。当扰动波数 $N=0.20$

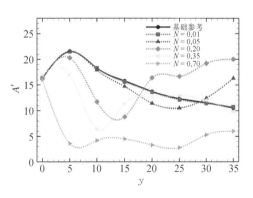

图 4.25　多周期扰动作用下的波面振荡幅值,
扰动波数 $N=0.01\sim0.70$

时,上述流动现象会更加明显,而且起爆区附近的振荡峰值开始出现下降的趋势($y=5.0$ 的位置)。扰动频率的持续增加,不仅使得中段反应面的振荡幅值显著地降低,同时导致波面下游振荡幅值逐渐拉回基础参考幅值的水平,甚至会远低于基础参考实线所示的参考值。而壁面处化学反应面的振荡波形虽然也会受到扰动频率的影响,但是其振荡幅值能够基本维持恒定。

上述研究主要以扰动波数 N 为变量,将来流马赫数 M_0 固定为 10.0,而扰动幅值 A 固定为 0.2 的情况。为了开展更全面的研究,使模拟参数覆盖更多的情况,进一步的模拟将 M_0 拓展到 9.5 和 9.0,将 A 拓展到 0.1 和 0.05。应当指出这种拓展仍然没有对应实际的发动机工作状态,但是足以帮助我们发现一些新的现象。如果只改变马赫数,前面所采用的模拟参数不变,则共有九组算例,每组算例中又有不同的 N,总计开展了上百个算例的模拟[13]。图 4.26 显示了当 $M_0 = 10.0$ 时,扰动幅值和波数对波面的影响,其中,扰动幅度 A 取值为 0.2、0.1 和 0.05,波数 N 取值为 0.1 和 0.4。可以看到,对于相同的波数 $N = 0.1$[图 4.26(a)～(c)],扰动幅度越小波面越稳定,主三波点(main triple point,MTP)的数目从 2 个变为 1 个,最后消失。当波数较大时 $N = 0.4$[图 4.26(d)～(f)],扰动幅度减小同样导致波面更加稳定,不过并非数目的变化而是规则程序的增加,同时体现为反向三波点(reverse triple point,RTP)的逐渐消失。总体而言,扰动幅值和波数的增加都会导致斜爆轰波面不稳定,但是其表现形式可能体现在波面三波点数目上,也可能体现在三波点规则程度上。

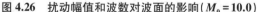

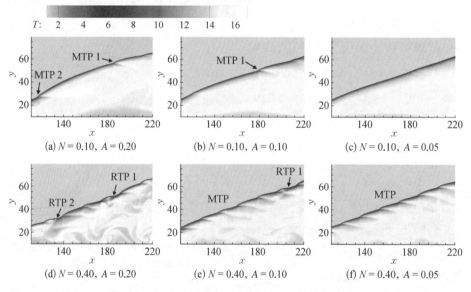

图 4.26　扰动幅值和波数对波面的影响($M_0 = 10.0$)

扰动幅值和波数对波面的影响,在固定的来流马赫数下($M_0 = 10$)规律是比较明确的。但是 M_0 变化会诱发新的现象。图 4.27 和 4.28 显示了扰动幅值不变($A = 0.2$),通过调节 M_0 和 N 获得了两个典型演化过程。在这两个过程中,均出

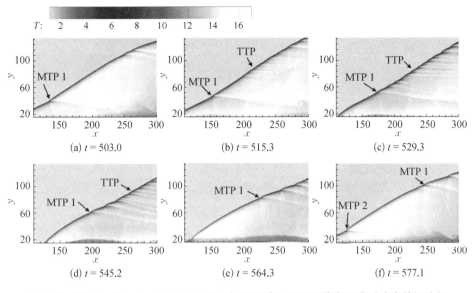

图 4.27　当 $M_0 = 9.0$，$A = 0.2$，$N = 0.05$ 时，TTP 在 MTP 下游先形成后消失的温度场

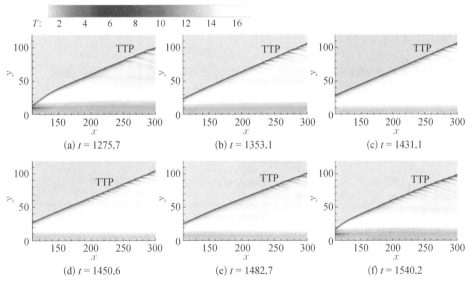

图 4.28　当 $M_0 = 9.5$，$A = 0.2$，$N = 0.01$ 时，TTP 在波面上单独形成又消失的温度场

现了三波点列(train of triple point，TTP)，而不是只有以前观察到的主三波点(MTP)。如前面所分析，MTP 是波面在来流扰动作用下发生扭曲形成的，而 TTP 不同于 MTP，由在波面上同时出现若干个较弱的三波点构成，如图 4.27 所

示。这些三波点几乎同时出现,运动方向和速度基本一致,可能向上游[图 4.27(b)和(c)]也可能向下游[图 4.27(d)和(e)]移动,是一种此前尚未观察到的新现象。这种现象在若干个算例中均可能出现,图 4.28 显示了当 $M_0 = 9.5$,$A = 0.2$,$N = 0.01$ 时的波面演化。在这个算例中,扰动甚至没有在波面上形成 MTP,但是 TTP 的形成和发展是显而易见的。

为了分析主三波点(MTP)和三波点列(TTP)的差别,表 4.1 给出了 $A = 0.2$ 时,M_0 和 N 对两者出现的影响规律。可以看出,来流马赫数 $M_0 = 10$ 所对应的斜爆轰在低扰动频率时,波面上难以出现主三波点(MTP)。起爆区对来流扰动敏感,而斜爆轰波面对扰动不敏感,两者的响应不同步导致了波面的剧烈扭曲,最终导致了 MTP 的产生。当较高马赫数时,斜爆轰波的斜激波和爆轰波面之间是光滑过渡的,扭曲变形不显著,因而抑制了 MTP 的产生。另外,当扰动波数 N 比较大时,斜爆轰波面上存在 MTP,但没有 TTP 产生。其原因主要在于扰动频率或者说扰动波数比较大,由于来流的绝对速度保持不变,扰动波长变小,在相同的爆轰波面尺度上会产生更多的 MTP。而 TTP 的产生和爆轰波的内在失稳特性有关,需要一定的空间和时间来演化。扰动波数越大,两个 MTP 之间的间距越小且波面角度会比较大,这在一定程度上抑制了波面失稳的发生,因此扰动频率比较高的时波面上难以形成 TTP。

表 4.1 $A = 0.2$ 时,M_0 和 N 对主三波点/三波点列(MTP/TTP)出现的影响

M_0	$N = 0.01$	$N = 0.05$	$N = 0.2$
9.0	有/有	有/有	有/无
9.5	无/有	有/有	有/无
10.0	无/无	无/无	有/无

斜爆轰波面失稳是由强迫扰动诱发的,但是 TTP 的出现使两者的关系更加复杂。为了揭示两者的内在联系,我们记录数十个扰动周期内不同高度的化学反应面随来流扰动的振荡波形,并采用功率谱密度来分析其频谱特性。通过流场分析可知,MTP 的产生基本上依赖于来流的扰动频率,而 TTP 的产生往往受到流动和剧烈化学反应的干扰会拥有相对独立的频率特征。表 4.1 显示了两个关键的算例,当来流马赫数 $M_0 = 9.0$,扰动波数 $N = 0.20$ 时,斜爆轰波面仅存在主三波点(MTP);当来流马赫数 $M_0 = 9.5$,扰动波数 $N = 0.01$ 时,斜爆轰波面仅存在

三波点列(TTP)。针对这两种情况,图 4.29 和图 4.30 分别给出了不同高度下爆轰波反应面位置振荡信号的频率特征,其中的灰色小图为局部放大的结果。图中的纵坐标是功率谱密度(power spectral density, PSD),其代表的是某个频率在扰动信号所占据的能量大小,横坐标表示无量纲化的频率。

图 4.29 显示了仅存在 MTP 的波面上,不同高度波面振荡信号的频谱特性。根据对应的扰动波数 N 和来流马赫数 M_0,可以计算得到扰动频率为 $f = 0.048$。同时,根据波面的振荡分析结果,无论是起爆区还是斜爆轰波的下游,波面位置的振荡信号的主频与来流扰动的频率 f 保持一致,即使将其局部放大也只能看到一些倍频信号。这说明波面上产生的主三波点(MTP)是由来流扰动主导和控制的,外界的强迫扰动决定了 MTP 在下游爆轰波面上的演化特征。

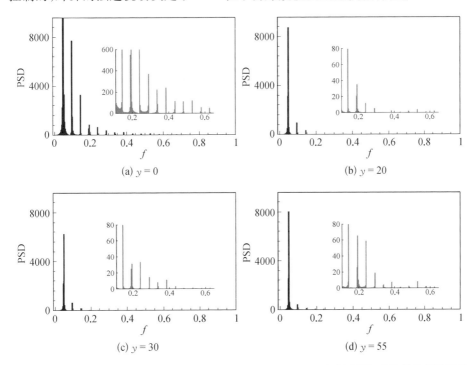

(a) $y = 0$ 　(b) $y = 20$ 　(c) $y = 30$ 　(d) $y = 55$

图 4.29　仅存在 MTP 的波面($M_0 = 9.0$, $A = 0.2$, $N = 0.2$),不同高度波面振荡信号的频谱特性

图 4.30 显示了仅存在 TTP 的波面上,不同高度波面振荡信号的频谱特性。此时,来流扰动频率为 $f = 0.004\,6$,从频率分析结果可知,爆轰波面的振荡主频虽然能够与来流扰动保持一致,但是却没有出现扰动的倍频信号。更重要的是,随着波面向下游的延伸,在频率 0.2~0.4 出现了不规则的振荡信号,并且其幅值越来越大。结合图 4.28 显示的温度场结果,可以推断这些振荡信号主要源于波面

上的 TTP。这种振荡信号与本书 3.3 节展示的波形类似,如图 3.21 中定常来流中爆轰波面的失稳,其波形就呈现出这种分布。更进一步,TTP 产生的频率特性与来流扰动频率相差甚远,但是与定常来流中波面失稳的特征频率接近,主要在 0.3 附近[图 3.21(a)和(b)][14]。因此,综合上述特征,可以推断波面在外界扰动作用下诱发的内在失稳特性,是导致 TTP 形成的机制,与 MTP 外界的强迫扰动下的失稳有本质区别。

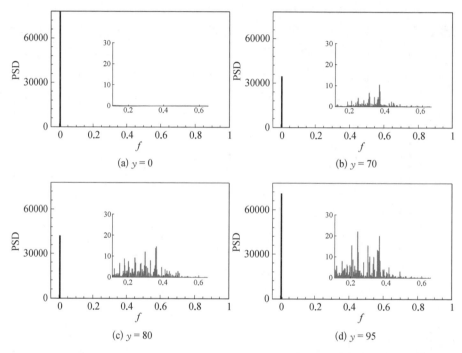

图 4.30 仅存在 TTP 的波面($M_0 = 9.5$, $A = 0.2$, $N = 0.01$),不同高度波面振荡信号的频谱特性

除了上述 MTP 和 TTP,波面上还可能出现一些新的三波点运动现象。图 4.31 显示了 MTP 形成又消失的波面演化过程,此时的参数为 $M_0 = 9.0$, $A = 0.1$, $N = 0.1$。在 $t = 177.1$ 时,可以观察到波面上形成了一个 MTP。这个 MTP 是由外界强迫扰动引起的,但是其强度并不大,更重要的是往下游运动的速度很小。失稳后的波面形成的三波点,可能是向下游运动的,也可能是向上游运动的,甚至是静止的[15],通常较低的来流马赫数容易导致三波点下移速度减小。这种较弱的缓慢下移的三波点,在扭曲波面的受迫振荡中,被后移的波面赶上并削弱,如图 4.31(c)和(d)所示,最终消失在起爆区后的非平衡波面上。保持来流马赫数 M_0 和扰动幅值 A 不变,将波数增大到 0.4,可以观察到另一种有意思的三波点运

动现象。如图 4.32 所示,可以看到来流扰动不仅诱导了 MTP,而且同时诱导了 RTP。类似于上一种情况,MTP 形成之后基本保持原地不动,但是 RTP 快速地向下游移动,前者最终消失在起爆区后的非平衡波面上,而后者向下游传播直到离开计算域。这种 MTP 形成又原地消失现象,以及 RTP 的形成和运动,充分地反映了非定常来流中斜爆轰失稳波面的复杂性。

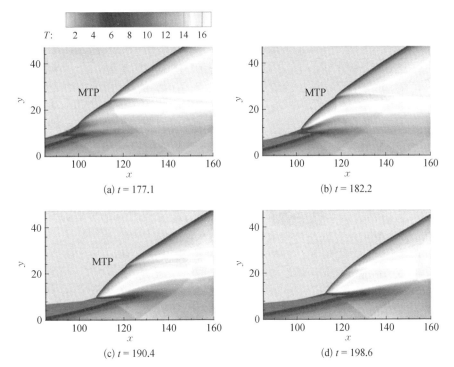

(a) $t = 177.1$　　　(b) $t = 182.2$

(c) $t = 190.4$　　　(d) $t = 198.6$

图 4.31　当 $M_0 = 9.0$, $A = 0.1$, $N = 0.1$ 时,MTP 形成又消失的温度场

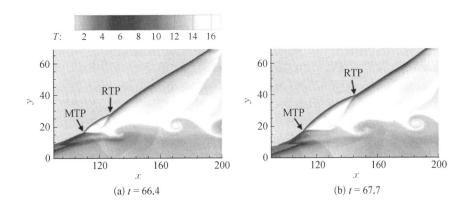

(a) $t = 66.4$　　　(b) $t = 67.7$

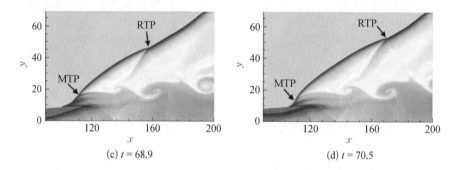

(c) $t = 68.9$ (d) $t = 70.5$

图 4.32 当 $M_0 = 9.0$，$A = 0.1$，$N = 0.4$ 时，MTP 和 RTP 同时形成后者向下游传播的温度场

本章对一种非均匀来流和三种非定常来流中的斜爆轰波进行了介绍，利用多个控制参数，从多个角度讨论了复杂来流条件对斜爆轰波系和稳定性的影响。然而，上述的研究还处于起步阶段，采用了过于简化的模型，与工程应用的实际情况还有较大的差距。实际的斜爆轰波不仅涉及非均匀、非定常流动效应的影响，而且两者会同时出现，并与爆轰波在内流道中的反射、扰动及与滑移线、边界层的相互作用耦合在一起。目前的研究，仍然着眼于利用简化模型认识规律、厘清机理，为复杂的真实情况提供参考基准和分析的切入点。

参考文献

[1] Sislian J P, Dudebout R, Schumacher J, et al. Incomplete mixing and off-design effects on shock-induced combustion ramjet performance[J]. Journal of Propulsion and Power, 2000, 16(1): 41 – 48.

[2] Alexander D C, Sislian J P, Parent B. Hypervelocity fuel/air mixing in mixed-compression inlets of shcramjets[J]. AIAA Journal, 2006, 44(10): 2145 – 2155.

[3] Iwata K, Nakaya S, Tsue M. Wedge-stabilized oblique detonation in an inhomogeneous hydrogen-air mixture[J]. Proceedings of the Combustion Institute, 2017, 36(2): 2761 – 2769.

[4] Iwata K, Imamura O, Akihama K, et al. Numerical study of self-sustained oblique detonation in a non-uniform mixture[J]. Proceedings of the Combustion Institute, 2021, 38(3): 3651 – 3659.

[5] Fang Y, Hu Z, Teng H, et al. Numerical study of inflow equivalence ratio inhomogeneity on oblique detonation formation in hydrogen-air mixtures [J]. Aerospace Science and Technology, 2017, 71: 256 – 263.

[6] Zhang Y, Yang P, Teng H, et al. Transition between different initiation structures of wedge-induced oblique detonations[J]. AIAA Journal, 2018, 56(10): 4016 – 4023.

[7] Liu Y, Wang L, Xiao B, et al. Hysteresis phenomenon of the oblique detonation wave[J].

Combustion and Flame, 2018, 192: 170 – 179.

[8] Sun J, Yang P, Tian B, et al. Effects of wedge-angle change on the evolution of oblique detonation wave structure[J]. Physics of Fluids, 2022, 34(9): 096112.

[9] Fusina G, Sislian J P, Parent B. Formation and stability of near Chapman-Jouguet standing oblique detonation waves[J]. AIAA Journal, 2005, 43(7): 1591 – 1604.

[10] Teng H H, Zhao W, Jiang Z L. A novel oblique detonation structure and its stability[J]. Chinese Physics Letters, 2007, 24(7): 1985 – 1988.

[11] Liu Y, Xiao B, Wang L, et al. Numerical study of disturbance resistance of oblique detonation waves[J]. International Journal of Aerospace Engineering, 2020: 8876637.

[12] Yang P, Ng H D, Teng H. Numerical study of wedge-induced oblique detonations in unsteady flow[J]. Journal of Fluid Mechanics, 2019, 876: 264 – 287.

[13] Yang P, Ng H D, Teng H. Unsteady dynamics of wedge-induced oblique detonations under periodic inflows[J]. Physics of Fluids, 2021, 33(1): 016107.

[14] Yang P, Teng H, Ng H D, et al. A numerical study on the instability of oblique detonation waves with a two-step induction-reaction kinetic model[J]. Proceedings of the Combustion Institute, 2019, 37(3): 3537 – 3544.

[15] Yang P, Li H, Chen Z, et al. Numerical investigation on movement of triple points on oblique detonation surfaces[J]. Physics of Fluids, 2022, 34(6): 066113.

第5章

受限空间中的波系演化

在本书的前几章中,研究对象可以称为自由空间的斜爆轰波,其特点是通过超声速可燃气流与理想化的无限长楔面相互作用形成起爆,进而向下游延伸。这种简化模型无须考虑出口边界的影响,也忽略了波面与上边界的相互作用,给研究带来很多便利。然而,如果考虑真实的发动机应用,斜爆轰波会在流道上壁面发生反射或绕射,而且可能导致楔面存在壁面诱导的边界层、尾喷管诱导的稀疏波及波面的壁面反射,从而影响波系结构及其稳定性。本章围绕未来的工程需求,对几种受限空间中波系演化规律进行研究,探讨多种复杂的流动条件下斜爆轰波系的演化特征。

5.1 楔面长度对斜爆轰的影响

当研究对象从自由空间的斜爆轰波变为受限空间的斜爆轰波时,需要首先放弃无限长楔面假设,这是因为在实际的流动过程中,诱导斜爆轰波的楔面总是有限长度的。这并非是要否定以前的研究成果,在某些条件下斜爆轰之所以可以被简化为自由空间流动,主要针对起爆区距离楔面尾部较远的情况,简化后的波系结构简单、方便研究。如果起爆的特征长度与楔面长度是可比的,那么楔面尾部诱导的波系会与爆轰波发生作用,这就是本节研究的情况。从高超声速冲压发动机设计的角度,楔面尾部的壁面也需要向外偏转,以保证超声速气流的加速膨胀。因此,有限长度楔面诱导的斜爆轰,本质上就是研究斜爆轰波与尾部稀疏波的相互作用。

Papalexandris[1]首先对有限长度楔面诱导的斜爆轰进行了研究,发现了稀疏波可能导致斜爆轰波熄灭的现象。斜爆轰流场的压力和温度等值线如图 5.1 所示,计算采用了单步反应模型,其模型参数设定为 $\gamma = 1.2$,$Q = 50$,$E_a = 50$。可以看到在同样的来流条件和楔面角度下,如果台阶高度足够大,那么斜爆轰波能够顺利起爆,其波系结构在扰动区之前与无限长楔面诱导的斜爆轰波系基本无差别。如果台阶高度减小到稀疏波与起爆区发生相互作用,那么斜爆轰波会出现起爆位置向下游移动的现象,但是不会立即导致无法起爆。进一步降低台阶高度,超过某个临界值之后,会发生斜爆轰无法起爆的现象。对最后一种情况,从

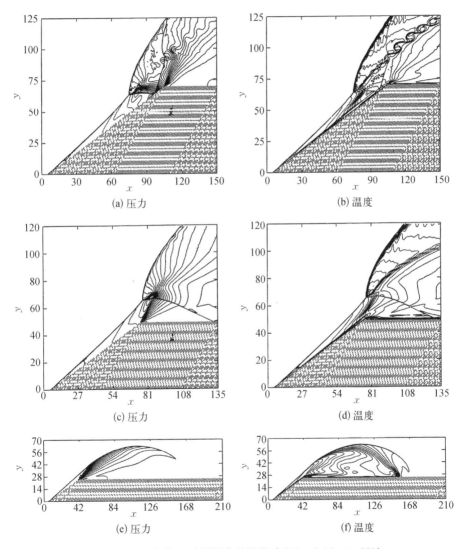

(a) 压力

(b) 温度

(c) 压力

(d) 温度

(e) 压力

(f) 温度

图 5.1　有限长楔面对斜爆轰波的影响($M_0 = 8.14$, $\theta = 35°$)

台阶高度分别为 70[(a)与(b)]、50[(c)与(d)]、25[(e)与(f)][1]

流动的角度,可以认为台阶导致诱导区长度不够,点火起爆过程被稀疏波打断。另外,从能量的角度,也可以认为台阶高度不够,斜激波压缩后的点火能量不足以实现起爆。总之,有限长度的楔面通常会引入稀疏波,如果位置比较靠后,那么对斜爆轰影响不大;如果其位置比较靠前,那么会影响斜爆轰波起爆区,进而导致波系结构发生较大变化甚至熄爆。

为了阐明有限长度楔面影响斜爆轰波系的机制,需要进一步研究不同马赫数下斜爆轰结构受楔面长度的影响规律。进一步的模拟仍然采用无黏流动假设,即控制方程为 Euler 方程,但是燃烧模型改为基元化学反应模型[2]。这是因为爆轰波的起爆和熄爆对于化学反应模型的要求较高,需要模拟中间粒子的生成和消耗,而单步反应模型不具备这个能力,导致误差很大。采用的燃料为理想化学当量比 H_2-空气混合气体,温度为 300 K、压力为 1 atm,楔面角度固定为 θ= 25°。图 5.2 显示了模拟得到的无限长楔面诱导的斜爆轰波温度场,作为后续研究长度效应的基础流场。来流马赫数 M_0 取值为 10 和 7,分别代表具有不同起爆特性的两类斜爆轰波。可以看到当 M_0 = 10 时,在斜爆轰波面上形成了渐变结构,起爆位置也比较靠近上游。随着马赫数的降低,起爆位置向下游移动,波面变成了突变结构,在三波点下方形成了比较复杂的波系。总体而言,M_0 从 10 降低到 7,起爆距离可以增加一个数量级,验证了第 2 章获得的起爆距离变化规

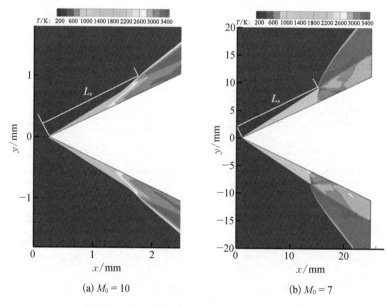

(a) $M_0 = 10$ (b) $M_0 = 7$

图 5.2 无限长楔面诱导斜爆轰波的温度场[2]

律。由于两种斜爆轰波起爆距离差别很大,为了讨论方便,定义起爆长度 L_s 为楔面起点到三波点(突变结构)或弯曲激波中点(渐变结构)在壁面方向上的投影的距离。图 5.2 显示了两类爆轰波典型流场,后面的研究表明有限长楔面效应会对它们产生不同的影响。为了确保网格分辨率不影响结果,图中下半部分采用了网格密度加倍的方法对数值结果进行了验证,证明模拟获得的波系结构不依赖于网格。

基于有限长楔面的数值模拟,图 5.3 和图 5.4 分别显示了来流马赫数 $M_0 = 10$ 和 $M_0 = 7$ 情况下的斜爆轰温度场,其中有限长楔面的尾部向外侧偏转,二次偏转角 θ_c 定义为壁面与楔面方向的夹角。θ_c 的默认值和诱导斜爆轰波的楔面角度 θ 相同,即经过二次偏转后气流方向回到来流方向,本书通过调整 θ_c 研究了极限条件下的波系特征。为了方便讨论楔面长度的变化,定义了两个偏转角之间的楔面长度为 L_c,如图 5.3 所示,而没有采用以前研究中使用的台阶高度。采用

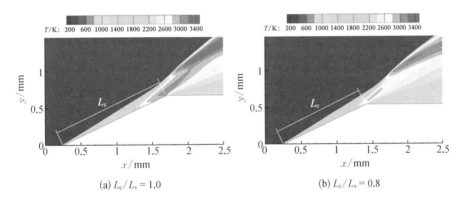

图 5.3　有限长楔面诱导斜爆轰波的温度场($M_0 = 10$)

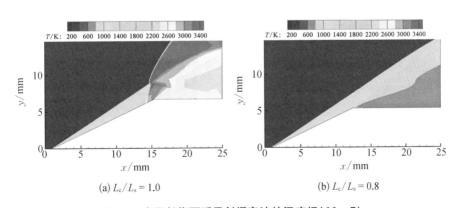

图 5.4　有限长楔面诱导斜爆轰波的温度场($M_0 = 7$)

起爆长度 L_s 对 L_c 进行归一化,将得到的楔面长度特征变量 L_c/L_s 作为主要参数,既有明确的物理意义,又方便对比不同 M_0 的结果。

当 $M_0 = 10$ 时,如果楔面拐角位置比较靠近下游,如 $L_c/L_s = 1.0$,斜爆轰波能够顺利起爆,如图 5.3(a)所示。对比图 5.2(a)中无限长楔面诱导的斜爆轰,可以看到波系结构基本不受影响。如果楔面拐角位置向上游移动至 $L_c/L_s = 0.8$,斜爆轰波也能够顺利起爆,如图 5.3(b)所示,然而起爆区及起爆后的波面发生了明显的变化,激波和释热区的耦合变弱。当 $M_0 = 7$ 时,如果楔面拐角位置比较靠近下游,如 $L_c/L_s = 1.0$,斜爆轰波能够顺利起爆且波系结构基本不受影响,如图 5.4(a)所示。然而,当 L_c/L_s 降低到 0.8 时,在图 5.4(b)中没有观察到高温区,说明斜爆轰波没有成功起爆。总之,有限长度楔面诱导的尾部稀疏波,在位置足够靠前的情况下有可能导致斜爆轰波熄爆。虽然其采用了不同的楔面长度表征方法,这与之前的研究结论是一致的。

对比不同来流马赫数下尾部稀疏波对斜爆轰的影响,虽然两者定性是一致的,然而定量影响存在明显的差异,值得进一步研究。例如,低马赫数($M_0 = 7$)的斜爆轰波在 $L_c/L_s = 0.8$ 时已经不能成功起爆,但是高马赫数($M_0 = 10$)的斜爆轰波在 $L_c/L_s = 0.8$ 时仍然存在,说明两者能够稳定存在的 L_c/L_s 范围不同。斜爆轰波系在稳定存在区间边界附近的特征是一个值得研究的问题,不仅对于发动机的设计具有重要的参考价值,而且对于认识激波与燃烧的耦合机制具有重要的理论意义。

在图 5.3 显示的 $M_0 = 10$ 时两种成功起爆情况的基础上,我们降低 L_c/L_s 的取值以探究起爆边界。模拟测试结果显示,当 $L_c/L_s = 0.6$ 时,楔面不再能成功地诱导斜爆轰的起爆,因此需要在 0.6 和 0.8 之间调节 L_c/L_s,直至获得起爆和熄爆之间的临界状态。图 5.5 显示了在 $L_c/L_s = 0.65$ 条件下流场结构的压力与温度分

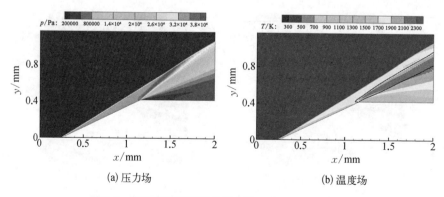

(a) 压力场   (b) 温度场

图 5.5   斜爆轰波的波系结构($M_0 = 10$, $L_c/L_s = 0.65$)

布,可以从温度场观察到高温区和释热,但是与此前获得的斜爆轰流场均存在明显的差异。其特点在于,波面没有出现起爆而导致的下游波面的波角抬升现象,从压力看其波系结构与惰性气体中的波系很接近。然而,温度图显示激波面后存在有一道几乎平行于激波面的释热区,说明此时的稀疏波不足以使放热反应消失,但却造成了放热反应与斜激波面解耦,形成了一种特殊的波系结构。这种结构也说明,起爆与否的流场演化是放热反应促进起爆与稀疏波抑制起爆之间竞争的结果。

在图 5.4 显示的 $M_0 = 7, L_c/L_s = 0.8$ 条件下斜爆轰波无法成功起爆的基础上,我们增加 L_c/L_s 的取值以探究起爆边界。模拟测试结果显示,当 L_c/L_s 增大到 0.85 时,在其流场中已经能够观察到释热区及斜爆轰波系结构,如图 5.6 所示。在起爆的初始阶段,斜爆轰波的波系与图 5.4(a) 显示的 $L_c/L_s = 1.0$ 的波系结构类似。然而,起爆后的波系并不能驻定,而是会逐渐向下游运动,并且最终移出计算区域。经过较长时间的计算,终态流场中并不存在斜爆轰波系,即斜爆轰最终没有实现起爆,也没有观察到上一个算例中的放热反应与稀疏波竞争形成的解耦情况。综合上述结果,当起爆机制不同时,稀疏波对斜爆轰波的影响是不同的。以前的研究[3]表明,$M_0 = 7$ 的低马赫数斜爆轰波是波控制的起爆模式,$M_0 = 10$ 的高马赫数斜爆轰波是动力学控制(kinetics-controlled)的起爆模式。在动力学控制的情况下,稀疏波的影响比较平缓:临界状态出现在 $L_c/L_s = 0.65$ 左右,流场的多波结构出现激波与燃烧带解耦的情况,是成功起爆和完全熄爆的中间演变结构。在波控制的起爆情况下,斜爆轰波对稀疏波的影响更为敏感:临界状态出现在 $L_c/L_s = 0.85$ 左右,没有发现中间演化结构,也没有观察到放热反应和稀疏波的相互竞争关系。

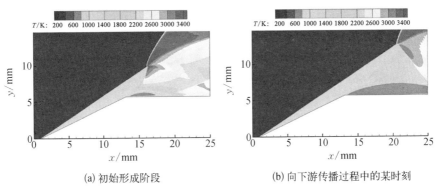

(a) 初始形成阶段　　　　　　　(b) 向下游传播过程中的某时刻

图 5.6　斜爆轰波的不稳定波系结构($M_0 = 7$, $L_c/L_s = 0.85$)

　　为了进一步阐明这两种起爆模式在临界条件下的斜爆轰结构特性,进一步的研究采用了较小的二次偏转角 θ_c。相对于前面采用的 25°偏转角,将 θ_c 变为 20°和 10°起到了降低稀疏波强度、削弱稀疏波干扰效果的作用。图 5.7 显示当 $M_0 = 10$ 时,斜爆轰保持了激波和燃烧反应的解耦结构,整体上斜爆轰波介于起爆与熄爆之间。可以看到二次偏转角不同并没有改变激波的位置,其影响主要反映在释热区的分布和温度上。图 5.8 显示当 $M_0 = 7$ 时,驻定的斜爆轰波系结构在 θ_c 影响下发生明显的移动,不同于较大偏转角时(图 5.6)波系逐渐移动到下游的情况。上述结果说明,马赫数对稳定边界附近的斜爆轰波系结构及其稳定性,会产生较大的影响,其中,低马赫数时波系对稀疏波的影响更为敏感。需要注意的是,来流马赫数的高低不仅影响了起爆区长度与过渡区类型,而且影响了起爆模式,因此需要开展进一步的研究,厘清上述变量中哪个因素起到了关键作用。

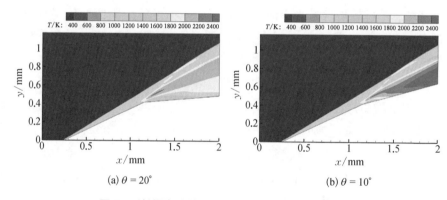

图 5.7　斜爆轰波的温度场($M_0 = 10$, $L_c/L_s = 0.65$)

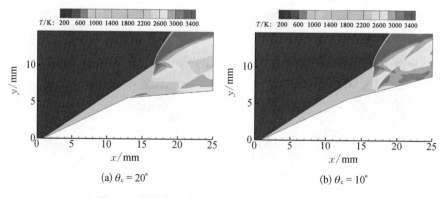

图 5.8　斜爆轰波的温度场($M_0 = 7$, $L_c/L_s = 0.85$)

在前面研究所关注的能够驻定在楔面上斜爆轰波的基础上,进一步研究需要关注稀疏波对无法驻定的斜爆轰波的影响。图 5.9 显示了基于无限长楔面获得的两个斜爆轰基础流场,起爆后无法驻定,而是会失稳向上游传播。模拟采用了 Euler 方程和两步诱导-放热反应模型,放热量 $Q = 20$。温度场选择了较早的时刻,后续发展过程采用白线显示波面位置随时间的变化。为了获得失稳的斜爆轰波,楔面角度 θ 取较大值 30°,来流马赫数 M_0 取 7.5 和 7.0。可以看到 M_0 较高,为 7.5 时,起爆位置靠近上游,M_0 较低,为 7.0 时起爆位置靠近下游。这两种情况下斜爆轰波都不能形成驻定结构,而是持续向上游传播。

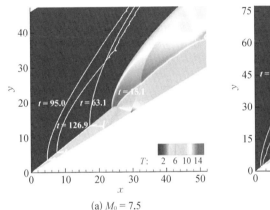
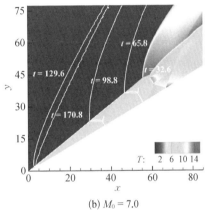

(a) $M_0 = 7.5$　　　　　　　　　(b) $M_0 = 7.0$

图 5.9　斜爆轰温度场及其波面传播位置(白线)

基于上述模拟得到的非驻定斜爆轰波,引入稀疏波对起爆区进行扰动,可以改变斜爆轰波的驻定特性。当 $M_0 = 7.5$ 时,在 $x = 25$ 处引入稀疏波,可以看到斜爆轰波不会发生前传,而是在有限长楔面的作用下驻定下来,如图 5.10(a) 所示。这个波系结构经过长时间的迭代,仍然保持不变[4]。当 $M_0 = 7.0$ 时,类似的驻定斜爆轰波可以通过在 $x = 66$ 处引入稀疏波获得。需要注意的是,引入稀疏波的位置对于斜爆轰波的驻定特性影响很大:如果稀疏波太靠前,那么可能导致无法起爆;如果稀疏波太靠后,那么可能仍然无法驻定。上述结果说明,稀疏波可能改变斜爆轰波的驻定特性,导致在无限长楔面上无法驻定的爆轰波变为驻定。其中的机理我们将在本章后面的章节进行讨论,这个现象对于斜爆轰发动机中的波系控制可能产生重要的影响。

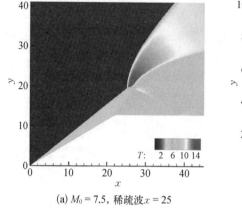

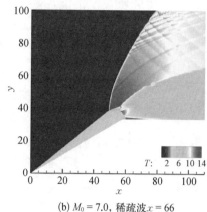

(a) $M_0 = 7.5$，稀疏波 $x = 25$ (b) $M_0 = 7.0$，稀疏波 $x = 66$

图 5.10   驻定斜爆轰温度场

5.2   波面反射及其诱导的波系演化

冲压发动机的内流道在二维条件下可以简化为上下两个壁面，有限长度楔面的研究实质上是对下壁面几何特性的研究。在此基础上，进一步的斜爆轰波研究需要全面地考虑受限空间的影响，即研究斜爆轰波向下游延伸导致的上壁面反射。简化的斜爆轰发动机及其波系示意图如图 5.11 所示，在方截面燃烧室不考虑侧壁面的情况下，上下两个壁面共同构成了内流道。经过压缩的气体与喷射燃料混合后，通过下壁面楔面实现起爆，在理想情况下燃烧后的气流仍为超声速，通过超声速膨胀形成推力。上述发动机的构型是高度简化的，也不是唯一的选择，可以采用其他类型的燃料喷注方案和爆轰诱导方式。然而，对于超声速气流中的斜爆轰波，应用于发动机有一个无法回避的问题，即斜爆轰波面与内流道壁面的相互作用。斜爆轰波实现了起爆后，必然向壁面延伸并发生反射，其诱导的波系演化可能对发动机的推力性能和工作稳定性产生严重的影响。作为初步探索，本节利用图 5.11 所示的简化模型开展研究，将内流道上壁面简化为直线后接膨胀喷管，同样将膨胀喷管的上壁面简化为直线。连接两段壁面的转角可以看作燃烧室和尾喷管的分界线，其与斜爆轰波面的相对位置是一个重要的参数，定义为 L_d。内流道高度定义为 H_e，由于涉及上下壁面的两个拐角，将下壁面楔面角度记为 θ，将上壁面向外拐角记为 θ_d。

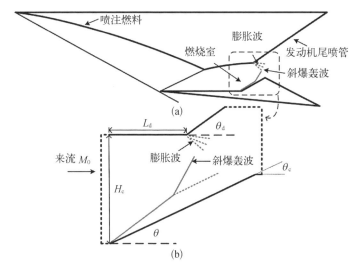

图 5.11　简化的斜爆轰发动机及其波系示意图

　　作为波面反射研究的基础流动,首先模拟了无反射的斜爆轰波作为基础。模拟采用了 Euler 方程和两步诱导-放热反应模型,放热量 $Q = 25$,比热比 $\gamma = 1.2$,诱导反应与放热反应活化能分别为激波后冯·纽曼温度的 4.0 倍和 1.0 倍,关于参数的无量纲方法和物理意义见第 6 章的详细介绍。在上述模拟中,将管道高度 H_c 固定为 140,将楔面角度 θ 固定为 25°,始终保持不变。选取拐角位置 L_d 作为主要可变参数;选取 M_0 和 θ_d 为次要可变参数,默认值分别为 7 和 55°。

　　图 5.12 显示了两种情况下的温度场,一种是自由空间无反射的斜爆轰波,另一种是理想反射的情况,即斜爆轰波面恰好在转角处发生反射。对于前一种情况,可以看到在给定的条件下形成了一个具有渐变过渡区的结构,但是已经比较接近突变过渡区,所以在起爆区形成了向壁面延伸的斜激波。与此同时,可以明显地观察到滑移线。为了降低流动的复杂性,在本节的研究中下壁面的拐角位置非常靠近下游,基本不影响斜爆轰波,以聚焦于上壁面反射效应研究。对后一种理想反射的情况,需要在前一种情况的基础上根据选定的管道高度,确定斜爆轰波面的位置,进而设定合适的几何域。根据图 5.12(a)的结果发现,斜爆轰波面在 $H_c = 140$ 条件下位于 $x = 155$ 附近,因此选定上壁面长度 $L_d = 155$。可以看到斜爆轰波面与上壁面的作用确实发生在拐角处,一道中心膨胀波从拐角向下游发展,导致温度降低。然而,反射前的斜爆轰波后与自由空间斜爆轰对应区域的参数较为接近,说明理想反射情况对斜爆轰波系不会形成明显的影响。

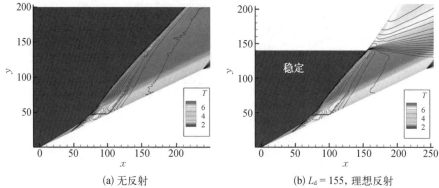

(a) 无反射   (b) $L_d = 155$, 理想反射

图 5.12　斜爆轰波温度场(黑线为压力等值线)

　　在理想反射的基础上,保持其余参数不变,增加 L_d 会导致斜爆轰波在上壁面拐角前反射,如图 5.13 所示。可以看到,斜爆轰波面在壁面上发生了马赫反射,改变了原有的波系。新的波系包括在上壁面下方形成了垂直的正爆轰波,即马赫杆,其与未扰动波面通过三波点连接,并诱导了在下壁面反射的斜激波,这些新的流动结构在以往自由空间的斜爆轰研究中从未观察到。值得一提的是,左侧马赫杆并非斜爆轰波面与上壁面作用的原始位置,而是从原始位置 $x = 155$ 移动到了 $x = 120$。因此,L_d 虽然变化量并不大,从 155[图 5.12(b)]增加的量仅有 2 或 5,但是对波系的影响非常显著。马赫杆在向左移动过程中长度增加,在其下侧与原始波面的连接处形成了一个多波点,并延伸出了一条滑移线,构成了马赫杆后区域的下边界。从温度场中可以明显地观察到,该滑移线向下游延伸过程中发生了失稳。此外,数值实验表明 L_d 并不能大幅度地增加,

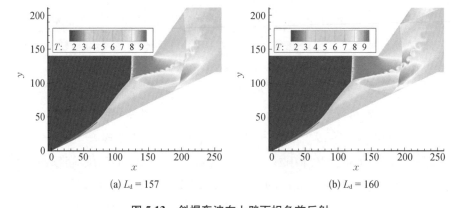

(a) $L_d = 157$ (b) $L_d = 160$

图 5.13　斜爆轰波在上壁面拐角前反射

如果取值超过 165，那么马赫杆及整个波系结构无法驻定，会向上游持续传播。这说明波面反射不仅导致了波系结构的演化，而且影响了斜爆轰波的驻定特性[5]。

为了更深入地分析这种反射诱导的波系结构特征，基于图 5.13(b)所示 L_d = 160 的斜爆轰波，图 5.14 显示了上壁面附近局部放大的压力场和放热率场，并画出了流线和声速线。放热率场表明，斜爆轰中化学反应导致的能量转换在斜爆轰波面-马赫杆附近很快完成，然而在放热影响下形成了复杂的波系结构。从压力场可以看出，马赫杆后形成了高温高压区，同时气流在马赫杆作用下减速，该区域是一个亚声速区。该区域的下侧是滑移线，后侧是源于拐角的中心膨胀波，在膨胀波加速作用下重新变为超声速。马赫杆与原始波面的连接点不仅延伸出了滑移线，而且形成了二次激波(secondary shock)，在下壁面发生反射。二次激波的下壁面反射可能导致很高的压力，甚至高于马赫杆后压力，但是温度低于马赫杆后温度，因为此处并没有放热反应。二次激波的下壁面反射形成了另一个亚声速区，可能会对波系结构的稳定性产生影响，5.4 节中将对此进行详细的讨论。此外，图 5.14(a)显示了两条流线，可以看到其上的物质经历了不同的热力学过程，这对于评估斜爆轰燃烧效果、推动其工程应用也是有参考价值的。

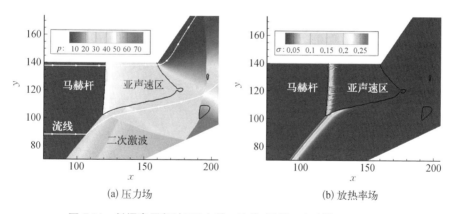

(a) 压力场　　　　　　　　　　(b) 放热率场

图 5.14　斜爆轰局部波系(白线：流线；黑线：声速线，L_d = 160)

上述研究通过增大 L_d 研究了波面在上壁面拐角前反射的情况，反之，减小 L_d 会导致斜爆轰波与内流道上壁面在拐角后发生作用。从超声速流动的角度，拐角对应流动界面最小处，可以视为连接燃烧室与尾喷管的喉道。因此，拐角后反射相当于斜爆轰波进入了喷管，在喷管壁面发生反射，必然导致与前述马赫反射型斜爆轰波系存在差异。图 5.15 显示了两个典型的温度场，其参数选取分别

为 $M_0 = 7$、$L_d = 120$ 和 $M_0 = 6$、$L_d = 100$。从前一个算例可以看到,斜爆轰波面在壁面上反射并没有形成马赫杆或类似波系结构,反而在拐角后可以观察到一个三角形的高温区,这个区域通过一个相对低温带和原始波面后方的燃烧产物实现过渡。为了验证这种波系的正确性和普遍性,通过改变来流马赫数模拟了第二个算例,仍然可以观察到类似的结构,只不过小了很多。值得注意的是,第二个算例中波面还出现了向起爆区传播的三波点,反映了低来流马赫数下波面容易失稳的现象,相关的机理分析可以参考已发表文献[6]。上述两个算例表明,斜爆轰波与上壁面在拐角后发生作用与拐角前差别很大,会形成转角后高温区等复杂结构,难以直接观察到斜爆轰波在喷管壁面上的反射。其原因在于超声速流动中的外折角会形成膨胀波扇,斜爆轰波与膨胀波扇相互作用导致了解耦,进而演化出了新的波系。

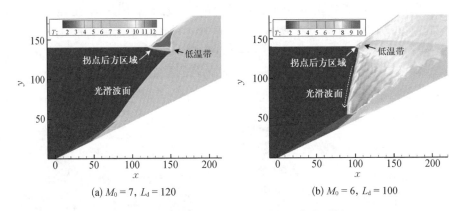

(a) $M_0 = 7$, $L_d = 120$　　　　　(b) $M_0 = 6$, $L_d = 100$

图 5.15　斜爆轰波在上壁面拐角后发生反射

为了更深入地分析拐角后作用衍生波系的结构特征,基于图 5.15(a)所示 $M_0 = 7$、$L_d = 120$ 的斜爆轰波,图 5.16 显示了上壁面附近局部放大的压力场和放热率场。可以看到,这种波系的突出特点是转角后三角形高温区的压力较低,其中的流线形成封闭的回路,说明转角后区域实质上是一个回流区。该回流区具有高温、低压的特征,低压是由膨胀效应导致的,然而从放热率场可以看到该区域并没有放热,因此高温是由回流效应导致的。从放热率场可以看到,放热发生在该回流区的下方。结合压力场可以观察到从拐角处延伸出了一道压缩波,该压缩波一个明显的效应就是使壁面附近的流线向下侧偏转。黑线表示了放热完成的位置,可以看到放热区在与原始波面的连接处向下游延伸,促进了回流区的形成和发展。

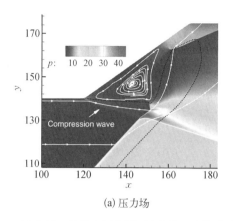
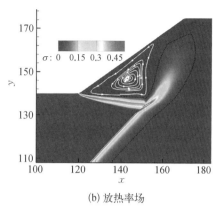

(a) 压力场　　　　　　　　　　　　(b) 放热率场

图 5.16　斜爆轰局部波系（白线：流线；黑线：放热完成 95％位置，$M_0 = 7$，$L_d = 120$）

基于斜爆轰波在上壁面拐角后发生反射的波系，图 5.17 给出了沿两条典型流线的参数分布，其中回流区和波面流线分别对应图 5.16（a）中的从左侧入口起始的两条流线。可以看到沿着回流区流线，气体首先在压缩波作用下温度和压力上升，说明压缩波实质上形成了一个气动楔面。气动楔面后方波后的压力会持续下降，然而在放热作用下，温度形成一个平台。当流线到达回流区下端与原始波面相交处时，压力和温度在爆轰波作用下发生突变，之后压力急剧衰减，而温度仍然得益于放热作用再次形成平台。另外，沿着波面流线的参数变化就简单很多：首先在斜爆轰波面作用下，气体温度和压力发生突变，之后在放热作用下温度继续增加而压力衰减，直到遇到回流区诱导的斜激波导致再次突变。

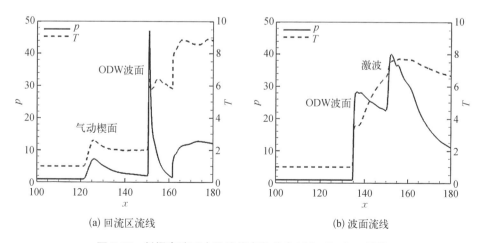

(a) 回流区流线　　　　　　　　　　(b) 波面流线

图 5.17　斜爆轰波系中沿流线参数分布（$M_0 = 7$，$L_d = 120$）

类似拐角前反射的斜爆轰波,沿不同流线的物质经历了不同的热力学过程。考虑到斜爆轰在冲压发动机中的应用,上述流动特征的差异对于推力性能的影响是需要进行系统评估的。

根据上述流动模拟结果,可以归纳出真实流动情况下的两类斜爆轰波系结构。如果斜爆轰波与上壁面在拐角前发生作用,那么会发生马赫反射,形成以马赫杆和亚声速区为特征的波系结构。反之,如果斜爆轰波与上壁面在拐角后发生作用,那么会发生波面解耦,形成以气动楔和回流区为特征的波系结构。根据各自结构特征最重要的部分,分别将两者命名为马赫反射型斜爆轰波系和回流区型斜爆轰波系。这两种波系的具体结构示意图如图5.18所示。对于马赫反射型斜爆轰波系,除了马赫杆和亚声速区,还存在多波点及其衍生的滑移线、二次横波等,在拐角前方存在的复杂流动与燃烧相互作用下,这种结构容易失稳向前传播。对于回流区型斜爆轰波系,波面在扩张管道中的解耦导致壁面反射被削弱,解耦波面促进了回流区和气动楔面的形成。考虑到主要波系位于拐角后方,这种结构比较容易驻定,有利于发动机应用。上述两种波系综合说明,自由空间的斜爆轰波系在受限空间中可能演化为更复杂的情况,面向工程应用的研究需要全面地考虑各种因素的影响。为了聚焦于波系结构的主要特征,本节的研究是高度简化的,如没有考虑黏性边界层及湍流的作用,但是这些效应不会影响本节的主要结论。

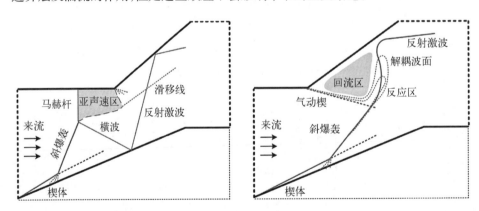

图 5.18　受限空间的两种斜爆轰波系结构示意图

5.3　黏性边界层对波系影响

真实的流体都是有黏性的,然而本书所涉及的大部分斜爆轰研究均采用无黏流动模型。纵观流体力学及其交叉学科的研究,基于无黏流动模型的研究比比皆是,所取得的成果在多个工程领域发展中起到了关键的推动作用。这是因为在实际问题的研究中,流动情况往往比较复杂,对问题进行简化以抓住主要矛盾是必须的。对于斜爆轰主导的流动,通常来流马赫数很高,同时雷诺数高达 10^7 量级,可以认为黏性效应对流动的影响不大。早期研究[7]对黏性效应进行了数值分析,认为采用无黏流动模型不会影响斜爆轰波的结构,因此在后续研究中,通常采用无黏流体模型进行模拟和分析。然而,这种模拟和分析主要是解决定性的问题,适用于机理研究,在给出定量的结果支撑工程应用方面存在不足。在无黏流体中的斜爆轰研究取得明显进展之后,为了推动其在发动机中的应用,需要考虑和评估多种因素的影响,基于黏性流动模型的斜爆轰研究必要性增强。

Fang 等[8]用 Navier – Stokes 方程作为控制方程,利用基元反应模型模拟了理想化学当量比 H_2-空气混合气体中的斜爆轰波系。模拟采用的温度为 300 K,压力为 1 atm,楔面角度为 $\theta = 25°$,来流马赫数 M_0 选取 7 和 10 两种典型条件。图 5.19 展示了高马赫数时无黏和有黏斜爆轰压力与温度场,斜激波向斜爆轰的转变类型为渐变型,起爆位置和波系均没有明显的区别。当来流马赫数降低时,斜爆轰波的起爆区为突变型,基于黏性流动模型的模拟结果显示,斜爆轰的起爆位置和起爆区波系均发生了有显著的变化,如图 5.20 所示。理论上,黏性对斜爆轰波会产生两方面的影响,一方面是黏性造成的耗散,另一方面是黏性诱导的边界层。对比有黏和无黏的结果,可以看到在较高来流马赫数下,上述两者都没有发挥作用,而在较低来流马赫数下,后者发挥了主要作用:起爆位置发生了明显的前移,同时起爆区附近的波系结构发生了明显的变化。而高马赫数时起爆区不存在反射激波,结构基本保持不变是容易理解的。通过有黏、无黏及不同马赫数波系的对比,可以得出结论,黏性耗散对斜爆轰波整体结构基本没有影响,黏

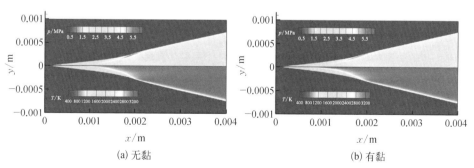

(a) 无黏　　　　　　　　　　　(b) 有黏

图 5.19　斜爆轰波压力与温度场($M_0 = 10$)

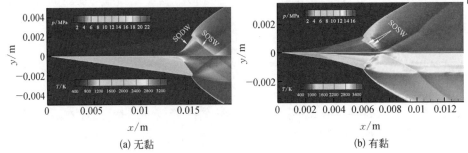

(a) 无黏   (b) 有黏

图 5.20 斜爆轰波压力与温度场($M_0 = 7$)

性效应的影响主要是通过边界层与斜激波相互作用实现的。因此,只有在较低马赫数下,起爆区存在明显的激波与边界层相互作用时,斜爆轰波系结构才会发生明显的改变。

为了对黏性效应进行分析,图 5.21 显示了 $M_0 = 7$ 的斜爆轰波系起爆区附近的局部温度场、流线和流向(沿 x 轴方向)速度场。可以看到在起爆区的壁面附近存在一个高温区,其速度与主流方向相反,且主流的流线不进入该区域。因此,上述特征说明此处存在一个回流区,在回流区边缘可以看到明显的斜激波及其壁面反射。相对于无黏流体中的起爆区结构,图 5.21 显示斜激波面也与无黏流体中不同,其变化在于波面新产生了一个弯曲段,位于起爆形成的三波点上游,可以认为是在回流区影响下形成的。弯曲激波相对于上游的平直段进一步提升了波后温度,在回流区高温扩散等因素共同影响下,导致了起爆位置的前移。图 5.22 显示了起爆后的斜爆轰波温度场随时间的演化,并趋向于稳定状态的过程。可以看到,即使采用了有黏流动模型,斜爆轰波的初始起爆位置也和无

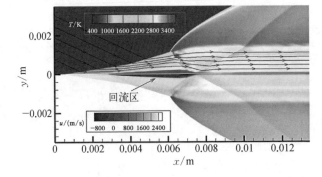

图 5.21 斜爆轰起爆区局部温度与流向速度($M_0 = 7$,有黏)

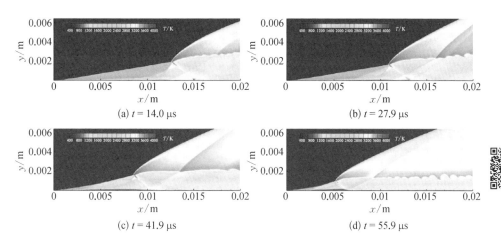

(a) $t = 14.0\ \mu s$

(b) $t = 27.9\ \mu s$

(c) $t = 41.9\ \mu s$

(d) $t = 55.9\ \mu s$

图 5.22 随时间演化的斜爆轰波温度场($M_0 = 7$,有黏)

黏流体中接近。然而,这种斜爆轰波系并不稳定,在斜激波与边界层相互作用的影响下,回流区逐渐增强,引导斜爆轰波持续向上游传播,最后在某个位置达到稳定状态。黏性引起起爆位置上移是容易理解的,这是由于边界层与激波作用形成了回流区,相当于增大了楔面的有效角度,因此会促进起爆。

除了层流边界层,Yu 和 Miao[9]采用 Navier-Stokes 方程作为控制方程,利用 SST $k-\omega$ 模型研究了湍流效应对斜爆轰波的影响。图 5.23 显示了利用基元反应模型模拟的 H_2-空气混合气体中的斜爆轰波系,其中楔面角度固定为 $\theta = 22°$,来流温度为 872 K,压力为 63 kPa,来流马赫数为 2.9,当量比为 0.34,模拟高空经

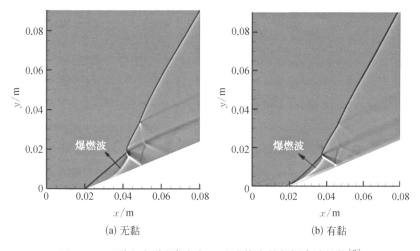

(a) 无黏

(b) 有黏

图 5.23 无黏和有黏(湍流度 3%)流体中的斜爆轰波结构[9]

过压缩的贫燃来流条件。在这两个算例中,可以看到总体上波系结构是比较相似的,均出现斜激波到斜爆轰波的渐变过渡区,位置也比较接近。湍流效应导致起爆区向上游移动,同时斜激波后的爆燃波与斜激波位置更加接近,这些波系变化规律与本节前面的结果是一致的。与前面结果不一致的地方在于,虽然无黏流场也出现了起爆区的斜激波,但是并没有观察到明显的激波与边界层相互作用导致的分离。其中的原因可能是与来流条件有关,也可能与网格密度有关,或者两者的共同作用。为实现对激波边界层相互作用的模拟,需要在边界层内进行网格加密,然而要达到网格无关对计算资源要求很高。此算例模拟的来流温度高而压力低,再加上当量比低,换算出无量纲的释热量是一个相当小的值,这就导致斜激波比较弱,其与边界层相互作用也相应地减弱。

　　图 5.24 显示了湍流度对斜爆轰流场壁面压力的影响。湍流度表征了来流中的脉动速度和平均速度的比值,总体而言,湍流度越大,耗散效应越强。可以看到随着湍流度的增加,壁面附近的最高压力逐渐减小,特别是从 3% ~ 5%,存在一个突跃式的变化,同时其位置逐渐向上游移动。图 5.24 中 $x = 0.02$ m 附近的台阶是斜激波导致的,其相对于无黏流体中的斜爆轰已经体现出了一些耗散的特征。其后的压力即诱导区压力,随湍流度发生变化,总体趋势是湍流度越大、压力增长越明显。压力增长的原因在于湍流导致了释热提前发生,诱导区与放热区的界限变得模糊,并削弱了下游的压力峰值。

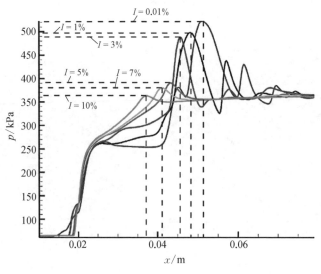

图 5.24　斜爆轰流场壁面压力随着湍流度的变化[9]

进一步的研究考虑了上下两个壁面的影响。图 5.25 给出了发动机流道中黏性边界层与斜爆轰波相互作用的温度流场。该结果针对高空飞行条件（$M_0 = 10$，$H_0 = 35\,\mathrm{km}$），环境气体相对飞行器高速运动，经过总偏转角度 20° 的两道等强斜激波压缩，计算得到进气道出口气流温度为 691 K，压力为 21.5 kPa，马赫数为 4.68。为了获取燃烧室入口气流边界层的分布状态，将平板放置于上述参数状态下的 H_2-空气匀混可燃气体中，选取不同的平板位置的横截面即可获得燃烧室入口气流状态，图 5.25 的燃烧室

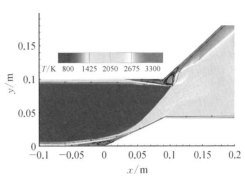

图 5.25　发动机流道内边界层对斜爆轰波的影响

入口气流速度边界层厚度约为 8 mm。由于边界层的存在，可以看到壁面附近的燃料已经发生了部分自燃，这导致高温区比速度边界层厚很多。下拐角和上拐角的前部各自形成了一个回流区，回流区对主流产生了一定的阻塞作用，导致爆轰波的整体位置更加靠近上游。

发动机流道内边界层与斜爆轰波在上下壁面均可发生相互作用，但两者的特点差别较大。起爆区附近激波与边界层的相互作用如图 5.26 所示，上壁面边界层与斜爆轰波的相互干扰如图 5.27 所示。对前一种情况，下壁面的边界层会在拐角区形成一个回流区，其会产生两个影响：一是促使楔面上的斜爆轰波起爆位置向前移动，但斜爆轰波起爆位置仍处于斜劈上方，以往相关的研究多属于此类；二是回流区过大，诱导斜激波很强，直接导致斜爆轰波的起爆。对后一种情况，在上壁面边界层的影响下，即使上壁面拐点位于斜爆轰波的前方，仍然会产

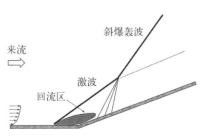

图 5.26　起爆区附近激波与边界层相互作用示意图

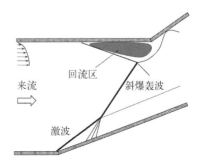

图 5.27　下游斜爆轰波与边界层相互作用示意图

生比较大的回流区,且回流区位于拐点的上游。当斜爆轰波与壁面直接作用时,上壁面边界层诱导的回流区会更大,甚至导致爆轰波向上游移动,无法实现爆轰波诱导的稳定燃烧。

最后需要指出的是,基于黏性流体模型得到的结果,并不能否定以前无黏流体模型在斜爆轰研究中的重要作用和价值。对于复杂的流动现象,采用无黏假设开展研究,获得基本流动规律,进而考虑黏性效应的影响,早已成为不少流体力学方向的研究范式。这种范式近年来受到了一些挑战,特别是随着 CFD 计算的发展,利用商业软件求解 Navier-Stokes 方程成为许多初学者常用的方法。由于过多的因素耦合在一起,对于复杂的数值模拟结果进行分析并不容易,许多基础问题难以进行深入的探讨。在数值求解方法出现之前,力学或者工程科学研究对复杂的实际问题分析、建模、求解,无不建立在扎实的数学基础和深入的物理洞察力之上。只有结合传统方法和现代方法的优点,面对复杂的问题才能层层深入、持续取得进展。在未来的斜爆轰研究中,基于黏性流体的模拟会越来越多,而无黏流体中斜爆轰的研究成果为此提供了基础。

5.4　反射波系的稳定性和调控

前面三节讨论了受限空间斜爆轰波系演化的几种重要情况,其中,波面反射及其诱导的波系演化是进一步推动工程应用需要重点关注的问题。如果说楔面长度和黏性边界层的影响在许多情况下并不重要或者可以回避,那么波面反射是无法回避的普遍性问题。反射波系对斜爆轰推进的应用影响包括两方面。一方面波系结构影响燃烧状态,进而影响发动机推进性能,另一方面波系结构的稳定性发生变化,导致驻定边界改变,进而影响发动机可用范围。关于波系结构对发动机性能的影响比较难以量化,总体而言无论是马赫反射的发生还是回流区的形成,都会导致爆轰燃烧偏离理想状态,削弱爆轰发动机的性能。然而,更为关键的是反射波系的稳定性,直接关系到发动机工作的来流范围或者覆盖的飞行马赫数,因此对反射波系的稳定性开展深入的研究很有必要。

基于 5.2 节所述的模拟方法,并保持大部分参数不变(除非特殊说明),本节主要关注波系稳定性的问题。图 5.28 显示了当 $M_0 = 6.5$、$L_t = 5$ 时,马赫反射型斜爆轰波系的温度场。为了方便对此问题进行分析,我们重新定义了关键长度量 L_t,其代表拐角的流向位置 L_d 与自由空间的波面在上壁面反射位置之差。在

$M_0 = 6.5$、$M_0 = 7.0$ 和 $M_0 = 7.5$ 的情况下,自由空间的波面反射位置分别为 145、155、164,因此本算例中的 $L_t = 5$ 对应 $L_d = 150$。可以看到,在这种情况下波系反射形成的马赫杆并不会停留在某个位置,而是不断地向上游传播,马赫杆逐渐湮没原始斜爆轰波面。数值模拟结果表明,经过足够长的时间,波面将抵达计算域左侧边界,形成正爆轰并传出计算域。这说明在给定的参数下,虽然初始波系结构与 5.2 节给出的结构类似,但是斜爆轰波不能够驻定,与前者的稳定性存在本质的区别。

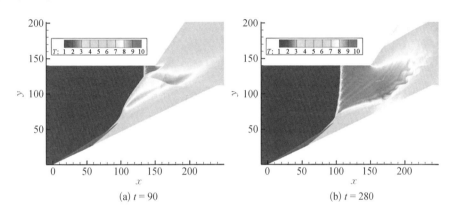

(a) $t = 90$　　　　　　　　　　(b) $t = 280$

图 5.28　马赫反射型斜爆轰波系的温度场($M_0 = 6.5$, $L_t = 5$)

为了研究来流马赫数的影响,图 5.29 显示了 $M_0 = 7.0$ 和 $M_0 = 7.5$ 情况下的两种波系结构。对于 $M_0 = 7.0$ 的情况,仍然保持 $L_t = 5$(对应 $L_d = 160$),可以看到形成了驻定的斜爆轰波系。需要说明的是,图 5.29 中显示的结果已经经过足够长时间的迭代,确保收敛到稳定状态。对于 $M_0 = 7.5$ 的情况,在 $L_t = 5$ 的情况下斜爆轰波系也是驻定的。为了探究稳定性边界的变化,保持 $M_0 = 7.5$ 不变,将 L_t 增加到 15,仍然得到类似的驻定斜爆轰波系结构。上述结果综合说明,L_t 的增加会导致斜爆轰波失稳向上游传播,但是在较高马赫数下,较大的 L_t 也能够实现爆轰波的驻定。为了在 $M_0 = 7.0$ 和 $M_0 = 7.5$ 条件下获取非稳态爆轰波系,类似图 5.28 展示的 $M_0 = 6.5$ 的波系,进一步增大 L_t 进行模拟,结果如图 5.30 所示。当 $M_0 = 7.0$,$L_t = 10$ 时,斜爆轰波系首先经历了一个缓慢的向上游移动过程(从 $t = 90 \sim t = 1\ 160$),随后迅速失稳湮没起爆区,形成正爆轰波向左边界传播。类似的过程在 $M_0 = 7.5$ 算例下也可以观察到,不过 L_t 需要增加到 25,数值实验表明 $L_t = 23$ 时斜爆轰波仍然是稳定的。

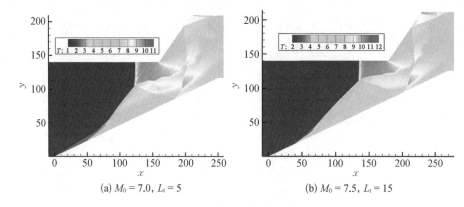

(a) $M_0 = 7.0$, $L_t = 5$ (b) $M_0 = 7.5$, $L_t = 15$

图 5.29　马赫反射型斜爆轰波系的温度场

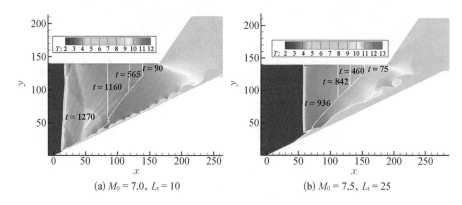

(a) $M_0 = 7.0$, $L_t = 10$ (b) $M_0 = 7.5$, $L_t = 25$

图 5.30　马赫反射型斜爆轰波系的温度场

白线代表不同时刻的波面位置

　　由于斜爆轰波在上壁面发生反射后,马赫杆会向上游传播而不是停留在反射点,为了开展量化分析,需要定义一个参数,以表征马赫杆平衡位置。借鉴 L_t 的定义方法,我们选取拐角的位置为零点,L_m 定义为马赫杆达到平衡状态位置与拐角的距离,并将波系失稳情况下的 L_m 定义为无穷大。基于上述三个马赫数和不同 L_t 的模拟结果,可以画出 L_m 随 L_t 的变化,如图 5.31 所示。在此图中,我们将 L_t 为 0 的情况称为稳定(stable)斜爆轰波,将 L_t 为 ∞ 的情况称为不稳定(unstable)斜爆轰波,两者之间的情况称为临界(critical)斜爆轰波。临界斜爆轰波能够驻定,但是结构和不稳定斜爆轰波初始结构类似[5]。可以看到当 $M_0 =$ 6.5 时不存在临界斜爆轰波,当 $M_0 = 7.0$ 时临界斜爆轰波的上限为 $L_t = 8$,而当 $M_0 = 7.5$ 时临界斜爆轰波的上限为 $L_t = 23$。上述结果说明,马赫数越高则临界斜爆轰波的上限越大,反射型的斜爆轰波系越容易形成驻定结构。如果将斜爆轰波系在上壁面的马赫反射看作上壁面的扰动,那么可以认为扰动导致了结构的失稳,马赫数越高则波系对扰动的抵抗能力越强。

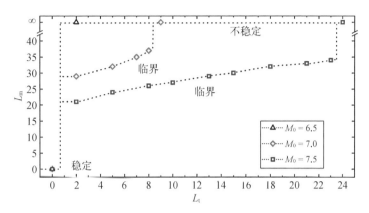

图 5.31　来流马赫数 $M_0 = 6.5 \sim 7.5$ 时,L_m 随 L_t 的变化

在斜爆轰波系稳定性变化规律基础上,进一步的研究需要对动态演化过程进行分析,以阐明不稳定波系形成条件和发展机制。基于 $M_0 = 6.5$、$M_0 = 7.0$ 和 $M_0 = 7.5$ 三个马赫数,我们针对表征拐角位置的 L_t 和拐角大小的 θ_d 开展了参数化研究。基于大量数值结果的分析,发现不稳定波系的演化过程有两种,其共同的特点是马赫杆后的亚声速区经过发展形成了热壅塞,导致马赫杆-斜爆轰波面不断地向上游传播。热壅塞形成的两种过程分别如图 5.32 和图 5.33 所示,其中

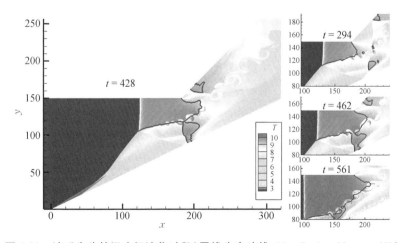

图 5.32　波系失稳的温度场演化过程(黑线为声速线,$M_0 = 7$,$L_t = 20$,$\theta_d = 45°$)

大图显示了热壅塞形成时刻的流场,同时以小图显示了不同时刻的发展过程。在第一种过程中,二次激波在下壁面反射形成了一个低位亚声速区,反射激波进一步在拐角后的上壁面反射形成了一个高位亚声速区,如图5.32所示。在波系形成后,马赫杆会缓慢地向前运动,在这个过程中低位亚声速区与马赫杆后的主亚声速区合并,导致在整个流道上形成了亚声速区、诱导了热壅塞。在第二种过程中可以看到,二次激波由于两次反射同样形成了高位和低位两个亚声速区,并与主亚声速区发生作用,如图5.33所示。然而,在较小的θ_d作用下,拐角后上壁面附近的高位亚声速区起主导作用,向上游运动快,率先实现了与主亚声速区的合并,导致在整个流道上形成了亚声速区、诱导了热壅塞[10]。

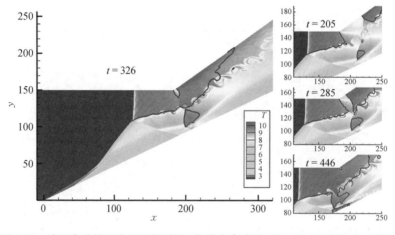

图 5.33 波系失稳的温度场演化过程(黑线为声速线,$M_0 = 7$,$L_t = 20$,$\theta_d = 35°$)

基于上述对波系演化过程的分析,可以发现非稳态爆轰波的形成源于反射型斜爆轰波系在流道中发生了热壅塞。根据热壅塞形成过程不同,存在两种失稳类型,分别是由低位的二次斜激波反射形成的亚声速区主导,或者由拐角后上壁面附近的亚声速区主导。为了讨论方便,将第一种失稳命名为失稳1,将第二种命名为失稳2。图5.34给出了$M_0 = 6.5$和$M_0 = 7.5$时,斜爆轰失稳类型与转角位置/大小的关系。可以看到在马赫数较低时,很小的L_t也会导致失稳,而且类型都是失稳1型;当马赫数较高时,L_t在增加到一定程度后才会导致失稳,而且当θ_d比较大时出现失稳1型、比较小时出现失稳2型。总体而言,失稳2型是比较难以形成的,这是因为高位亚声速区位于主亚声速区的下游,需要能够快速地向上游发展才能诱导热壅塞和失稳,因此仅仅出现在高M_0和低θ_d的情况下。然而,需要注意的是,热壅塞形成虽然依赖次要亚声速区的发展,主亚声速区的形成和存在才是其根本原因。带有拐角的上壁面与平直的下壁面形成了喉道,其上游的马赫反射在喉道前方形成了亚声速区,是影响斜爆轰波系驻定和发动机稳定工作的关键因素,也是后续工程研究的重点方向之一。

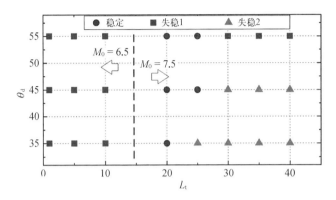

图 5.34 $M_0 = 6.5$ 和 $M_0 = 7.5$ 时斜爆轰失稳类型与转角位置/大小的关系

作为两种主要的非理想波系之一,回流区型斜爆轰波系的稳定性也是一个值得关注的问题。相对于马赫反射型的斜爆轰波系,转角膨胀导致斜爆轰波解耦,改变了波后参数,但对波系不稳定性影响较小,即不易形成上传的非驻定波系。然而,数值模拟结果也发现在较低马赫数 $M_0 = 6$ 时,L_t 过大或者过小可能引发不稳定性,如图 5.35 所示。由于这种情况下 L_t 均为负值,因此图中给出的是其绝对值。可以看到当 L_t 适中时,即图 5.35(b) 和 (c) 的情况,可以形成驻定的波系,并呈现出典型的回流区型斜爆轰波系结构特征。同时,这两种情况下 L_t 的变化并没有引起回流区大小的明显变化,说明拐角对波面位置存在吸附效应。在这种效应作用下,回流区和斜爆轰波面始终存在比较强的耦合,导致 L_t 过大或过小均会导致波系失稳前传,如图 5.35(a) 和 (d) 所示。可以观察到此时回流区内存在较强的非定常效应,目前对此类流动的规律还缺乏深入的研究,其失稳机制仍有待于进一步分析。这种 L_t 过大或过小导致的失稳,仅在较低来流马赫数下出现,图中 $M_0 = 6$,在较高 M_0 的算例中没有被观察到。此外,在没有考虑边界层的情况下,目前的结果可能高估了波系结构的稳定性,工程研究中需要将多种因素耦合考虑。

本节已经研究了多种情况下的斜爆轰波系稳定性,重点考虑了马赫反射型斜爆轰波系。这种波系是一种重要而复杂的波系,容易发生失稳,因此对其稳定性进行调控也是将来工程研制中需要考虑的。在本章 5.1 节最后一部分曾经介绍了一个在无限长楔面条件下不驻定的斜爆轰波,利用有限长楔面改变其稳定

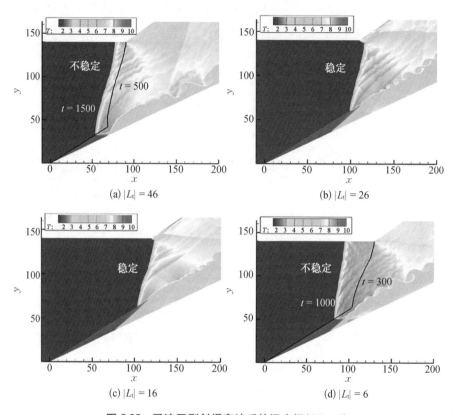

图 5.35　回流区型斜爆轰波系的温度场($M_0 = 6$)

性、实现驻定的算例。借鉴这种思路,是否能够通过调节楔面(下壁面)长度,即拐角位置,影响斜爆轰波的不稳定性,成为值得探讨的问题。

图 5.36 显示了一个同时考虑上、下壁面拐角的算例,获得了驻定的斜爆轰波系。这是一个典型的马赫反射型斜爆轰波系,而且经过长时间计算迭代完全收敛,仍然能够驻定并不向上游传播[11]。为了引入下壁面拐角的影响,定义下壁面拐角沿流向的位置为 L_c,上述算例在模拟中选取了 $M_0 = 7.0$、$L_t = 15$、$L_c = 180$ 的参数组合。根据前面图 5.31 的研究结果,当不考虑下壁面拐角时,$M_0 = 7.0$ 时形成驻定结构(或临界结构)对应的最大 L_t 为 8,因而此算例若不考虑下壁面偏转,则应该得到不稳定的斜爆轰波。由于前面已经介绍过相似的算例,此处不再进行流场展示。然而,图 5.36 的结果显示,在引入下壁面拐角之后,二次斜激波反射发生在拐角处略微偏下游的壁面上。由于拐角带来的稀疏波影响了局部流场,此处并没有产生亚声速区。根据前面分析结果,二次激波反射及其诱导

的亚声速区是导致波系失稳的直接原因,因此获得的斜爆轰波系不会失稳。因此,下壁面拐角如果出现在合适的位置,那么能够通过稀疏波影响波后流场,抑制热壅塞,进而改变波系的不稳定性。

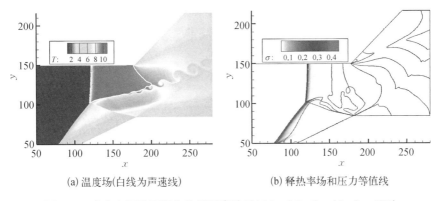

(a) 温度场(白线为声速线)　　　　　(b) 释热率场和压力等值线

图 5.36　考虑上下壁面拐角的斜爆轰波系($M_0 = 7.0$, $L_t = 15$, $L_c = 180$)

为了改变斜爆轰波系的驻定特性,需要进一步探讨下壁面拐角的位置及角度的影响。下壁面拐角的位置已经定义了 L_c 来表征,图 5.37 显示了 L_c 对亚声速区长度 L_{sub} 的影响。亚声速区长度即从拐角到马赫杆的距离,如果马赫杆持续地向上游传播,那么 L_{sub} 趋向于 ∞。可以看到,图 5.36 展示的流场已经接近斜爆轰波系能够驻定的边界,如果继续增大 L_c 到 185,那么斜爆轰波不能驻定。图 5.37 展示了下壁面拐角位置对斜爆轰波系亚声速区长度的影响,可以看到稳定和不稳定波系存在一个突跃边界。在边界左侧,亚声速区长度不受影响;在边界右侧,亚声速区长度趋向于无穷。需要说明的是,在 $L_c = 185$ 和 $L_c = 190$ 两种

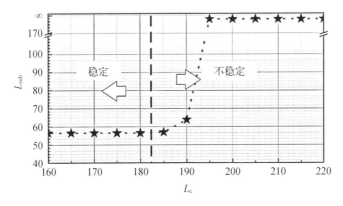

图 5.37　下壁面拐角位置 L_c 对亚声速区长度 L_{sub} 的影响

情况下,波系经过长时间迭代都不能驻定,但是波系的上传非常缓慢,所以展示了其两个中间值。

进一步的研究探讨了下壁面拐角位置和大小的综合影响。图 5.38 显示了对 $L_c = 180$ 时驻定波系结构采用变化楔面角度的方式进行扰动的结果。可以看到,对于 $\theta_c = 25°$ 时稳定的结构,继续增大下壁面拐角,不会影响波系的稳定性。然而,如果将 θ_c 减小到 5°,就可以观察到波系结构的上传和热壅塞的形成,如图 5.38(b)所示。这说明不仅下壁面拐角的位置,下壁面拐角的大小对于反射型波系的稳定性也会产生影响。图 5.39 显示了 $L_c = 185$、$\theta_c = 55°$ 时不驻定的波系结构演化,将 θ_c 增大到 55° 的流场。此时,斜爆轰波系仍然难以驻定,而是持续地向上游传播,亚声速区的合并过程通过不同时刻流场的声速线显示了出来。上述两个算例说明,要想利用下壁面拐角调节斜爆轰波的稳定性,需要拐角位置和

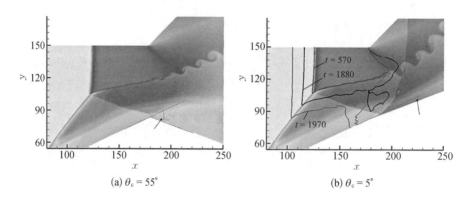

(a) $\theta_c = 55°$ (b) $\theta_c = 5°$

图 5.38　考虑上下壁面拐角的斜爆轰波系($M_0 = 7.0$, $L_t = 15$, $L_c = 180$)

(b)中的三条线分别代表不同时刻的声速线

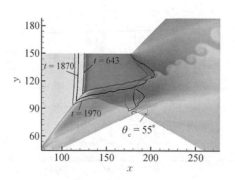

图 5.39　同时考虑上下壁面拐角的斜爆轰波系($M_0 = 7.0$, $L_t = 15$, $L_c = 185$, $\theta_c = 55°$)

图中的三条线分别代表不同时刻的声速线

大小同时满足要求。位置需要足够靠近上游,角度需要足够大,以避免亚声速区的形成进而导致热壅塞。

本节的一些讨论主要关注下壁面对稳定性的影响,实际上如果上壁面拐角位置和角度能够调节,那么对于斜爆轰波系稳定性的改变也有同样的促进作用。5.2 节已经对此进行了许多的探讨,只是没有与下壁面拐角的变化联合起来分析。由于在大多数情况下上下壁面的干扰区互相不影响,因此这个问题可以分开研究。可以推测的是,上壁面的位置和角度决定了主亚声速区的大小,因此会对波系稳定性产生非常重要的影响。对上下壁面同时调节涉及众多参数,本章的研究仅限于一些定性和半定量的结果,并非直接面向工程设计的。更系统的量化分析,需要结合目标发动机的设计参数,以及考虑多种设计约束综合开展。

参考文献

[1] Papalexandris M V. A numerical study of wedge-induced detonations[J]. Combustion and Flame, 2000, 120(4): 526 – 538.

[2] Fang Y, Hu Z, Teng H. Numerical investigation of oblique detonations induced by a finite wedge in a stoichiometric hydrogen-air mixture[J]. Fuel, 2018, 234: 502 – 507.

[3] Teng H, Ng H D, Jiang Z. Initiation characteristics of wedge-induced oblique detonation waves in a stoichiometric hydrogen-air mixture[J]. Proceedings of the Combustion Institute, 2017, 36(2): 2735 – 2742.

[4] Yao K, Wang C, Jiang Z. A numerical study of oblique detonation re-stabilization by expansion waves[J]. Aerospace Science and Technology, 2022, 122: 107409.

[5] Wang K, Zhang Z, Yang P, et al. Numerical study on reflection of an oblique detonation wave on an outward turning wall[J]. Physics of Fluids, 2020, 32(4): 046101.

[6] Wang K, Teng H, Yang P, et al. Numerical investigation of flow structures resulting from the interaction between an oblique detonation wave and an upper expansion corner[J]. Journal of Fluid Mechanics, 2020, 903: A28.

[7] Li C, Kailasanath K, Oran E S. Effects of boundary layers on oblique-detonation structures [C]. 31st Aerospace Sciences Meeting, Reno, 1993.

[8] Fang Y, Zhang Z, Hu Z. Effects of boundary layer on wedge-induced oblique detonation structures in hydrogen-air mixtures[J]. International Journal of Hydrogen Energy, 2019, 44 (41): 23429 – 23435.

[9] Yu M, Miao S. Initiation characteristics of wedge-induced oblique detonation waves in turbulence flows[J]. Acta Astronautica, 2018, 147: 195 – 204.

[10] Wang K, Yang P, Teng H. Steadiness of wave complex induced by oblique detonation wave reflection before an expansion corner [J]. Aerospace Science and Technology, 2021, 112: 106592.

[11] Wang A, Shang J, Wang Q, et al. Effects of cowl-induced expansion on the wave complex induced by oblique detonation wave reflection[J]. Processes, 2021, 9(7): 1215.

第 6 章

理论与数值研究方法

本章介绍斜爆轰波的理论和数值研究方法。斜爆轰波及其诱导的流动,具有高温、高压、高速的特点,给理论和数值研究带来了困难。对斜爆轰现象的理论研究方法较少,极曲线分析是使用最广泛的一种,因此 6.1 节介绍这种方法。最近几十年,借助快速发展的数值模拟技术,斜爆轰研究得到了快速发展。可以看到本书之前的章节中,许多结果都是基于数值模拟得到的。这些结果深化了对流动现象的认识,与少量验证性实验一起,为机理研究提供了基础。5.2 节~5.4 节对数值模拟方法进行介绍,包括数值格式、化学反应模型,以及斜爆轰这种特定问题模拟中需要注意的问题。

6.1   极曲线分析方法及讨论

极曲线分析是斜激波中一种常见的理论研究方法,能够给出斜激波前后状态、楔面角、激波角之间的关系[1]。对于斜爆轰波,可以类比斜激波进行分析,在已知波前参数和楔面角 θ 的情况下,获得波后参数及斜爆轰波角 β 的值。这种方法本质上是建立在质量、动量、能量守恒关系基础上的,因此只能处理波前和波后两个状态,无法考虑有限速率的化学反应,而是将斜爆轰波面处理为一个含瞬时能量添加的间断面,如图 6.1 所示。

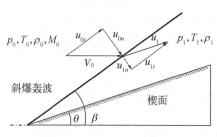

图 6.1   理想斜爆轰波示意图

通常波前和波后气体的比热比是不同的,放热量也取决于波后状态需要迭代求解,在目前的理论研究中先假定这两者都是已知的定值。根据质量、动量和

能量守恒关系,可以推导出斜爆轰波的基本守恒关系:

$$\dot{m} = \rho_0 u_{0n} = \rho_1 u_{1n} \tag{6.1.1}$$

$$p_0 + \rho_0 u_{0n}^2 = p_1 + \rho_1 u_{1n}^2 \tag{6.1.2}$$

$$\frac{\gamma}{\gamma - 1}\frac{p_0}{\rho_0} + \tilde{q} + \frac{1}{2}u_{0n}^2 = \frac{\gamma}{\gamma - 1}\frac{p_1}{\rho_1} + \frac{1}{2}u_{1n}^2 \tag{6.1.3}$$

式中,角度与法向/切向速度关系为

$$\tan\beta = \frac{u_{0n}}{u_{0t}}, \quad \tan(\beta - \theta) = \frac{u_{1n}}{u_{1t}} \tag{6.1.4}$$

这里 p、u、ρ、γ、β、θ 表示压力、速度、密度、比热比、斜爆轰波角和楔面角度。下表 0 和 1 表示爆轰波前后。类似斜激波关系,经过斜爆轰波切向速度保持不变,因此

$$u_{0t} = u_{1t} \tag{6.1.5}$$

从式(6.1.4)与式(6.1.5)的速度和角度关系可以导出:

$$\frac{u_{0n}}{u_{1n}} = \frac{\tan\beta}{\tan(\beta - \theta)} \tag{6.1.6}$$

由式(6.1.1)和式(6.1.6)得到

$$\frac{\rho_1}{\rho_0} = \frac{u_{0n}}{u_{1n}} = \frac{\tan\beta}{\tan(\beta - \theta)} \tag{6.1.7}$$

综合式(6.1.1)和式(6.1.3)得到

$$\frac{\gamma}{\gamma - 1}\left(\frac{p_1}{\rho_1} - \frac{p_0}{\rho_0}\right) - \tilde{q} = \frac{1}{2}\left(u_{0n}^2 - u_{1n}^2\right) = \frac{1}{2}\left(\frac{\dot{m}^2}{\rho_0^2} - \frac{\dot{m}^2}{\rho_1^2}\right) = \frac{1}{2}\dot{m}^2\left(\frac{1}{\rho_0} - \frac{1}{\rho_1}\right)\left(\frac{1}{\rho_0} + \frac{1}{\rho_1}\right) \tag{6.1.8}$$

另外,由式(6.1.1)和式(6.1.2)得到

$$p_1 - p_0 = \rho_0 u_{0n}^2 - \rho_1 u_{1n}^2 = \frac{\rho_0^2 u_{0n}^2}{\rho_0} - \frac{\rho_1^2 u_{1n}^2}{\rho_1} = \dot{m}^2\left(\frac{1}{\rho_0} - \frac{1}{\rho_1}\right) \tag{6.1.9}$$

结合式(6.1.8)和式(6.1.9)可以导出:

$$\frac{\gamma}{\gamma - 1}\left(\frac{p_1}{\rho_1} - \frac{p_0}{\rho_0}\right) - \tilde{q} = \frac{1}{2}(p_1 - p_0)\left(\frac{1}{\rho_0} + \frac{1}{\rho_1}\right) \tag{6.1.10}$$

对式(6.1.10)进行变换：

$$\frac{p_1}{p_0} = \frac{2\dfrac{\tilde{q}}{p_0/\rho_0}}{\dfrac{\gamma + 1}{\gamma - 1}\dfrac{\rho_0}{\rho_1} - 1} + \frac{\dfrac{\gamma + 1}{\gamma - 1}\dfrac{\rho_1}{\rho_0} - 1}{\dfrac{\gamma + 1}{\gamma - 1} - \dfrac{\rho_1}{\rho_0}} \tag{6.1.11}$$

对放热量进行无量纲处理：

$$\frac{\tilde{q}}{p_0/\rho_0} = \frac{\gamma \tilde{q}}{\gamma R T_0} = \gamma Q \tag{6.1.12}$$

代入式(6.1.11)，得到

$$\frac{p_1}{p_0} = \frac{2\gamma Q}{\dfrac{\gamma + 1}{\gamma - 1}\dfrac{\rho_0}{\rho_1} - 1} + \frac{\dfrac{\gamma + 1}{\gamma - 1}\dfrac{\rho_1}{\rho_0} - 1}{\dfrac{\gamma + 1}{\gamma - 1} - \dfrac{\rho_1}{\rho_0}} \tag{6.1.13}$$

对式(6.1.9)两边分别除以波前压力 p_0，得到

$$\frac{p_1}{p_0} = 1 + \left(1 - \frac{\rho_0}{\rho_1}\right) \cdot \frac{\rho_0}{p_0} \cdot u_{0n}^2 = 1 + \left(1 - \frac{\rho_0}{\rho_1}\right) \cdot \frac{\gamma}{\gamma R T_0} \cdot V_0^2 \sin^2\beta$$

$$= 1 + \left(1 - \frac{\rho_0}{\rho_1}\right) \gamma M_0^2 \sin^2\beta \tag{6.1.14}$$

联立式(6.1.13)和式(6.1.14)求解，可以得到

$$\frac{\rho_1}{\rho_0} = \frac{\tan\beta}{\tan(\beta - \theta)} = \frac{(\gamma + 1) M_0^2 \sin^2\beta}{\gamma M_0^2 \sin^2\beta + 1 \pm\sqrt{(M_0^2 \sin^2\beta - 1)^2 - 2(\gamma^2 - 1) M_0^2 \sin^2\beta \cdot Q}} \tag{6.1.15}$$

上述公式给出了楔面角度 θ、斜爆轰波角度 β 和来流马赫数 M_0 的关系，在知道来流比热比和放热量的情况下，可以利用式(6.1.15)得到三者的定量关系。在通常情况下，斜爆轰波角度是未知的，利用上述方程可以求解该未知量。类似

斜激波的计算,在获得斜爆轰波角度之后,其余的物理量可以通过守恒关系进一步计算得到,如密度比和压力比可以通过式(6.1.11)和式(6.1.13)分别求得。式(6.1.15)给出的斜爆轰波基本关系式具有普适性。可以兼容激波关系式,是包含热释放的广义激波关系式。如果将放热量设为 0,那么式(6.1.15)退化为经典的斜激波关系式[1,2]。这是因为推导该方程时,仅仅用到了质量、动量、能量守恒和速度几何关系,没有引入别的假设。更进一步,如果化学反应放热量是负的,如高超声速流动中的强激波后,气体离解、电离导致波后化学反应是吸热的,那么这个基本关系式仍然成立。

以横轴表示楔面角度或者气流偏转角,以纵轴表示斜爆轰波角,将式(6.1.15)所有的解画成一条曲线,就是斜爆轰波的极曲线。典型的斜爆轰波极曲线,以及其与斜激波极曲线的对比,如图 6.2 所示。如果以纵轴显示压力、密度或温度,也会得到类似的曲线,这种曲线为斜爆轰波/斜激波参数关系的分析提供了一种理论方法。

对比斜爆轰波和斜激波两条曲线,可以看到它们既有明显的差别,又存在着一定的联系。斜激波极曲线分为上

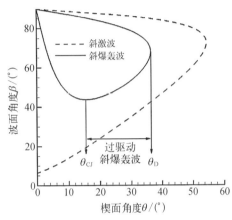

图 6.2　斜激波与斜爆轰波极线对比,
$M_0 = 9$, $\gamma = 1.2$, $Q = 50$(斜爆轰波) 或 0(斜激波)

下两个分支,分别称为强斜激波和弱斜激波;与此对应,斜爆轰波极曲线分为三个分支,除了相应的强斜爆轰波(上面分支)和弱斜爆轰波(下面分支)外,左侧还存在一个分支(通常认为是没有物理意义的)。对于曲线各分支的物理意义,本书 3.4 节曾经进行过详细的介绍,在此不再重复。需要指出的是,强斜爆轰波出现的情况较少,在绝大部分情况下都是弱斜爆轰波,这与斜激波的强弱解出现规律是相同的。此外,在给定的楔面角度下,如果同时存在斜激波和斜爆轰波的弱解,那么后者的角度大于前者。这种现象从气体动力学角度是容易理解的:燃烧放热会导致波后压力、温度及声速的增大,为了形成驻定波系,斜爆轰波必须有更大的角度,以对来流气体实现压缩程度的增加。

燃烧放热对斜爆轰角度产生很大的影响,一方面导致相对斜激波角度的增加,另一方面导致脱体角度的减小。在斜爆轰推进应用中,为了确保燃烧过程的可控性,通常希望爆轰波能够附体而不是脱体。因此,脱体角度对于斜爆

轰发动机的设计是个非常重要的基础参数。斜爆轰波分支的最低点,也就是与第三分支的交叉点,是另一个重要的角度量。在斜爆轰波分支上,斜爆轰波后的气流是超声速的,但是其法向速度对应的马赫数是亚声速的。随着楔面角度的减小,波后马赫数逐渐增加,达到这个特定角度后,波后气流法向速度对应的马赫数为1。此时,对应的波后气流法向速度是声速,导致出现与CJ爆轰波相同的热力学状态,因此该角度也称为CJ斜爆轰波角[3,4]。脱体角和CJ斜爆轰波角共同组成了一个由马赫数和放热量决定的区域,只有在这个区域内,才能形成过驱动的驻定斜爆轰波。通常也把这个区域称为斜爆轰波的驻定窗口,实际上对应斜爆轰波极线上的弱解分支,其边界是由式(6.1.15)决定的。由于涉及的三个变量,即放热量、马赫数和比热比,因此有必要对它们的影响进行分析。

比热比 γ 是等压比热和等容比热的比值。这是一个比较复杂的参数,因为在爆轰波中,通常来流的比热比与爆轰波后方气体的比热比是不同的,且随着反应进行进程的变化而改变。在简化分析中,通常认为比热比是常数,气相爆轰领域习惯于取1.2。放热量和来流马赫数是影响斜爆轰波极曲线的关键参数,在前几章的模拟中,也多处被用来研究不同条件下的斜爆轰波系结构特征。图6.3显示了改变这两个变量时,斜爆轰波极曲线的变化。当马赫数增大时,相同楔面角度对应的斜爆轰波角减小,极曲线向外扩张,导致驻定窗口增大;当放热量减小时,同样导致相同楔面角度对应的斜爆轰波角减小,极曲线向外扩张,以及驻定窗口增大。因此,从获得稳定波系的角度,需要增加来流马赫数或减小放热量。

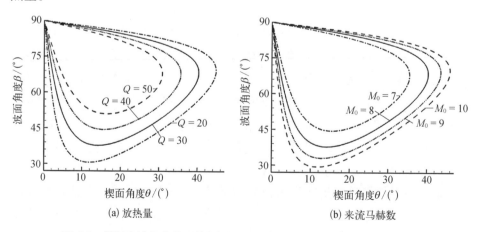

图 6.3　斜爆轰波极曲线(默认参数 $M_0=8$, $Q=30$, $\gamma=1.2$)的变化趋势

上述极曲线分析结果是比较理想的定性结果,假设比热比保持不变,通过单变量分析得到。在实际流动中,爆轰波的放热量和比热比会随着热力学状态参数的变化而改变,依赖于一些宏观的参数,如来流温度、当量比等。对这些实际的斜爆轰波,极曲线分析方法也是适用的,不过其过程比较复杂。由于放热量不是显式给出的,需要基于基元反应模型,通过迭代计算获得波后的热力学状态参数,确定比热比和放热量。

图 6.4 与图 6.5 分别给出了来流温度和当量比对爆轰波极曲线的影响,这里只给出理论上具有物理意义的解。来流速度和压力的选取参考马赫数为 10 和飞行高度为 30 km 的状态,经过两道等强斜激波压缩,总气流偏转角度为 24°。因此,楔面前的气流速度约为 2 800 m/s,压力约为 50 kPa,默认当量比为 1.0 的氢气/空气预混气体。图 6.4 中气流的温度从 300 K 增加到 900 K,斜爆轰的强解分支基本上完全重合,驻定窗口没有明显的变化,仅仅会导致最小楔面角度 θ_{CJ} 的轻微减小。来流温度的增加导致释热量减小,爆轰波极曲线会向外扩张;而温度升高也会导致气体的比热比减小,导致极曲线向内收缩。这两个方面会在一定程度上抵消各自的影响,最终来流温度的变化并不会显著地改变斜爆轰波的驻定窗口。图 6.5 显示出当量比的减小会导致爆轰极曲线向外扩展,驻定窗口增大。当当量比非常小时甚至为 0 时,爆轰波极曲线会退化为激波极曲线,此时具有最大的驻定角度范围。这主要是由于当量比的减小会显著地减低爆轰波的 CJ 爆速,如当量比 2.0、1.0 和 0.5 时的 CJ 爆速分别为 2 138 m/s、1 961 m/s 和 1 617 m/s。当来流速度不变时,CJ 速度越低,斜爆轰波的驻定窗口越大。

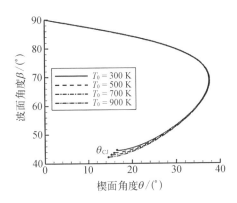 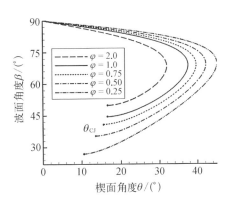

图 6.4　不同来流温度下的极曲线($V_0 = 2\,800$ m/s, $p_0 = 50$ kPa, $\varphi = 1.0$, H_2–空气)

图 6.5　不同当量比下的极曲线($V_0 = 2\,800$ m/s, $p_0 = 50$ kPa, $T_0 = 300$ K, H_2–空气)

对于给定的来流状态,基于极曲线分析的结果显示,斜爆轰驻定窗口主要由CJ楔面角度 θ_{CJ} 和脱体楔面角度 θ_D 来决定。为了研究驻定窗口变化规律,图6.6给出了来流马赫数和温度对两个临界楔面角度的影响[5],来流压力默认为1 atm。θ_{CJ} 由来流速度 V_0 和爆轰波CJ爆速 V_{CJ} 决定,此时的波面角度 β_{CJ} 满足 $\beta_{CJ} = \arcsin(V_{CJ}/V_0)$,将 β_{CJ} 代入式(6.1.15)即可获得 θ_{CJ}。θ_D 为爆轰波极曲线物理解的最大楔面角度,利用式(6.1.15)求解楔面角度的极大值来确定 θ_D 与其他参数的关系。结果显示,理论斜爆轰波存在一个最小来流速度,其对应的是一维正爆轰波的CJ马赫数。随着马赫数的增加,最小楔面角度 θ_{CJ} 先增加后减小,脱体楔面角度 θ_D 则会持续增加而后基本保持不变,斜爆轰波的驻定窗口逐渐增大。考虑到有限长度楔面内爆轰波能够起爆,斜爆轰波存在一个临界的点火极限,驻定窗口的下边界会上移[图6.6(a)中的虚线]。临界脱体角度和临界点火极限所包围的阴影区域是能够同时满足斜爆轰波成功起爆和驻定的区域。该阴影区域的下方的斜爆轰波起爆失败,而区域上方的斜爆轰波无法驻定在楔面上。进一步考虑来流温度的影响,斜爆轰波的点火极限是一个二维的曲面[图6.6(b)],且随着来流温度的增加,点火极限曲面和最小楔面角度曲面越来越接近,斜爆轰波的驻定范围逐渐变宽。

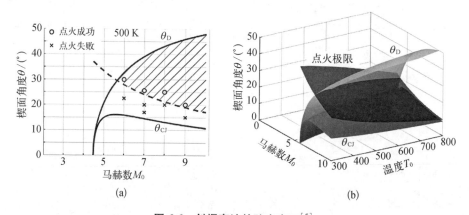

图6.6   斜爆轰波的驻定窗口[5]

前面的结果主要讨论了来流马赫数、温度及当量比等参数对斜爆轰驻定窗口及点火极限的影响,关注的是能否在驻定窗口内获得一个稳定的斜爆轰波。根据爆轰极曲线的结果分析,Morris[3]总结了斜爆轰波三种基本的宏观流动图像,如图6.7所示。当楔面角度处于 $0 < \theta < \theta_{CJ}$ 时,由于爆轰波的自持传播特性,理论斜爆轰的解仍然存在,下游的斜爆轰波处于CJ状态,且斜爆轰波的角度

不会随着楔面角度的变化而改变,波后的流动借助膨胀波进行调整和适应下游楔面的影响。当 $\theta_{CJ} < \theta < \theta_D$ 时,斜激波逐渐转变成过驱动的斜爆轰波。当 $\theta_D < \theta < \theta_{D,osw}$ 时($\theta_{D,osw}$ 为斜激波的脱体楔面角度),斜激波不脱体但形成的斜爆轰波会发生局部脱体。当楔面角度大于斜激波的脱体楔面角度 $\theta_{D,osw}$ 时,斜激波和斜爆轰波均会脱体,流动结构就容易受到外界因素影响而变得不稳定。上述分析结果已经得到了大量数值和实验结果的证实,也说明了极曲线分析在爆轰理论中占据重要的地位。

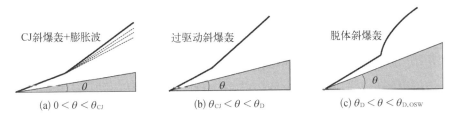

图 6.7 基于极曲线分析的斜爆轰流动图像[3]

利用爆轰极曲线分析方法,研究者不但能分析斜爆轰解的存在性和流动波系的多样性,而且能快速地获得马赫数、放热量、燃料物性及来流状态等对驻定窗口、点火极限及爆轰产物状态的影响规律[6-8]。总的来说,利用极曲线来分析斜爆轰波的理论方法已基本趋于成熟,后续的研究通过考虑实际的化学反应非平衡过程能够在一定程度上修正爆轰燃烧参数、驻定窗口及点火极限等,可为斜爆轰发动机数值仿真、试验研究等提供重要前期设计指导。目前斜爆轰极曲线分析已经不再作为斜爆轰研究的主要方法,但面对受限空间内可能存在的斜爆轰与壁面/膨胀波/激波等复杂干扰问题,其仍能成为一种简化分析的辅助手段,帮助人们认识和理解其中流动机理与规律。

6.2 可压缩反应流数值模拟方法

6.2.1 控制方程

爆轰燃烧属于化学反应流动的范畴,可以采用经典的 Navier – Stokes 方程描述,不过为了考虑化学反应效应,需要耦合多组元的质量守恒方程和化学反应源项进行求解。爆轰波的传播速度快,对流在其形成发展过程中占据核心作用,因此许多模拟会忽略黏性的影响,重点研究高速流动作用下的爆轰波动力学特征。

针对发动机应用,受限空间内的斜爆轰波系则多数情况下需要考虑黏性的影响,这是因为存在激波与壁面边界层干扰、强剪切层等流动现象。这里给出多组分带化学反应的二维 Navier – Stokes 方程的表达形式,忽略黏性项便可获得对应的 Euler 方程:

$$\frac{\partial U}{\partial t} + \frac{\partial F_1}{\partial x} + \frac{\partial F_2}{\partial y} = \frac{\partial G_1}{\partial x} + \frac{\partial G_2}{\partial y} + S \tag{6.2.1}$$

式中,

$$U = \begin{bmatrix} \rho \\ \rho Y_1 \\ \vdots \\ \rho Y_{ns-1} \\ \rho u \\ \rho v \\ E \end{bmatrix}, \quad F_1 = \begin{bmatrix} \rho u \\ \rho u Y_1 \\ \vdots \\ \rho u Y_{ns-1} \\ \rho u^2 + p \\ \rho uv \\ u(E+p) \end{bmatrix}, \quad F_2 = \begin{bmatrix} \rho v \\ \rho v Y_1 \\ \vdots \\ \rho v Y_{ns-1} \\ \rho vu \\ \rho v^2 + p \\ v(E+p) \end{bmatrix} \tag{6.2.2}$$

$$G_1 = \frac{1}{Re} \begin{bmatrix} 0 \\ \dfrac{1}{Sc}\rho D_1 \dfrac{\partial Y_1}{\partial x} \\ \vdots \\ \dfrac{1}{Sc}\rho D_{ns-1} \dfrac{\partial Y_{ns-1}}{\partial x} \\ \tau_{11} \\ \tau_{12} \\ q_x + u\tau_{11} + v\tau_{12} \end{bmatrix}, \quad G_2 = \frac{1}{Re} \begin{bmatrix} 0 \\ \dfrac{1}{Sc}\rho D_1 \dfrac{\partial Y_1}{\partial y} \\ \vdots \\ \dfrac{1}{Sc}\rho D_{ns-1} \dfrac{\partial Y_{ns-1}}{\partial y} \\ \tau_{21} \\ \tau_{22} \\ q_y + u\tau_{21} + v\tau_{22} \end{bmatrix}, \quad S = \begin{bmatrix} 0 \\ \dot{\omega}_1 \\ \vdots \\ \dot{\omega}_{ns-1} \\ 0 \\ 0 \\ 0 \end{bmatrix}$$

$$\tag{6.2.3}$$

能量输运项:

$$q_x = \frac{\gamma R T^*}{(\gamma - 1) U^{*2}} \cdot \frac{\mu}{Pr} \cdot \frac{\partial T}{\partial x} + \frac{1}{Sc} \cdot \sum_{i=1}^{ns} \rho D_i \tilde{h}_i \frac{\partial Y_i}{\partial x} \tag{6.2.4}$$

$$q_y = \frac{\gamma R T^*}{(\gamma - 1) U^{*2}} \cdot \frac{\mu}{Pr} \cdot \frac{\partial T}{\partial y} + \frac{1}{Sc} \cdot \sum_{i=1}^{ns} \rho D_i \tilde{h}_i \frac{\partial Y_i}{\partial y} \tag{6.2.5}$$

式中

$$Re = \frac{\rho^* U^* L^*}{\mu^*}, \ Sc = \frac{\mu^*}{\rho^* D^*}, \ Pr = \frac{\tilde{k}}{\tilde{C}_p \tilde{\mu}}, \ \tau_{ij} = \begin{cases} \mu\left(\dfrac{\partial u_i}{\partial x_j} + \dfrac{\partial u_j}{\partial x_i}\right), & i \neq j \\[4mm] \mu\left(2\dfrac{\partial u_i}{\partial x_i} - \dfrac{2}{3}\operatorname{div} V\right), & i = j \end{cases}$$

$$(6.2.6)$$

上述方程中 p、ρ、T、u、v 分别代表压力、密度、温度、x 方向速度和 y 方向的速度,Y_i 表示组分 i 的质量分数(对于总包反应模型,将其换成对应的化学反应过程变量即可),ns 表示化学反应模型所考虑的组分数。Pr 为普朗特数,Re 为雷诺数,Sc 为施密特数,μ 为黏性系数,D 表示物质的扩散系数。带上标星号 $*$ 的物理量是对方程进行无量纲化时所选取的参考量,其选取方式任意,但会影响控制方程和状态方程的无量纲化形式。这里给出的是笛卡儿坐标系下的控制方程,对于复杂边界问题可以采用一般曲线坐标系,对应的各个变量的具体表达形式可以参考文献[9]和[10]。

6.2.2　通量求解方法

化学反应流动的数值模拟宏观上包含两部分,分别为流动求解和化学反应源项求解。非定常流动的求解涉及对流项离散、扩散项离散及时间项积分的方法,其中,对流项的求解一般会涉及单元网格内流通量的求解及空间差分格式的选择。化学反应主要是求解组分、焓值、温度等物理量,通过它们的变化反映化学反应的效果,构建包含化学反应的质量和能量守恒模拟体系。在化学反应源项求解时,往往会遇到刚性问题,需要选用合适的算法。

计算流体力学中常用的通量求解方法主要分为三类:流通矢量分裂(flux vector splitting,FVS)、通量差分分裂(flux difference splitting,FDS)和 AUSM(advection upstream splitting method)类的通量求解方式。流通矢量分裂算法将守恒通量沿着流动方向按照其特征值的正负分成正流通量和负流通量,分别对正负通量选择合适的差分格式。这种方法既可以考虑其流动物理特征,又能保证其守恒性,具有格式构造简单、计算效率高、稳定性好和低振荡等特点,常见的算法主要有 Steger-Warming、Lax-Friedrichs、van Leer 等算法。通量差分分裂算法从流动的物理特征出发,采用间断分解的方法来求解流动方程,常用近似(Riemann)解来求解通量,求解过程中需要进行大量的矩阵运算,但计算精度高,常用的求解方法有 Roe、HLL、HLLC 等算法。此类格式通过添加 TVD 限制器,又发展出能够有效地抑制激波非物理振荡的 TVD 格式。AUSM 类的通量求解方法将对流方程中的线性特征量和非线性特征量相区分,并且将对流通量和压力项分开处理,具有 FVS 格式的计算稳定和 FDS 格式的高分辨率的特点。通常认为这种方法构造格式简单、计算效率高,其代表性方法有 AUSM＋、AUSM＋up、AUSMPW+等方法。下面主要介绍 Steger‒Warming[11]、HLLC[12] 和 AUSMPW+[13] 三类典型的通量求解算法。

1. Steger‒Warming 通量求解算法

利用 Jacobian 系数矩阵分裂获得 Euler 方程组的特征值 λ_i,并对特征值进行分裂,而后利用式(6.2.7)计算得到流通量 $F^{\pm}(\lambda_i)$。其中,ε 为小量,用于避免分裂后的特征值过小情况下造成导数间断:

$$F(\tilde{\lambda}) = \frac{\rho}{2\gamma} \begin{bmatrix} 2(\gamma-1)\tilde{\lambda}_1 + \tilde{\lambda}_3 + \tilde{\lambda}_4 \\ 2(\gamma-1)\tilde{\lambda}_1 u + \tilde{\lambda}_3 u_1 + \tilde{\lambda}_4 u_2 \\ 2(\gamma-1)\tilde{\lambda}_1 v + \tilde{\lambda}_3 v_1 + \tilde{\lambda}_4 v_2 \\ (\gamma-1)\tilde{\lambda}_1 V^2 + \frac{\tilde{\lambda}_3}{2}(u_1^2+v_1^2) + \frac{\tilde{\lambda}_4}{2}(u_2^2+v_2^2) + W \end{bmatrix} \quad (6.2.7)$$

式中,

$$W = \frac{(3-\gamma)\tilde{\lambda}_3(\tilde{\lambda}_3+\tilde{\lambda}_4)c^2}{2(\gamma-1)}, \quad \lambda_i^{\pm} = \frac{\lambda_i \pm (\lambda_i^2+\varepsilon^2)^{1/2}}{2}, \quad F^{\pm}(\tilde{\lambda}) = F(\tilde{\lambda}^{\pm})$$

$$(6.2.8)$$

$$u_1 = u-c, \quad u_2 = u+c \quad v_1 = v-c \quad v_2 = v+c, \quad V^2 = u^2+v^2 \quad (6.2.9)$$

2. HLLC 通量求解算法

通量差分分裂一般利用 Riemann 方法求解界面处的通量,Riemann 问题的数值解法主要有 Godunov、Roe、HLL 及 HLLC 等方法。HLLC 属于近似求解算法的一种,其采用三波模型来近似,假设界面处存在两道激波和一道接触面。

首先估算接触面左右两侧激波的速度:

$$S_L = u_L - a_L q_L, \quad S_R = u_R - a_R q_R \quad (6.2.10)$$

式中,u 与 a 分别代表速度和声速,q 取值如下(K=L、R):

$$q_K = \begin{cases} 1, & p_* \leqslant p_K \\ \left[1 + \frac{\gamma+1}{2\gamma}(p_*/p_K - 1)\right]^{1/2}, & p_* > p_K \end{cases} \quad (6.2.11)$$

压力 p_* 可以通过如下方法进行估算：

$$\begin{cases} p_* = \max(0,\, p_{\text{pvrs}}), \quad p_{\text{pvrs}} = \frac{1}{2}(p_{\text{L}} + p_{\text{R}}) - \frac{1}{2}(u_{\text{R}} - u_{\text{L}})\bar{\rho}\bar{a} \\ \bar{\rho} = \frac{1}{2}(\rho_{\text{L}} + \rho_{\text{R}}), \qquad \bar{a} = \frac{1}{2}(a_{\text{L}} + a_{\text{R}}) \end{cases} \tag{6.2.12}$$

然后获得接触面的传播速度：

$$S_* = \frac{p_{\text{R}} - p_{\text{L}} + \rho_{\text{L}}u_{\text{L}}(S_{\text{L}} - u_{\text{L}}) - \rho_{\text{R}}u_{\text{R}}(S_{\text{R}} - u_{\text{R}})}{\rho_{\text{L}}(S_{\text{L}} - u_{\text{L}}) - \rho_{\text{R}}(S_{\text{R}} - u_{\text{R}})} \tag{6.2.13}$$

最后计算界面处的通量：

$$F_{i+1/2}^{\text{hllc}} = \begin{cases} F_{\text{L}}, & 0 \leqslant S_{\text{L}} \\ F_{*\text{L}}, & S_{\text{L}} \leqslant 0 \leqslant S_* \\ F_{*\text{R}}, & S_* \leqslant 0 \leqslant S_{\text{R}} \\ F_{\text{R}}, & 0 \geqslant S_{\text{R}} \end{cases} \tag{6.2.14}$$

式中，

$$F_{*K} = F_K + S_K(U_{*K} - U_K) \tag{6.2.15}$$

假设单位体积的总能量为 E，切向速度分别 v 和 w，则 U_{*K} 可以表示为

$$U_{*K} = \rho_K \left(\frac{S_K - u_K}{S_K - S_*} \right) \begin{bmatrix} 1 \\ S_* \\ v_K \\ w_K \\ \dfrac{E_K}{\rho_K} + (S_* - u_K)\left[S_* + \dfrac{p_K}{\rho_K(S_K - u_K)} \right] \end{bmatrix} \tag{6.2.16}$$

3. AUSMPW+通量求解算法

利用局部马赫数为参考，对流通矢量进行分裂，并把压力项单独处理，下面以 x 方向为例说明其构造过程：

$$\hat{F}_{i+1/2} = a_{1/2}(\bar{M}_{\text{L}}^+ \Phi_{\text{L}}^C + \bar{M}_{\text{R}}^- \Phi_{\text{R}}^C) + (P_{\text{L}}^+ P_L + P_{\text{R}}^- P_R) \tag{6.2.17}$$

$$\Phi_{L/R}^{C} = \begin{pmatrix} \rho \\ \rho u \\ \rho H \end{pmatrix}_{L/R} , \quad P_{L/R} = \begin{pmatrix} 0 \\ p \\ 0 \end{pmatrix}_{L/R} \tag{6.2.18}$$

对于 $Ma_{1/2} \geqslant 0$：

$$\begin{cases} \bar{M}_{L}^{+} = M_{L}^{+} + M_{R}^{-} \cdot [(1-w) \cdot (1+f_{R}) - f_{L}] \\ \bar{M}_{R}^{-} = M_{R}^{-} \cdot w \cdot (1+f_{R}) \end{cases} \tag{6.2.19}$$

对于 $Ma_{1/2} < 0$：

$$\begin{cases} \bar{M}_{L}^{+} = M_{L}^{+} \cdot w \cdot (1+f_{L}) \\ \bar{M}_{R}^{-} = M_{R}^{-} + M_{L}^{+} \cdot [(1-w) \cdot (1+f_{L}) - f_{R}] \end{cases} \tag{6.2.20}$$

式中，

$$\begin{cases} Ma_{1/2} = M_{L}^{+} + M_{R}^{-} = M^{+}(Ma_{L}) + M^{-}(Ma_{R}) \\ w(p_{L}, p_{R}) = 1 - \min\left(\dfrac{p_{L}}{p_{R}} - \dfrac{p_{R}}{p_{L}}\right)^{3} \end{cases} \tag{6.2.21}$$

数值耗散函数：

$$f_{L,R} = \begin{cases} \left(\dfrac{p_{L,R}}{p_{s}} - 1\right) \min\left[1, \dfrac{\min(p_{1,L}, p_{1,R}, p_{2,L}, p_{2,R})}{\min(p_{L}, p_{R})}\right]^{2}, & |Ma_{1/2}| \leqslant 1 \\ 0, & |Ma_{1/2}| > 1 \end{cases} \tag{6.2.22}$$

式中，

$$p_{s} = P_{L}^{+} p_{L} + P_{R}^{-} p_{R} \tag{6.2.23}$$

马赫数分裂函数可以表示为

$$M^{\pm} = \begin{cases} \pm \dfrac{1}{4}(M \pm 1)^{2}, & |M| \leqslant 1 \\ \dfrac{1}{2}(M \pm |M|), & |M| > 1 \end{cases} \tag{6.2.24}$$

压力分裂函数可以表示为

$$P^{\pm}|_{\alpha} = \begin{cases} \dfrac{1}{4}(M \pm 1)^2(2 \mp M) \pm \alpha M(M^2 - 1)^2, & |M| \leqslant 1 \\ \dfrac{1}{2}[1 \pm \mathrm{sign}(M)], & |M| > 1 \end{cases} \tag{6.2.25}$$

式中,α 的取值为 $0 \sim 3/16$,α 的值越小压力分裂函数的耗散越大,AUSMPW+格式就越稳定。界面两侧的马赫数 M 可以表示为

$$M_{\mathrm{L,R}} = \frac{U_{\mathrm{L,R}}}{c_{1/2}} \tag{6.2.26}$$

$$c_{1/2} = \frac{c_i + c_{i+1}}{2} \tag{6.2.27}$$

6.2.3　空间差分格式

为了精确地求解含有激波的流动,需要选择合适的高分辨率激波捕捉格式,数值求解时要在避免激波附近的非物理振荡的基础上保证激波求解的精度,尽量地降低耗散,这里主要介绍色散可控耗散差分(dispersion controlled dissipation, DCD)算法[14]、基于守恒律的单调迎风/中心差分格式(monotonic upstream-centered scheme for conservation laws, MUSCL)[15]及基于权重的基本无振荡(weighted essentially non-oscillatory, WENO)激波捕捉格式[16]。

1. DCD 差分格式

对流项中 DCD 格式的通量形式为(以 x 方向为例说明):

$$F_{i+1/2} = F_{i+1/2,\mathrm{L}}^{+} + F_{i+1/2,\mathrm{R}}^{-} \tag{6.2.28}$$

$$\begin{cases} F_{i+1/2,\mathrm{L}}^{+} = F_i^{+} + \dfrac{1}{2}\Phi_A^{+}\min \mathrm{mod}(\Delta F_{i-1/2}^{+}, \Delta F_{i+1/2}^{-}) \\ F_{i+1/2,\mathrm{R}}^{+} = F_{i+1}^{+} - \dfrac{1}{2}\Phi_A^{-}\min \mathrm{mod}(\Delta F_{i+1/2}^{+}, \Delta F_{i+3/2}^{-}) \end{cases} \tag{6.2.29}$$

$$\Phi_A^{\pm} = I \mp \beta \Lambda_A^{\pm} \tag{6.2.30}$$

$$\min \mathrm{mod}(x, y) = \mathrm{sign}(x)\max[|x|, y\mathrm{sign}(x)] \tag{6.2.31}$$

$$\Delta F_{i+1/2}^{\pm} = F_{i+1}^{\pm} - F_i^{\pm} \tag{6.2.32}$$

式中,A 为 Jacobian 矩阵;I 为单位矩阵,Λ_A 为矩阵 A 的特征值构型的对角矩阵;

$\beta = \Delta t / \Delta x$；$F^{\pm}$ 可以由 Steger – Warming 通量分裂算法得到。

2. MUSCL 差分格式

MUSCL 差分格式和 AUSMPW+通量求解算法配合使用可以提高计算精度，当 $\kappa = 1$ 时，为二阶的中心差分格式；当 $\kappa = -1$ 时，为二阶精度的 MUSCL 差分格式；当 $\kappa = 1/3$ 时，为三阶精度的 MUSCL 差分格式，其左右通量的构造形式如下：

$$\begin{cases} F_{\mathrm{L}} = F_i + \dfrac{1}{4} \big[(1 - \kappa) \bar{\nabla} + (1 + \kappa) \bar{\Delta} \big]_i \\[3mm] F_{\mathrm{R}} = F_{i+1} - \dfrac{1}{4} \big[(1 - \kappa) \bar{\nabla} + (1 + \kappa) \bar{\Delta} \big]_{i+1} \end{cases} \tag{6.2.33}$$

$$\begin{cases} \bar{\Delta}_i = \min \mathrm{mod} \big[(F_{i+1} - F_i), \beta(F_i - F_{i-1}) \big] \\[2mm] \bar{\nabla}_i = \min \mathrm{mod} \big[(F_i - F_{i-1}), \beta(F_{i+1} - F_i) \big] \end{cases} \tag{6.2.34}$$

$$\min \mathrm{mod}(x, y) = \mathrm{sign}(x) \max \{ 0, \ \min [x \mathrm{sign}(y), \ y \mathrm{sign}(x)] \} \tag{6.2.35}$$

$$1 \leqslant \beta \leqslant \frac{3 - \kappa}{1 - \kappa} \tag{6.2.36}$$

3. WENO 差分格式

WENO 格式利用多个数据点来构造模板，并依据差分结果的光滑度分配权重，实现高精度无振荡的激波捕捉。目前的数值仿真中流行的 WENO 格式基本都是基于 Jiang 和 Shu[16] 提出的通用框架，其能够与流通矢量分裂及通量差分分裂等方法进行配合，进而提高通量求解的精度。假设在网格分界面上存在正通量 f^+ 和负通量 f^-，以正通量的重构为例进行说明，利用对称性，可以获得负通量 f^-。

$$f^+ = \omega_1 f_{i+1/2}^{(1)} + \omega_2 f_{i+1/2}^{(2)} + \omega_3 f_{i+1/2}^{(3)} \tag{6.2.37}$$

$$\begin{cases} f_{i+1/2}^{(1)} = \dfrac{1}{3} f_{i-2} - \dfrac{7}{6} f_{i-1} + \dfrac{11}{6} f_i \\[3mm] f_{i+1/2}^{(2)} = -\dfrac{1}{6} f_{i-1} + \dfrac{5}{6} f_i + \dfrac{1}{1} f_{i+1} \\[3mm] f_{i+1/2}^{(3)} = \dfrac{1}{3} f_i + \dfrac{5}{6} f_{i+1} - \dfrac{1}{6} f_{i+2} \end{cases} \tag{6.2.38}$$

式中，ω 是权重因子。

$$\omega_k = \frac{\alpha_k}{\alpha_1 + \alpha_2 + \alpha_3}, \quad \alpha_k = \frac{C_k}{(\varepsilon + IS_k)^p}, \quad k = 1, 2, 3 \qquad (6.2.39)$$

式中，ε 是小量，可以取值为 10^{-6}；p 取值为 2；C_1、C_2 和 C_3 分别为 1/10、6/10 和 3/10；IS_k 为光滑因子：

$$
\begin{cases}
IS_1 = \dfrac{1}{4}(f_{i-2} - 4f_{i-1} + 3f_i)^2 + \dfrac{13}{12}(f_{i-2} - 2f_{i-1} + f)^2 \\[2mm]
IS_2 = \dfrac{1}{4}(f_{i-1} - f_{i+1})^2 + \dfrac{13}{12}(f_{i-1} - 2f_i + f_{i+1})^2 \\[2mm]
IS_3 = \dfrac{1}{4}(3f_i - 4f_{i+1} + f_{i+2})^2 + \dfrac{13}{12}(f_i - 2f_{i+1} + f_{i+2})^2
\end{cases}
\qquad (6.2.40)
$$

6.2.4　时间积分方法

对于非定常流动，在空间离散的基础上，需要依据流动控制方程进行时间迭代，获得下个时间步长的物理量。对于时间推进方法，有显格式、隐格式及半隐格式等。显格式方法简单，单步计算量小，但受稳定性限制，时间步长无法放大。隐格式的时间步长通常可以取很大的值，但格式比较复杂，单步计算量大。对于激波和燃烧耦合的复杂流动，即使隐格式对时间步长没有限制，但受限于化学反应的时间尺度过小，流动的时间步长也会在一定程度上受到限制。爆轰燃烧过程中会涉及强激波、剧烈的化学反应及其耦合作用，在保证计算稳定性的基础上适当地提高计算精度，可以选用 TVD 型的三步 Runge‑Kutta 方法（显格式）进行流动过程的时间积分求解：

$$\frac{\partial U}{\partial t} = Q \qquad (6.2.41)$$

$$
\begin{cases}
U^{(1)} = U^n + \Delta t Q(U^n) \\[2mm]
U^{(2)} = \dfrac{3}{4}U^n + \dfrac{1}{4}U^{(1)} + \dfrac{1}{4}\Delta t Q(U^{(1)}) \\[2mm]
U^{n+1} = \dfrac{1}{3}U^n + \dfrac{2}{3}U^{(2)} + \dfrac{2}{3}\Delta t Q(U^{(2)})
\end{cases}
\qquad (6.2.42)
$$

6.2.5　加速求解技术

爆轰波包含强激波和剧烈的化学反应，数值求解需要极其精细的网格。工程尺度的模型及详细化学反应机理的计算,对加速求解技术的需求十分迫切。目前主流的方法是增加参与计算的 CPU 数目,实现多线程之间的并行计算,主要分为基于共享内存式的 OpenMP(open multi-processing)方法和基于分布式内存的(message passing interface,MPI)方法。OpenMP 具有操作简单、编程实现方便的特点,不需要对代码进行大量的修改,而且并行效率高。然而,其数据采用共享存储的方法,计算能力受限,比较适合小型的工作站。MPI 方法采用分布式内存的数据存储模式,适合于大规模的集群计算,可以用于超大规模的多节点计算。但是进程之间涉及复杂通信操作,编程难度大,其并行效率受到算法和进程通信实现方式的限制。此外,利用 GPU 进行模拟也是实现大规模并行计算行之有效的方法。

根据流动的特点,将有限的网格布置在需要高精度求解的区域,提高计算资源利用率,也是提升模拟效率行之有效的方法。这种方法主要有自适应网格加密技术和动网格技术。自适应网格加密通过在基础网格上进行不同等级的加密,增加大梯度流动区域的网格数目,能够保证在整体网格数不变的情况下实现捕捉更细致的流场结构。动网格技术主要是保证计算域跟随需要精确计算的流动区域,人为地截断远场计算域,实现整体计算网格数目的降低,其更适合于长距离传播爆轰波的计算。在使用动网格技术时,需要进行试算保证截断区域不会对爆轰波面产生过大的影响。

6.3 燃烧的化学反应模型

相对于常规激波或高速可压缩流动,放热反应是爆轰波特有的,因此需要对燃烧过程进行建模。气相爆轰数值模拟采用的化学动力学模型,总体上可以分为总包反应模型和基元反应模型两大类。总包反应模型主要包括单步、多步反应模型及各种修正模型,其特点是采用化学反应进程变量来表征化学反应进行的程度,反应过程不可逆。这类模型适合于定性的规律研究,探索如反应区结构、稳定性、激波和燃烧的耦合作用等流动现象与机理。此外,可以针对某种燃料进行建模,获得简化的总包反应模型,用于爆轰模拟具有计算稳健性好、计算效率高的特点。基元反应模型详细地考虑了实际组分之间的相互作用,通常涉及可逆化学反应过程,适用于定量的研究。不同类型的化学反应动力学模型涉及的组分和反应数目会有很大的差异。如常见的氢气/氧气基元反应模型大约会涉及十多种组分和二十多个反应过程,而液体碳氢燃料基元反应模型涉及数百种组元和数千个反应过程,导致采用这种模型对流动过程进行模拟不具有可行性。在燃烧化学的研究中,发展了多种基元化学反应模型的简化手段,可以剔除掉不重要的反应过程,有效地降低化学反应方程的数目,提高基元反应模型的计算效率。基元反应模型集成了前期的大量实验结果,被公认能够详细地描述某种燃料化学反应过程的详细机理,通常用于模拟特定燃料在一定温度和压力范围内的放热,是化学反应流动里面最基础的反应模型。本节主要介绍总包反应模型和基元反应模型,并给出两者之间的建模关系。

6.3.1　总包反应模型

总包反应模型中最简单的就是单步反应模型,其化学反应速率控制方程一般采用 Arrhenius 形式,通过化学反应进程的变量 λ 来描述化学能释放的过程。写成守恒形式:

$$\frac{\partial(\rho\lambda)}{\partial t} + \frac{\partial(\rho u\lambda)}{\partial x} + \frac{\partial(\rho v\lambda)}{\partial y} = k(1-\lambda)\exp\left(-\frac{E_a}{T}\right) \tag{6.3.1}$$

单步反应模型涉及的主要参数是放热量 Q、比热比 γ、活化能 E_a 和指前因子 k。反应变量 λ 的取值范围为 $0 \to 1$:当 $\lambda = 0$ 时,表示化学反应尚未开始;当 $\lambda = 1$ 时,表示化学反应结束。根据总包反应模型中热释放速率的定义,可以获得定比热比单步反应模型中热释放速率的理论公式:

$$\sigma = (\gamma-1)\frac{Q}{c^2}\frac{\mathrm{d}\lambda}{\mathrm{d}t} = \frac{\gamma-1}{\gamma}Q\frac{1-\lambda}{T}k\exp\left(-\frac{E_a}{T}\right) \tag{6.3.2}$$

放热量 Q 和活化能 E_a 是无量纲化后的参数,对应的参考量均是 RT_0,R 为气体常数,T_0 为自由来流温度。在使用无量纲的单步反应模型时,为了方便分析和计算,选定活化能 E_a 后,会调整指前因子 k 来保证半反应区(化学反应进行到一半)长度为无量纲单位 1。

相对单步反应模型,两步化学反应模型更复杂一些。它采用两个化学反应进程变量来表征燃料的诱导反应和放热反应,前者即诱导反应用来描述燃料分子支链的断裂过程,常常伴随小幅度吸热,而后者即放热反应用来描述支链分子再结合形成产物的过程,同时伴随着化学能的释放。实际燃料的化学反应过程诱导反应和放热反应不是截然分开的,而且相对关系可能差别很大,因此诱导反应和放热反应的速率及其相应参数具有多种选择,由此发展出了多种形式的两步反应模型。Ng 等[17]提出的两步诱导-放热总包反应模型,其中,诱导反应和放热反应速率均采用 Arrhenius 形式:

$$\frac{\partial(\rho\xi)}{\partial t} + \frac{\partial(\rho u\xi)}{\partial x} + \frac{\partial(\rho v\xi)}{\partial y} = H(1-\xi)\rho k_{\mathrm{I}}\exp\left[E_{\mathrm{I}}\left(\frac{1}{T_{\mathrm{S}}} - \frac{1}{T}\right)\right] \quad (6.3.3)$$

$$\frac{\partial(\rho\eta)}{\partial t} + \frac{\partial(\rho u\eta)}{\partial x} + \frac{\partial(\rho v\eta)}{\partial y} = [1 - H(1-\xi)](1-\eta)\rho k_{\mathrm{R}}\exp\left(-\frac{E_{\mathrm{R}}}{T}\right)$$

$$(6.3.4)$$

式中,ξ 与 η 分别是诱导反应进程变量和放热反应进程变量,两者的取值范围分别为 $1{\rightarrow}0$ 和 $0{\rightarrow}1$;$H(1-\xi)$ 是阶跃函数用于控制诱导反应和放热反应的开启:

$$H(1-\xi) = \begin{cases} 1, & 0 < \xi \leqslant 1.0 \\ 0, & \xi \leqslant 0.0 \end{cases} \quad (6.3.5)$$

E_{I} 与 k_{I} 是诱导反应的活化能和指前因子;E_{R} 与 k_{R} 是放热反应的活化能和指前因子;u 与 v 分别是 x 方向和 y 方向的速度。活化能 E_{I} 和 E_{R} 采用波前状态参数 RT_0 进行无量纲化,R 是气体常数。T_{S} 是一维 ZND 爆轰中前导激波后的温度,u_{vn} 表示一维 ZND 爆轰中前导激波后的速度(以激波面为参考系),令 $k_{\mathrm{I}} = -u_{vn}$,可保证一维 ZND 爆轰波中诱导区长度为单位 1。两步反应模型中参考特征长度可以定义为一维 ZND 爆轰波中诱导区长度 l_{ref},参考特征时间可以定义为 $t_{\mathrm{ref}} = l_{\mathrm{ref}}/c_0$,其中,$c_0^2 = RT_0$。除此之外,两步反应模型中包含的化学反应参数还有放热量 Q 和比热比 γ,放热量 Q 一般采用 RT_0 进行无量纲化。根据总包反应模型中热释放速率的定义,可以获得定比热比两步反应模型中放热区的热释放速率理论公式:

$$\sigma = \frac{\gamma - 1}{\gamma}Q\frac{1-\eta}{T}k_{\mathrm{R}}\exp\left(-\frac{E_{\mathrm{R}}}{T}\right) \quad (6.3.6)$$

6.3.2 基元反应模型

基元反应模型对燃烧的化学反应过程进行了详细的建模,描述了基本组元之间的真实相互作用,通过可逆化学反应过程的参数构建了反应体系。这种模型涉及较多的组分和化学反应过程,因为需要来描述分子支链断裂、重组结合、非平衡的作用过程。对于具有 ns 个组分和 nq 个化学反应过程的基元反应,第

$k(k = 1, 2, \cdots, nq)$ 个化学反应过程可以表示为

$$\sum_{i=1}^{ns} v'_{i, k} C_i \xrightleftharpoons[K_{b, k}]{K_{f, k}} \sum_{i=1}^{ns} v''_{i, k} C_i \qquad (6.3.7)$$

式中,符号 C_i 表示第 i 组分的名称,组分 i 的单位体积质量生成率 $\dot{\omega}_i$ 可以表示为

$$\dot{\omega}_i = M_i \sum_{k=1}^{nq} (v''_{i, k} - v'_{i, k}) \Big[\sum_{i=1}^{ns} (\alpha_{i, k}[C_i]) \Big] \Big[K_{f, k} \prod_{i=1}^{ns} [C_i]^{v'_{i, k}} - K_{b, k} \prod_{i=1}^{ns} [C_i]^{v''_{i, k}} \Big]$$

$$(6.3.8)$$

M_i 是组分 i 的摩尔质量; $v'_{i, k}$ 和 $v''_{i, k}$ 分别是组分 i 在反应方程式中前后的化学计量系数, $K_{f, k}$ 与 $K_{b, k}$ 分别是正向和逆向反应速率常数; $\alpha_{i, k}$ 为组分 i 的第三体效应系数; $[C_i]$ 为组分 i 的摩尔浓度。质量生成率方程中只有反应速率常数($K_{f, k}$ 和 $K_{b, k}$)待确定,且两者存在如下关系:

$$K_{c, k} = \frac{K_{f, k}}{K_{b, k}} \qquad (6.3.9)$$

平衡常数 $K_{c, k}$ 可以定义为

$$K_{c, k} = K_{p, k} \left(\frac{p_{\text{atm}}}{RT} \right)^{\sum_{i=1}^{ns} (v''_{i, k} - v'_{i, k})} \qquad (6.3.10)$$

式中,压力平衡常数 $K_{p, k}$ 可由 Gibbs 自由焓和熵来计算:

$$K_{p, k} = \exp \left\{ - \sum_{i=1}^{ns} \left[(v''_{i, k} - v'_{i, k}) \left(\frac{h_i}{R_i T} - \frac{S_i}{R_i} \right) \right] \right\} \qquad (6.3.11)$$

化学反应速率 $K_{f, k}$ 可以用 Arrhenius 形式来表示:

$$K_{f, k} = A_k T^{n, k} \exp \left(- \frac{E_{a, k}}{RT} \right) \qquad (6.3.12)$$

式中 A_k、n、$E_{a, k}$ 和 R 分别表示第 k 个正向化学反应的指前因子、温度指数、活化能和气体常数。

6.3.3　两步化学反应的建模

两步诱导-放热反应模型参数的建模思路是参考详细反应机理,通过改变两步反应模型中部分化学反应参数,保证所关注的爆轰燃烧参数与详细机理计算

结果参数保持一致。采用 Python 自编程序调用开源化学动力学软件 Cantera[18] 的化学反应机理可以快速方便地获得基于详细反应机理的一维爆轰的参数,这里不再赘述。下面详细地介绍关于两步反应模型的一维 ZND 爆轰参数的理论计算和建模过程。

首先对两步反应模型中涉及的参数进行无量纲化,上标"o"的物理量表示原始变量,上标" $*$ "表示所选取的参考量:

$$p = \frac{p^{\text{o}}}{p^{*}}, \ T = \frac{T^{\text{o}}}{T^{*}}, \ \rho = \frac{\rho^{\text{o}}}{\rho^{*}}, \ u = \frac{u^{\text{o}}}{\sqrt{R^{*}T^{*}}}, \ Q = \frac{Q^{\text{o}}}{R^{*}T^{*}} \tag{6.3.13}$$

式中,参考量选取波前气体,即 $p = p_0$, $\rho = \rho_0$, $T = T_0$, $R = R_0$。因此理想气体的热力学状态方程变成

$$T = \frac{p}{\rho} \tag{6.3.14}$$

依据爆轰波后立即放热的假设和激波的阶跃条件,根据质量、动量、能量守恒方程及气相爆轰波中常见的 CJ 理论,得到爆轰波稳定的传播马赫数 M_{CJ}:

$$M_{\text{CJ}} = \left[\left(1 + \frac{\gamma^{2} - 1}{\gamma} Q \right) + \sqrt{\left(1 + \frac{\gamma^{2} - 1}{\gamma} Q \right)^{2} - 1} \right]^{1/2} \tag{6.3.15}$$

式中, M_{CJ} 和放热量 Q 均为无量纲量:

$$M_{\text{CJ}} = \frac{V_{\text{CJ}}}{\sqrt{\gamma R T_0}} \tag{6.3.16}$$

$$Q = \frac{\tilde{Q}}{R T_0} \tag{6.3.17}$$

由气体动力学理论可以计算得到爆轰波的冯·纽曼状态的压力(p_{vn})、密度(ρ_{vn})和马赫数(M_{vn})与 CJ 状态的压力(p_{CJ})和密度(ρ_{CJ}):

$$\frac{p_{\text{vn}}}{p_1} = \frac{2\gamma}{\gamma + 1} M_{\text{CJ}}^{2} - \frac{\gamma - 1}{\gamma + 1} \tag{6.3.18}$$

$$\frac{\rho_{\text{vn}}}{\rho_1} = \frac{(\gamma + 1) M_{\text{CJ}}^{2}}{(\gamma - 1) M_{\text{CJ}}^{2} + 2} \tag{6.3.19}$$

$$M_{vn} = \frac{(\gamma - 1)M_{CJ}^2 + 2}{2\gamma M_{CJ}^2 - (\gamma - 1)} \tag{6.3.20}$$

$$\frac{p_{CJ}}{p_1} = \frac{\gamma M_{CJ}^2 + 1}{\gamma + 1} \tag{6.3.21}$$

$$\frac{\rho_{CJ}}{\rho_1} = \frac{(\gamma + 1)M_{CJ}^2}{1 + \gamma M_{CJ}^2} \tag{6.3.22}$$

两步诱导-放热化学反应模型涉及的热力学参数主要有放热量 Q，比热比 γ，活化能 E_1 和 E_R，指前因子 k_1 和 k_R。爆轰燃烧产物的压力、密度、温度、速度等存在相互制约的条件，难以完全保证所有参数与基元反应的燃烧参数一致，因此需要根据所研究的对象和关注点，对建模参数需要有所取舍。例如，给定爆轰波的传播速度 V_{CJ}、传播马赫数 M_{CJ} 和比热比 γ，根据式（6.3.16）和式（6.3.17）可以得到两步反应模型中的无量纲放热量 Q 和有量纲的气体常数 R。

为了获得两步反应模型中诱导区活化能，首先假定点火延迟时间具有 Arrhenius 的形式：

$$\tau_i^o = A(\rho^o)^n \exp\left(\frac{E_1^o}{R^o T^o}\right) \tag{6.3.23}$$

采用基元反应计算爆轰波的速度，施加 ±1% 的速度扰动，经过前导激波压缩之后气体温度分别为 T_1^o 和 T_2^o，以及定容爆炸对应点火延迟时间分别为 τ_1^o 和 τ_2^o。于是得到无量纲诱导反应活化能：

$$\varepsilon_1 = \frac{E_1^o}{R^o T^o} = \frac{1}{T_{vn}^o} \frac{\tau_2^o - \tau_1^o}{\frac{1}{T_2^o} - \frac{1}{T_1^o}} \tag{6.3.24}$$

对于两步反应模型，$E_1 = \varepsilon_1 T_S$，由此便得到了两步反应模型中的几个关键参数，即放热量 Q、比热比 γ 和诱导区活化能 E_1，为了保证一维正爆轰波诱导的宽度为无量纲 1.0，将诱导反应的化学反应速率常数 k_1 取值为前导激波后的速度。放热区活化能 E_R 和放热反应速率常数 k_R 取值相对自由，可以依据稳定性参数、放热曲线等标准来确定[9]，这里不再详细地描述。

两步反应模型的优势是很突出的。对于研究爆轰物理的基础问题，如稳定性、激波与放热的耦合作用，这种模型其能够方便地调整化学反应区的流动结构,做到了复杂度适中,提升了研究效率。然而,单一参数的改变导致无法对应具体燃料,这种模型的结果也存在定量上的不足,即便所获得宏观结论的趋势具有普遍意义。基元反应模型详细地考虑了化学反应过程中的各个组分的变化过程,能够准确地表述燃烧的化学动力学过程。相比于两步反应模型中固定的放热量,基元反应模型的放热量在不同的燃烧条件下会发生变化,更符合物理实际。另外,基元反应模型的问题的应用限制也很明显,就是对于计算量的要求极高。此外,实际上基元反应模型也是有误差的,因此这类模型也在持续地改进,但是在流动或者燃烧类研究中通常忽略,认为基元反应模型不存在误差。

6.4 关于数值方法的一些讨论

由于理论求解的局限性,数值模拟在斜爆轰研究中占据了核心地位。数值模拟获得的大量数据,不仅揭示了传统方法难以获得的复杂流动现象,也是开展机理分析的基础。实验是必不可少重要的研究手段(具体的方法和一些典型结果将在第 7 章进行介绍),但是其在斜爆轰领域的作用仍然远逊于数值模拟。得益于数值模拟方法的成熟,以及计算机硬件技术的发展,为复杂爆轰问题的大规模数值模拟提供了工具。数值研究工具的成熟与斜爆轰推进的工程需求结合起来,在过去十几年有力地推动了该领域的发展。然而,用数值模拟的方法研究斜爆轰波,从基础到应用层面,均存在不少悬而未决的问题。因此,有必要对其中涉及的共性问题进行探讨,涉及流动模型、数值方法、化学反应模型等多个层面。

在流动模型层面,需要关注无黏与有黏流动模型的选择,以及这些选择对结果的影响。在以往的爆轰波研究中,绝大部分流动模型都是选取无黏模型,数值模拟采用 Euler 方程组作为控制方程。虽然有些燃烧也选用了有黏模型,即在数值模拟中采用 Navier – Stokes 方程组作为控制方程,但是得到的结果往往差别不大。这为大部分研究采用无黏模型提供了例证支持,但是无黏模型的选取是有其内在原因的。在爆轰波流动中,由于来流速度很大,往往雷诺数比较高,此时黏性效应比较弱,边界层也比较薄,采用无黏模型假设,并不会带来过大的误差。因此,无论是爆轰波基础研究还是斜爆轰基础及应用研究,前一阶段均以无黏模型为主。随着对问题认识的深入,以及从基础研究向应用研究的拓展,有黏模型的研究应当越来越多。本书 5.2 节介绍了受限空间的斜爆轰研究进展,可以看到黏性耗散本身带来的影响虽然不大,但是边界层及其与激波的作用是在进一步研究中无法忽视的,可能对波系结构及其稳定性带来重要影响。此外,工程应用及其相关研究往往需要量化的结果,为设计、优化提供依据,这种研究需求也牵引着无黏模型向有黏模型转换。有黏模型的应用会带来不少新的问题,如边界层导致对计算资源需求的进一步大幅提升,以及综合考虑湍流的跨尺度模拟。可压缩湍流本身研究较少,许多模型及其参数就是从不可压湍流中外推过来的,其应用于爆轰这种高速燃烧存在许多问题,是后续研究中一个需要重点关注的方面。

在数值方法层面,需要关注两个相互影响的因素,即激波捕捉格式和网格分辨率。前面已经从流通量的求解及空间差分格式角度做了比较多的介绍,这些方法基本上源自过去几十年 CFD 领域求解可压缩流动的研究成果。爆轰波作为一种耦合了燃烧的强激波,必须引入无振荡的激波捕捉格式,反而对格式精度要求不高。高精度格式的稳定性相对于二阶精度格式较弱,对于爆轰波这种包含内在不稳定性的高速燃烧波,区分物理与非物理的振荡非常关键,因此研究者更希望选择稳定性较强的格式。在实际研究中,二阶格式是使用较多的,即使耗散较大也可以通过增加网格分辨率解决,对于爆轰波研究不会造成本质上的困难。网格分辨率是爆轰研究领域非常关注的一个参数,经常用半化学反应区(化学反应进行一半的位置)或诱导区长度内的网格数来表示。在有限的计算资源下,网格分辨率和格式精度是一个互相制约的关系,高精度格式需要多次迭代,单步耗费资源要大许多。因此,爆轰研究者通常采用二阶精度的格式和较密的网格对爆轰波进行模拟,辅以并行加速、自适应网格等技术,以取得较好的模拟效果。

对于网格分辨率的要求,爆轰研究领域的许多学者认为,半化学反应区或诱导区网格数需要达到 10 个以上,才能够较好地捕捉波面结构,以及对其稳定性进行研究。然而这个标准并不是一成不变的,随着可获取计算资源的提升,不同学者对网格分辨率的标准也在变化。对于正爆轰波,数值实验表明要获得网格无关性的模拟结果,网格分辨率会随着活化能的增加而增大。这就导致大部分已经发表的胞格爆轰波结果,特别是高活化能或者强不稳定的爆轰波,并不能通过网格无关性验证。类似的问题在斜爆轰研究中也不能排除,然而,数值实验表明斜爆轰模拟对网格分辨率的要求(即半化学反应区网格数)要低于正爆轰模拟。一个直观的解释是,斜爆轰波面失稳是一个小扰动从上游向下游发展的过程(如第 3 章所述),这个过程的模拟使用了相当多的网格,其实际分辨率远高于半化学反应区网格数。另外,在已经失稳的波面上,波后的流动是总体上平行于波面的,即流线与波面存在夹角。因此,实际的网格分辨率并不是垂直波面方向上的半化学反应区的网格数,而是沿着流线的半化学反应区的网格数,后者大于前者。斜爆轰模拟对网格分辨率的要求虽然相对较低,但是作为多尺度、非线性问题,对计算资源的挑战也是比较大的,因此需要考虑研究问题选取合适的网格分辨率。通常对定常波系结构的研究,网格分辨率要求不高,而对于失稳波面的研究,需要较高的分辨率。总体上,问题越复杂,对网格分辨率的要求越高。

在化学反应模型层面,如前面所述存在基元和总包两大类化学反应模型,如何选择合适的模型是一个值得思考的问题。采用总包化学反应模型的流动模拟,相对于同样网格下的惰性气体流动,一般并不会导致计算时间的大幅增加。然而,采用基元反应模型的流动模拟,计算时间相对于惰性气体流动模拟会增加一个量级,是令初学者最难以忍受的问题。这是因为总包反应的源项只是简单的代数计算,而多出来的质量守恒方程也很容易求解,因此计算资源耗费变化不大。在基元反应模型的模拟中,逐个计算各个反应并转化为质量变化率、根据组元密度和温度求解总焓及其逆过程的迭代,这都是非常耗费计算资源的。粗略估计,采用基元反应模型的模拟,85%以上的计算资源耗费在化学反应的求解上。在有限的计算资源约束下,流动和化学反应的求解是互相竞争的关系,这就导致选用基元反应模型时,网格分辨率不能太大。根据合适的问题选择化学反应模型,对于获得高质量的结果非常重要。总体而言,总包反应模型适用于定性研究、单变量的机理研究,以及起步阶段的研究,基元反应模型适用于定量研究、多变量的应用研究,以及深入阶段的研究。好在研究者还开发了一些介于两者之间的模型,如根据基元反应模型简化出的多步总包反应模型,以及从单步总包反应模型拓展出的多步总包反应模型。这些模型各有其适用范围,有经验的研究者可以根据需要选用。

最后需要说明一下数值研究的劣势。虽然数值模拟技术在斜爆轰研究中发挥了不可替代的作用,但是其更擅长于微观研究,而不适于宏观研究,即对真实的包含多种复杂因素的爆轰流动的综合模拟。这是因为无论是化学反应模型还是湍流模型,目前都不够完善,导致综合模拟的误差不可控。这种模拟往往看起来比较引人瞩目,得到了一些研究者的青睐,但是定性的方法无法深化对于流动机制的认识,定量的方法无法支撑工程设计,对于推动学术发展和技术进步没有意义。

参考文献

[1] 童秉纲,孔祥言,邓国华.气体动力学[M].北京：高等教育出版社,2012.

[2] 姜宗林.气体爆轰物理及其统一框架理论[M].北京：科学出版社,2020.

[3] Morris C I. Shock-induced combustion in high-speed wedge flows[D]. Palo Alto：Stanford University, 2001.

[4] Ghorbanian K, Sterling J D. Influence of formation processes on oblique detonation wave stabilization[J]. Journal of Propulsion and Power, 1996, 12(3)：509-517.

[5] Bachman C L, Goodwin G B. Ignition criteria and the effect of boundary layers on wedge-stabilized oblique detonation waves[J]. Combustion and Flame, 2021, 223：271-283.

[6] Powers J M, Stewart D S. Approximate solutions for oblique detonations in the hypersonic limit[J]. AIAA Journal, 1992, 30(3)：726-736.

[7] Ashford S A, Emanuel G. Wave angle for oblique detonation waves[J]. Shock Waves, 1994, 3(4)：327-329.

[8] 伍智超,郭印诚 氢-空气斜爆震波的极曲线分析[J].工程热物理学报,2012,33(9)：1631-1634.

[9] Hoffmann K A, Chiang S T. Computational fluid dynamics for engineers-Volume Ⅱ[M]. Wichita：Engineering Education System TM, 1993.

[10] 阎超.计算流体力学方法及应用[M].北京：北京航空航天大学出版社,2006.

[11] Steger J L, Warming R F. Flux vector splitting of the inviscid gasdynamic equations with application to finite-difference methods[J]. Journal of Computational Physics, 1981, 40(2)：263-293.

[12] Toro E. Riemann solvers and numerical method for fluid dynamics[M]. Berlin：Springer-Verlag, 2009.

[13] Kim K H, Kim C, Rho O H. Methods for the accurate computations of hypersonic flows：Ⅰ. AUSMPW+ scheme[J]. Journal of Computational Physics, 2001, 174(1)：38-80.

[14] Jiang Z. Dispersion-controlled principles for non-oscillatory shock-capturing schemes[J]. Acta Mechanica Sinica, 2004, 20(1)：1-15.

[15] van Leer B. Towards the ultimate conservative difference scheme. V. A second-order sequel to Godunov's method[J]. Journal of Computational Physics, 1979, 32(1)：101-136.

[16] Jiang G S, Shu C W. Efficient implementation of weighted ENO schemes[J]. Journal of Computational Physics, 1996, 126(1)：202-228.

[17] Ng H D, Radulescu M I, Higgins A J, et al. Numerical investigation of the instability for one-dimensional Chapman-Jouguet detonations with chain-branching kinetics[J]. Combustion Theory and Modelling, 2005, 9(3)：385-401.

[18] David G G, Harry K M, Ingmar S, et al. Cantera：An object-oriented software toolkit for chemical kinetics, thermodynamics, and transport processes[EB/OL]. https://www.cantera.org.

第 7 章

地面实验方法及主要结果

在理论和数值方法的基础上,本章介绍斜爆轰常用的模拟装置和测量技术,并结合其特点介绍了若干重要实验结果。作为流体力学和燃烧学交叉的前沿方向,斜爆轰的研究方法通常包括理论、数值和实验三种手段。近期重要进展大部分是通过数值方法获得的,原因在于斜爆轰实验很困难。地面实验设备不仅对流动速度要求特别高,即要求总压高,而且流动和燃烧耦合在一起,对静温非常敏感。不少高超声速风洞在总压难以提升时,采用喷管膨胀降低静温提升马赫数的方法,就难以用于斜爆轰研究。在地面模拟设备满足要求的条件下,高温、高压、高速的流场也对测量技术也提出不少挑战。本章重点介绍三种目前采用的斜爆轰地面模拟方法,包括基于弹道靶的高速弹丸射入可燃气体实验、风洞直连式实验和自由射流实验,以及创新性地采用组合式爆轰管开展的实验。最后,针对爆轰流场测试需求,简略地介绍适用的光学测试技术。

7.1 基于弹道靶的斜爆轰实验

各种飞行器在设计、测试中都需要开展大量的流体动力学实验,研究手段可以粗略地分为地面试验和飞行试验。业内认为地面试验成本低、周期短,且易于通过多种测量获得丰富的信息,其在实验研究中占据主要地位,而后者即飞行试验成本高、周期长,一般在研制中后期才有限度地进行。在地面上模拟飞行器外部或内部流动并不容易,因为需要在实验室环境下制造气流与飞行器的相对运动。在实际飞行状况下,飞行器在高速运动,周围的空气是静止的,但是在实验室中让飞行器运动特别是高速运动,面临着诸多限制。因此,地面模拟往往采取将气流加速到高速运动的状态,而飞行器保持固定不动的方式。能够将气流加速的装置称为风洞,在航空航天技术发展过程中发挥了无可替代的核心作用,称为飞行器的摇篮。风洞有多种分类方式,根据其速度可以分为低速风洞、跨声速风洞、超声速风洞和高超声速风洞,本书第 1 章就介绍了基于爆轰驱动的高超声速风洞的原理和重要成果。

　　然而,对于斜爆轰研究来说,一般的高超声速风洞都难以满足要求。要将气流加速到很高的马赫数,一方面靠提高驱动能力,即增加驱动段压力,另一方面也靠降低被驱动段的压力。前者受风洞管道、阀门等机械结构强度等因素的制约,而后者会直接导致风洞难以模拟斜爆轰发动机内的流动。这是因为斜爆轰发动机中能量转换是靠斜爆轰波来实现,不仅对来流马赫数敏感,而且对来流温度、压力也非常敏感。来流马赫数相同是对流动特征模拟的必然要求,而来流温度、压力相同是对燃烧特征模拟的必然要求,因此对高超声速风洞模拟条件提出了更苛刻的要求。类似的问题在其他高超声速发动机,如在超燃冲压发动机中同样存在。通常的超燃发动机地面试验采用燃烧的方式提升驱动气体总温、总压,导致来流气体组分偏离飞行状态中的来流组分,带来污染气体效应[1]。污染气体效应会导致超燃冲压发动机地面试验中更容易点火,也会对燃烧压力等产生影响,引起发动机地面和飞行试验数据的偏差,因此试验数据的天地一致性问题成为一个重要的研究内容[2]。

　　面向高超声速推进的斜爆轰发动机,实验条件苛刻,对来流速度和压力要求高,因此早期试验采用弹道靶开展研究。弹道靶是将飞行器模型通过发射装置加速,射入到静止或低速气体中进行试验的地面模拟设备。其优点是对于较轻的模型,可以加速到很高的速度,获得远高于风洞的相对速度和压力。但是,弹道靶缺点也很明显,其对模型质量和大小要求苛刻,只能开展预混气体中的缩比试验,且模型无法回收,试验成本高,模型速度高,测量困难等。正是由于上述几方面的问题,弹道靶型设备在气体动力学研究和飞行器研制中的应用,远不如风洞型设备广泛。然而,设备本身没有优劣之分,只有针对具体问题的适应与否。鉴于其在高速流动区域的优势,斜爆轰研究中有不少重要的结果是采用弹道靶得到的。本节和 7.2 节分别介绍弹道靶型和风洞型设备在斜爆轰研究中的应用及取得的重要进展。

　　图 7.1 展示了一套用于斜爆轰研究的弹道靶,主要由模型发射器、靶室及测试仪器组成[3]。模型发射器的作用是根据设计要求,将实验模型加速到较高的初始速度。加速可以利用压缩气体来实现,也可以利用气体燃烧、气相爆轰甚至炸药爆炸来实现。经过发射器加速的实验模型进入靶室后,与实验段的气体产

生相对运动,形成爆轰波。靶室是密封系统,外接真空泵和充气系统,通常根据研究需要充入不同种类和参数的气体,初始时刻气体处于静止状态。实验模型与气体相互作用诱导了所需要的流动现象,研究者经过测试仪器进行流动显示和测量,进而分析流动特征。实验模型在通过靶室试验段后仍然会高速运动,因此需要在靶室末端设置缓冲装置,以免模型高速运动损坏设备。根据试验模型的需要,弹道靶的模型速度既可以低至几百米每秒,也可以达到八九千米每秒,其质量也可以在几克到几十千克之间变动,但是通常大质量和高速度不可兼得。

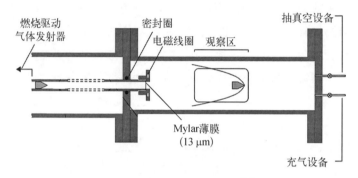

图 7.1　弹道靶设备示意图[3]

基于弹道靶开展的高速弹丸诱导化学反应释热的研究,目前有据可查的最

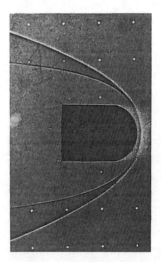

图 7.2　钝头体弹丸射入可燃气体的纹影,速度为 2 605 m/s(约为 CJ 速度的 1.27 倍)[4]

早工作由 Lehr[4] 在 1972 年发表。实验采用了理想化学当量比的 H_2-空气混合气体($2H_2+O_2+3.76N_2$),温度为常温,压力为 42 kPa,对应的 CJ 速度为 2 055 m/s。弹丸直径为 15 mm,前部为半球、后部为圆柱,形成球-柱组合钝头体。在整个实验过程中保持气体成分和温度、压力不变,将弹丸速度作为主要变量。弹丸以不同的速度发射到可燃气体中,经过一段时间和距离形成稳定流场后,利用流场显示技术获得波系结构。图 7.2~图 7.4 显示了三种典型的弹丸诱导燃烧波系结构。首先,在较高的弹丸速度下(速度为 2 605 m/s,约为 CJ 速度 1.27 倍),在弹丸前方形成了脱体的弯曲激波,如图 7.2 所示。弯曲激波在钝头体前方与燃烧面耦合,但是随着弯曲激波向下游延伸,激波与燃烧逐渐解耦,形成了两个分离的密度间断

（纹影结果显示密度梯度）。如果将弹丸射入到惰性气体中，那么只能形成弯曲激波一个密度间断。因此，上述结果说明弹丸前方弯曲激波确实诱导了燃烧反应，然而并没有出现爆轰波，而是反应区以爆燃波的形式存在。

保持其他参数不变，降低弹丸速度，可以获得不同的燃烧波系结构。图 7.3 显示了弹丸速度约为可燃气体 CJ 爆轰波速度的 82% 时的流场[4]，可以看到弯曲激波后方也有燃烧，但是燃烧带限制在一个非常小的区域内，为紧贴弹丸的一层。即使是钝头体正前方，也可以观察到激波面与燃烧面的分离，而柱体周围的燃烧面向外侧扩张非常弱，基本沿着流线向下游发展。当弹丸速度在上述两者之间时，图 7.4 显示了弹丸速度约为可燃气体 CJ 爆轰波速度 99% 时的流场。可以看到波系结构比较复杂，除了常规的激波面，其最大的特点是出现了锯齿状的火焰面。在火焰面和激波面之间，存在一些有规则的密度扰动，可以视为火焰面向激波面辐射的密度波。Lehr 对这种结构的形成机理进行了探究，认为是激波诱导燃烧的不稳定性，在弹丸速度约等于 CJ 爆轰波的速度时出现，导致了钝头体前方的振荡燃烧。振荡燃烧的波系在向下游延伸过程中，发生了激波和燃烧的解耦，诱导了锯齿状的火焰面，同时激波面抗干扰能力比较强，仍然保持光滑。值得一提的是，通过分析不同时刻的流场，Lehr 发现图 7.3 的流场中其实已经出现了振荡燃烧，表现为燃烧面的周期性凸起。基于实验图像得到的长度变化，结合弹丸速度，可以得到振荡燃烧的频率。对图 7.3 较低速度下的流动，振荡频率约为 0.15 MHz，而对图 7.4 中等速度下的流动，振荡频率约为 1.04 MHz[4]。

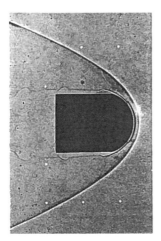

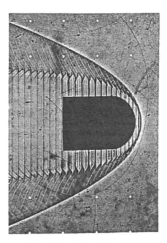

图 7.3 钝头体弹丸射入可燃气体的纹影，速度为 **1 685 m/s**（约为 CJ 速度的 **82%**）[4]

图 7.4 钝头体弹丸射入可燃气体的纹影，速度为 **2 029 m/s**（约为 CJ 速度的 **99%**）[4]

图 7.5 钝头体弹丸射入可燃气体（$2H_2 + O_2$，常温，25 kPa）的纹影，速度为 2 705 m/s[4]

上述研究结果属于激波诱导燃烧，并不是斜爆轰。由于早期的研究中设备的能力有限，大幅度地提高弹丸速度难以实现，因此在理想化学当量比 H_2-空气混合气体中仅获得了激波诱导燃烧的结果。进一步的研究去除了稀释气体 N_2，开展了理想化学当量比 H_2-O_2 混合气体的弹丸实验，将速度小幅度地提高到 2 705 m/s，结果如图 7.5 所示[4]。可以看到钝头体弹丸诱导了斜爆轰波，其波角明显地大于无反应的斜波角，以及激波诱导燃烧情况下的波角。同时，激波与燃烧的耦合作用，在波面后方形成了复杂的波系结构。实验采用 H_2-O_2 混合气体，对应的 CJ 爆轰波速度也有所提升，因此弹丸速度对应的马赫数是 5.08，该速度是 CJ 爆轰波速度的 1.06 倍。对比该结果与图 7.2 的结果发现，弹丸马赫数及其相对于 CJ 爆轰波速度的倍数，并不能单独作为能否形成斜爆轰波的判别依据，波系结构特征还与气体种类等多种因素相关。

Lehr 的弹道靶实验模型主要采用球-柱钝头体组合，不过也开展了两次锥-柱组合体的试验[4]。试验采用的弹丸前部为圆锥、后部为圆柱，圆锥底面和圆柱的直径保持一致，与前面的钝头体直径相同，仍然为 15 mm。在这组实验中，采用的气体为理想化学当量比的 H_2-空气混合气体（$2H_2+O_2+3.76N_2$），温度为常温，压力为 56 kPa，速度为 2 417 m/s，马赫数为 6.03，相对于 CJ 马赫数的倍数约为 1.18。可以看到，如图 7.6 所示，前部的圆锥诱导了平直的斜激波，不同于钝头体诱导的弯曲激波。然而，激波面与燃烧面在向下游延伸过程中发生了解耦，形成了独立的激波面和火焰面。除了前部的结构，在圆柱体上方激波面和燃烧面逐渐解耦的流场与图 7.2 的结果类似。

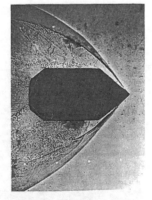

图 7.6 锥柱弹丸射入可燃气体的纹影，速度为 2 417 m/s，半锥角为 37.5°[4]

前部几何结构所导致的波系结构的差异为分析斜爆轰波的起爆机理和条件提供了基础。对于球-柱钝头体，弯曲激波后的高温高压区可以看作起爆的点火源,这个区域能够提供的点火能量取决于预混气体参数、弹丸速度和弹丸直径,在前两者确定之后主要取决于弹丸直径。对于锥-柱组合体,除了气体参数、弹丸速度,点火能量还取决于弹丸直径和锥角,其中,锥角是新增加的一个变量。具体到前部流场,锥角决定了波后压力、温度,而弹丸直径决定了尾部稀疏波的位置,比球-柱钝头体的情况更加复杂。对于图 7.6 锥-柱组合体的流动,有可能锥角后的温度和压力较低,不足以实现起爆;也有可能锥角后的温度和压力较高,经过较长的距离足以实现起爆,但是直径较小起爆过程被稀疏波打断。后一种情况类似 5.1 节讨论的流动,但是类型从二维平面变为轴对称的情况。

　　鉴于锥-柱组合体弹丸诱导的燃烧波结构与多种因素有关,后来的研究人员对此进行了许多探索。Verreault 和 Higgins 归纳了燃烧波结构示意图及变化趋势[3],如图 7.7 所示,燃烧波结构总体上可以分为有爆轰和无爆轰两种。对于前者又会出现即时型斜爆轰波(prompt ODW)和延迟型斜爆轰波(delayed ODW),对于后者会出现不稳定性燃烧(combustion instabilities)和无反应激波(inert shock)。研究发现即时型斜爆轰波在锥角较大及压力较高的情况下出现,其特点是没有明显的诱导区,整个斜激波面后方都与释热区紧密耦合。这种波系特征与图 7.5 所示的球-柱钝头体诱导的斜爆轰波是类似的。锥角减小导致波后压力和温度降低,在锥角的前缘后方出现无放热的诱导区,从而形成了延迟型斜爆轰波。延迟型斜爆轰波不仅

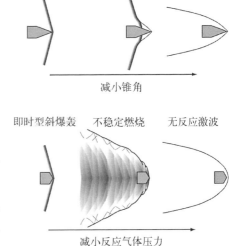

图 7.7　锥-柱组合体弹丸诱导的燃烧波结构示意图及变化趋势[3]

能够在锥体外侧形成,而且能够在锥体下游的柱体外侧完成起爆。当柱体外侧起爆时,如果楔面角度进一步降低或者锥体长度缩减,那么会导致无反应激波流场的出现。另外,如果降低混合物的压力,那么可能导致不稳定性燃烧流场的出现,如图 7.7 所示。这种情况与延迟型斜爆轰波有类似之处,都是在锥角的前缘后方无法完成起爆,但是两者的流动特征差别很大。在不稳定性燃烧情况下,压力降低导致了放热量不足,无法形成足够的膨胀完成激波与释热的耦合。与此对应,在延迟型斜爆轰波的情况下,锥角降低但放热量保持不变,只会导致点火

延迟时间和距离增加，不影响起爆。此外，图 7.7 中省略了激波面和燃烧面解耦的情况，这是从延迟斜爆轰或不稳定性燃烧过渡到无反应激波的过渡阶段，类似于图 7.2 和 7.6 显示的情况。

作为最常见弹丸构型，锥-柱组合体弹丸在可燃气体中诱导了多种燃烧波系结构。对这个现象的理论研究，从起爆角度看，需要回答的核心问题是什么情况下弹丸能够诱导斜爆轰波。为此，研究者提出了两种起爆理论[3,5]，分别考虑了点火能量和点火延迟对起爆过程的限制，获得了能量极限（energetic limit）和动力学极限（kinetic limit）。能量极限理论是一种依据起爆能量和弹丸做功的相对大小得到的起爆理论。由于弹丸在可燃气体中诱导的是柱面爆轰波，其直接起爆的点火能量为

$$E_{ig} = 10\gamma p_0 M_{CJ}^2 \lambda_c^2 \tag{7.1.1}$$

式中，γ 是比热比；p_0 是初始气体压力；M_{CJ} 是爆轰波的稳定传播马赫数；λ_c 是胞格大小。另外，高速运动的弹丸对气体做功为

$$E_p = \frac{1}{2}\rho_0 V_0^2 \left(\frac{\pi d^2}{4}\right) C_d = \frac{1}{2}\gamma p_0 M_0^2 \left(\frac{\pi d^2}{4}\right) C_d \tag{7.1.2}$$

在上述公式中，ρ_0、c_0、M_0、V_0 和 C_d 分别为密度、声速、弹丸飞行马赫数、弹丸飞行速度和阻力系数。弹丸对气体做功在大于等于点火能量的情况下，能够实现起爆。当飞行马赫数给定时，可以得到爆轰波起爆时弹丸的临界直径：

$$d_{cr} = \lambda_c \left(\frac{80}{\pi C_d}\right)^{1/2} \frac{M_{CJ}}{M_0} \tag{7.1.3}$$

式中，阻力系数可以通过如下公式进行估算，θ 为半锥角：

$$C_d = \sin^2\theta \frac{10 + 32(M_0^2 - 1)^{1/2}\sin\theta}{1 + 16(M_0^2 - 1)^{1/2}\sin\theta} \tag{7.1.4}$$

另外，为了保证锥柱组合体能够成功实现起爆，尖锥头部诱导的锥形激波后需要在有限长度内发生化学反应，即满足动力学极限：

$$l_{cone} = L \tag{7.1.5}$$

式中，L 表示头锥子母线长度；l_{cone} 表示锥形激波后气流的诱导反应距离，可以采用流速对诱导反应时间的积分或者通过零维定容燃烧的诱导反应时间与波后流

速的乘积获得

$$l_{\text{cone}} \approx u \times \tau \qquad (7.1.6)$$

　　基于上述理论得到的两个起爆极限及其与实验得到的弹丸诱导燃烧波系类型,如图 7.8 所示[3]。能量极限曲线的上方和动力学极限曲线的右方数据点是满足各自极限对应起爆条件的弹丸对应波系。在考虑到一定实验误差的情况下,同时满足两个极限要求的燃烧波系为即时型斜爆轰波。如果满足能量极限要求,但是不满足动力学极限要求,那么实验结果显示会出现延迟性斜爆轰波;与此对应,如果满足动力学极限要求,但是不满足能量极限要求,通常会出现不稳定性燃烧。在不能起爆情况下,也会出现多种波系结构,如能量极限曲线和动力学极限曲线交叉点左下方,出现了波系分离结构,如果偏离较多就会进一步发展为无反应激波的情况。总体上,能量极限和动力学极限能够很好地对波系类型进行分区,或者说燃烧波系类型可以根据两个极限进行分类和预测。

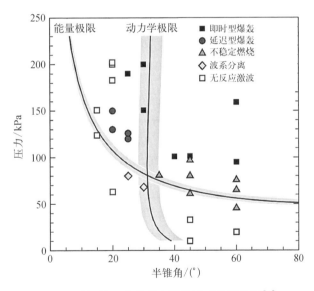

图 7.8　锥-柱组合体弹丸燃烧波系类型分区[3]

　　除了上述球-柱或锥-锥组合体的弹丸,还有一些研究直接采用圆球,也能够诱导斜爆轰波。圆球的几何特征更简单,只有圆球直径一个长度特征量,在预混气体参数和运动速度确定的条件下,其诱导的波系结构完全取决于圆球直径。图 7.9 显示了通过弹道靶得到的圆球诱导的不同类型斜爆轰波系[6]。在这一系列实验中,保持相对速度(即弹丸速度与 CJ 速度的比值)基本不变,气体组分不变(50%氩气稀释的理想化学当量比的 C_2H_2-O_2混合气体,即 $2C_2H_2+5O_2+7Ar$),通过增大压力获得了4种不同类型的波系结构。为了对比,添加了一个惰性气体(采用 Ar 作为介质)中的流场,可以看到弹丸诱导了弯曲激波,同时由于圆球在背风面的膨胀,形成了两道几乎平行于激波面的滑移线。在可燃气体中,圆球诱导了燃烧波,其波面在圆球后方对密度造成了扰动,如图7.9(b)所示。随着压力的增大,出现了如图7.9(c)所示的草帽状(straw hat)结构,其特点为圆球后流场的近场发生了斜激波与火焰面的解耦,不过两者在远场又重新耦合起来,波角也有明显的增加。草帽型结构随着压力的增大会消失,转变为即时型斜爆轰波,如图7.9(d)和(e)所示。对比最后两个波系结构,可以看到在相对速度不变的情况下,放热量的增大导致了斜爆轰波角的增加。

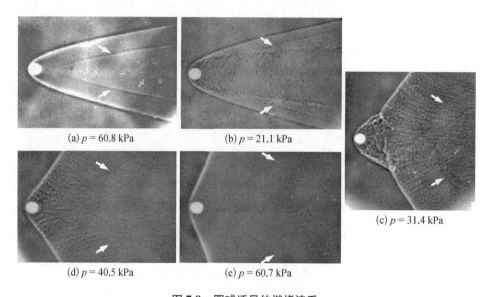

(a) $p = 60.8$ kPa   (b) $p = 21.1$ kPa

(c) $p = 31.4$ kPa

(d) $p = 40.5$ kPa   (e) $p = 60.7$ kPa

图 7.9　圆球诱导的燃烧波系

(a)组分为惰性气体 Ar;(b)~(e)组分为混合气体 $2C_2H_2+5O_2+7Ar$

上述结果说明,圆球诱导的燃烧波系与锥-柱组合体弹丸诱导的燃烧波系在结构上存在许多相似之处,变化规律也基本一致。两种情况下都会出现三种波系,即无反应波系、激波与火焰面的解耦波系、即时型斜爆轰波,但是圆球弹丸前方是脱体正激波,不会出现斜激波导致的延迟型斜爆轰波系。值得重点关注的是草帽型斜爆轰波,这是一种在锥-柱组合体研究中没有发现的结构,反映了一种特殊的激波与释热耦合关系。图7.10显示了圆球诱导的草帽型斜爆轰波演化过程,可以看到随着弹丸的飞行,这种结构在后半段达到了稳定状态,即近场

的解耦区大小基本保持不变[7]。然而，
在弹丸的初始飞行过程中，解耦区较
大，并通过局部爆炸（local explosion）形
成了新的过渡点（transition point）。从
其演化过程看，近场的解耦区中激波和
燃烧带存在耦合作用，这和图 7.7 中的
不稳定燃烧波系是类似的。另外，在球
体背风面持续的膨胀作用下，激波与火
焰面实现了解耦，并在远场重新起爆，这
种结构与图 7.7 中的延迟型斜爆轰波具
有一定的相似。总体而言，草帽型斜爆
轰波兼具不稳定燃烧波系和延迟型斜爆

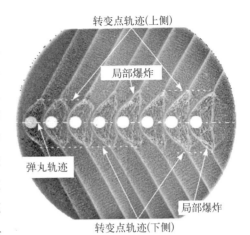

图 7.10　圆球诱导的草帽型斜爆轰波演化过程[7]

轰波的特点，源于球形弹丸的上游强激波压缩和下游持续膨胀的联合作用。

　　冲压加速器（ram accelerator）是一种利用斜激波诱导燃烧或斜爆轰波推动弹丸飞行的新型弹道靶设备，如图 7.11 所示[8]。弹丸在充满预混可燃气体的管道中运动，通过斜激波压缩在弹丸后方诱导燃烧［图 7.11（a）］或者形成斜爆轰波［图 7.11（b）］。可以看到弹丸和管道组成了可供气流通过的压缩-扩张通道，构型与高超声速冲压发动机的进气道-燃烧室是非常相似的。如果弹丸运动速度小于预混气体中的 CJ 爆轰波速度，那么称为亚爆轰模式（sub-detonative operation），类似于亚燃发动机中的流动过程。如果弹丸运动速度大于预混气体中的 CJ 爆轰波速度，那么称为超爆轰模式（super-detonative operation）。在超爆轰模式下，斜激波以较高的马赫数实现了对可燃气体的剧烈压缩和迅速点火，并通过斜爆轰波后高速气体的膨胀推动弹丸加速。超爆轰模式的冲压加速器流动燃烧过程可以看作简化的斜爆轰冲压发动机，简化之处在于气体是均匀预混的，这一点在真实的高速发动机中是较难实现的。此外，冲压加速器也可以用于改造传统的弹道靶设备发射装置，拓展在高超声速气动实验、再入物理现象方面的研究能力。目前最常用的弹道靶设备的发射装置是二级轻气炮，与之相比冲压加速器具有独特的优势：冲压加速器持续加速时间和距离较长，对于被加速物体的质量变化不敏感，达到同样的速度条件下弹丸的质量可以比二级轻气炮的弹丸质量高得多。和常见的脉冲型设备激波风洞相比，冲压加速器的优势在于能够同时模拟高马赫数和高雷诺数，对于某些问题如湍流边界层转捩的研究是至关重要的。

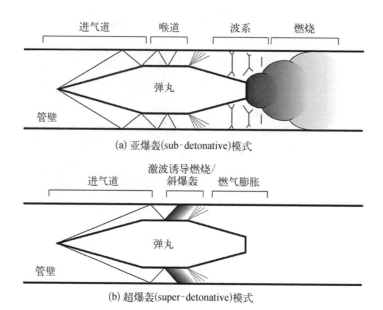

图 7.11　冲压加速器原理示意图[8]

　　冲压加速器是华盛顿大学(University of Washington)的 Hertzberg 在 20 世纪 80 年代提出的,其建立的口径为 38.1 mm、长 16 m 光滑腔加速器(smooth bore ram accelerator, SBRA),可以将弹丸加速至 2.6 km/s 的出口速度[8,9]。基于该设备,研究者对推力、马赫数等的关键问题进行了探索。实验结果表明加速器性能对放热量非常敏感,对于给定的可燃混气,加速器的推力与无量纲理论值吻合较好,通过逐级填充更高放热量的燃气组合则可以达到很高的出口速度[8],如图 7.12 所示。然而,研究也发现当放热量过高时,激波波系会移动到弹丸前端而导致非启动状态的发生,限制了冲压加速器的速度提升。此后,针对加速器的放热量上限问题,研究者提出了挡板管式加速器(baffled-tube ram accelerator, BTRA)和轨管式加速器(railed-tube ram accelerator, RTRA)[10,11]。前者的挡板有效地抑制了激波波系的向前传播,从而比光滑腔加速器具有更大的释热能力,在相同的填充压力下有望实现之前的 3 倍的推力。后者具有更大的载荷空间,并且弹丸鳍片无须暴露于高压反应性流中,不存在腐蚀等问题,发射成本也更低。当冲压加速器最早提出时,研究者希望能够用其实现小载荷的单级入轨发射,如发射小卫星或者给空间站运送补给。后来的发展远远没有达到预期目标,而且随着电磁等发射技术的成熟,其应用前景日趋黯淡。冲压加速器能否找到新的应用方向是一个值得关注的问题。

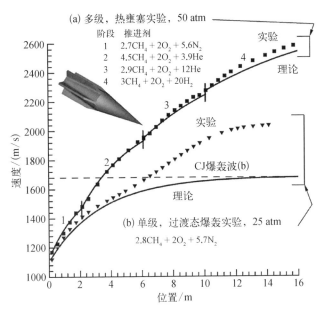

图 7.12　冲压加速器连续加速实验结果[8]

7.2　基于风洞的斜爆轰实验

　　不同于弹道靶,利用风洞开展实验,模型是固定的。风洞驱动气流运动,流经模型外部或内部,研究者利用测量和显示技术获得流动图像、开展关键参数测量。风洞型设备的优点是实验模型固定不动,容易进行测量,不存在弹道靶中每次试验需要消耗一个模型的问题,因此在地面试验中应用非常广泛。在高超声速领域,风洞的主要问题是实现气流的高速运动,以模拟来流较高的总温、总压。从原理上讲,气流运动能量来源于风洞的驱动装置,因此提高风洞的驱动能力,以及其转换为气流动能的效率,成为高速风洞技术发展的关键。具体到斜爆轰领域,国内外研究者采用了不同方法开展了一些研究,下面对三个主要的研究成果进行介绍。

　　美国的研究者 Rosato 等[12]利用燃烧加热风洞开展了斜爆轰研究,其特点是获得了较长时间的驻定斜爆轰波。实验所采用风洞的示意图,以及各段的长度和重要气体动力学重要参数,如图 7.13 所示。掺混室(mixing chamber)可以看风洞的驱动段,原理是利用预燃燃料(pre-burner fuel)的燃烧加热生成高温高压的驱动气体。驱动气体流经收缩-扩张喷管到达超声速,同时喷注爆轰所用燃料(main fuel)形成高速可燃气体,并在下游测试段(test section)利用楔面诱导斜爆轰波。因此,在风洞中有两处燃烧,第一处发生在掺混室,第二处发生在测试段。掺混段也常称为预燃室,其燃烧目的是提高风洞的驱动能力,即喉道前的总温总压。在这个实验中,通过燃烧形成了最高总温为 1 060 K,最大总压为 5.70 MPa 的驱动气体。风洞实验中的驱动气体相当于发动机中的空气,需要进一步喷注斜爆轰试验所用的燃料,两者在收缩-扩张喷管中混合加速,形成了马赫数为 4.4 的高速可燃气流。这个气流在流经下游试验段的楔面时,在合适的条件下可能会形成斜爆轰波。试验段的温度为 280 K,楔面角度为 30°,直径为 45 mm,长度为 159 mm。通过调节燃料的喷注量,可以调节总压和试验段的当量比,借助这两个参数研究了流动特征的变化规律。

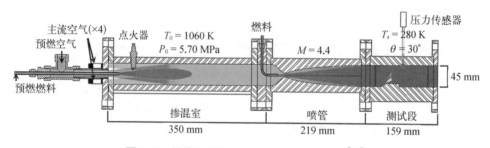

图 7.13　燃烧加热风洞及斜爆轰实验示意图[12]

基于阴影法和化学发光技术显示的流场如图 7.14 所示,其中前者显示了激波的分布,后者显示了释热区的分布。总体上存在三种燃烧模式,分别称为斜爆轰模式、马赫杆诱导燃烧模式和斜激波诱导燃烧模式,并非都形成了斜爆轰波。流场显示在斜爆轰模式下,斜激波发生了弥散,推测原因为三维效应的影响,而其余两种情况下斜激波及其马赫杆非常明显。然而,上述流场更大的区别在于释热区分布。在第一种情况下,斜激波后迅速诱导了释热,上侧释热较弱但是在壁面反射后又有所增强。在第二种情况下,释热发生在马赫杆后方,而在第三种情况下,仅仅在斜激波后方形成了微弱的释热区。

为了进一步分析不同燃烧模式的差别,图 7.15 显示了不同当量比和总压条件下的燃烧模式分类。在总压较低的情况下,容易形成斜激波诱导燃烧的模式(Ⅰ区),此时由于楔面长度不够,大部分燃料没有发生燃烧。保持当量比不变、提升总压可以导致出现马赫杆诱导燃烧(Ⅱ区,下),此时燃料大部分在马赫杆

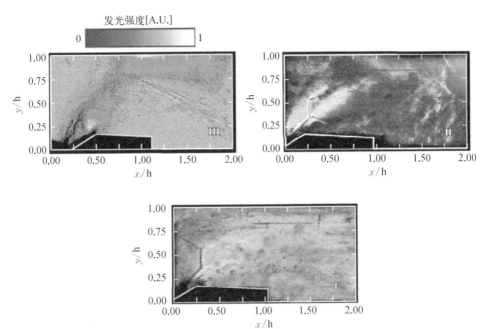

图 **7.14**　燃烧驱动风洞中斜爆轰流场的三种燃烧模式,从上到下依次为斜爆轰、
马赫杆诱导燃烧、斜激波诱导燃烧[12]

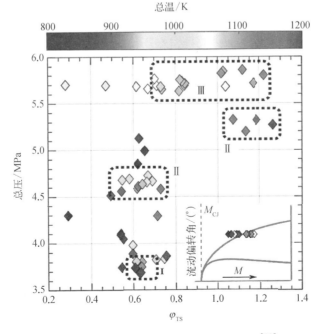

图 **7.15**　当量比和总压对燃烧模式的影响[12]

后发生释热。原因在于总压增加导致密度增大、燃烧的点火时延缩短。同时提高总压和当量比，燃烧模式仍然为马赫杆诱导燃烧（Ⅱ区，上），但是进一步提高总压会导致燃烧模式转为斜爆轰燃烧（Ⅲ区）。由于实验结果有限，上述不同结构之间的转换机理，还有待进一步研究。然而，目前结果已经充分地证明，波系结构对总温、总压和当量比存在很强的依赖关系。上述风洞设备有很明显的不足，最大的问题在于总温、总压较低。这导致其在试验段形成的气流速度不太高，最高马赫数仅能达到4.4。为了迅速起爆，实验选用了较大的楔面角度，进一步导致斜爆轰波容易脱体，形成了马赫反射结构或波角比较大的斜爆轰波。从推进的角度，这种波系波角大是突出的缺点，会导致总压损失高而难以应用。因此，进一步的研究需要关注较高来流马赫数条件下，更适用于推进应用的斜爆轰波系结构。

基于高超声速激波风洞，中国科学院力学研究所的姜宗林等开展了斜爆轰流动与燃烧实验，获得了高马赫数下的斜爆轰波系结构[13]。在 Rosato 等[12] 国外学者开展的试验中，试验段的马赫数最高仅为4.4，难以满足飞行条件下的斜爆轰发动机内部流动速度的模拟要求。此外，采用了燃烧加热的方式获得了高总压气体，这无法避免污染气体效应，难以准确地获得斜爆轰波的点火特性。姜宗林等采用基于反向爆轰驱动的激波风洞 JF12 开展实验，该风洞的原理已经在第1章进行了介绍。原则上，爆轰驱动类似于燃烧驱动，也是利用化学反应释热提高驱动能力。然而，爆轰驱动激波风洞中，污染气体并不直接用于实验，而是在被驱动段形成高速激波，首先压缩纯净空气形成高总压气体，再通过喉道进入试验段形成高速气流。因此，爆轰驱动风洞实验中不存在污染气体效应，具有来流气体纯净、速度高的优势，为斜爆轰研究提供了无法替代的工具。

斜爆轰发动机实验模型的几何结构图如图7.16所示[14]。作为第一步的原理性实验，其设计原则是利用尽可能简化的模型开展风洞实验，获得流场的基础数据，验证斜爆轰燃烧的可行性。因此，进气压缩采用单级的斜激波压缩，燃料喷注采用简单的激波前支板喷注，喷注方向与主流平行。经过混合的可燃气体，向右上方运动，利用上侧的壁面诱导斜爆轰波。起爆后的斜爆轰波会在对侧的壁面上发生反射，形成复杂的结构，相关波系特征已经在第5章进行了探讨。为了提升斜爆轰波系的燃烧稳定性，上游压缩面与斜爆轰波发生反射的壁面之间留了一个缝隙，利用边界层溢流阻止失稳斜爆轰波系的上传，如图7.16(c)所示。在上述结构设计中，有多个可调节的几何参数，如进气道压缩角、支板高度、燃烧室高度等。在实验前，支板需要外接燃料供给装置，为了进行实验数据测量,通常还需要在壁面布置传感器。在实验中采用了纹影进行流场显示,布置了壁面压力和热流传感器进行测量。

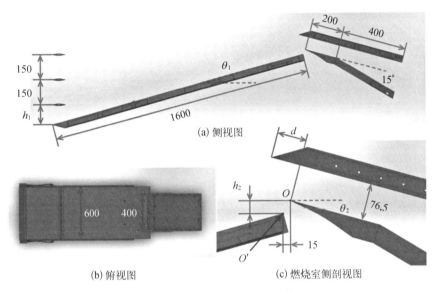

图 7.16 斜爆轰发动机实验模型几何结构图[14](尺寸单位: mm)

由于实验周期长、成本高,需要进行精心设计,确定合适的研究方案和目标。研究者基于 JF12 风洞的运行参数和对斜爆轰流动特征的认识,确定了获得爆轰波燃烧模式、验证起爆与驻定设计的核心目标。风洞提供的气流总温约为 3 500 K,总压约为 2.45 MPa,对应飞行马赫数 M_0 约为 9。采用 H_2-空气混合气体作为燃料,当量比约为 1.2,流量采用单支板喷注时约为 19 g/s。为了确保实验的成功,研究者首先利用数值方法对拟开展的实验进行了仿真。图 7.17 显示了仅采用中层支板进行喷注,获得的温度和燃料密度场。可以看到这是一种典型的斜爆轰波,从燃烧室入口向右下方延伸,依次出现斜激波、马赫杆及分离激波,同时分离激波导致了分离区,向上游延伸到了溢流口。在给定的来流条件下,进气道无明显提前燃烧,而燃烧室迅速形成了马赫杆与放热的强耦合,因此也称为强爆轰。

通过纹影获得的风洞实验的流场如图 7.18 所示,其中,图 7.18(a)就是与上述数值模拟结果相对应的强爆轰燃烧模式。在剧烈放热导致的自发光影响下,很难获得内部的波系结构,不过可以看到两者波面符合很好。图 7.19 进一步显示了强爆轰燃烧模式下,燃烧室上下壁面上的压力分布。上壁面的两个压力突

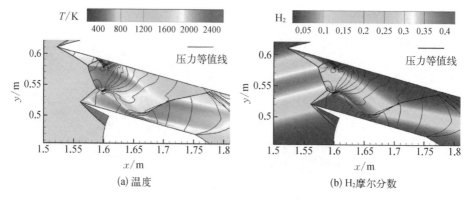

(a) 温度 (b) H₂摩尔分数

图 7.17 燃烧室内数值模拟结果(黑线表示压力等值线)

跃分别对应入口斜激波和起爆,而下壁面的压力突跃与逐渐抬升分别对应分离激波和分离区末端。实验得到的压力和数值结果符合,说明图 7.17 的模拟结果可以用来开展内部波系的深入分析,为后续研究提供了方便。对于上述斜爆轰波系结构,由于实现了马赫杆和放热的强耦合,燃烧模式称为强爆轰模式。

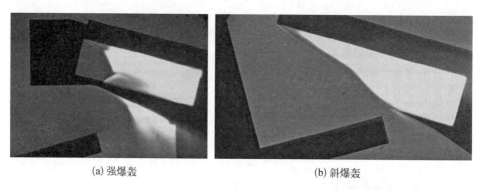

(a) 强爆轰 (b) 斜爆轰

图 7.18 燃烧室内的流场实验纹影,强爆轰和斜爆轰燃烧模式[14]

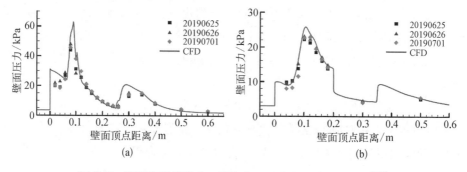

(a) (b)

图 7.19 强爆轰燃烧模式下燃烧室上下壁面上的压力分布[14]

如果使三个支板的中层和下层同时喷注,并将壁面位置适度前移,那么就可以获得图 7.18(b)所示的燃烧模式。此时,波角明显地小于强爆轰模式,有利于降低总压损失,提升推进效能,接近斜爆轰发动机追求的理想燃烧模式,因此称为斜爆轰燃烧模式。可以看到在斜爆轰燃烧模式下,前半段和后半段的波角还是略有差异的,而且上壁面入口附近还存在一些疑似没有发生燃烧的局部区域。但是,对其波系结构进行深入研究比较困难,除了实验测量技术的不足导致测量困难,对这种结构进行仿真也未获得与实验结果一致的结果,如图 7.20 所示,导致利用数值仿真进行分析的思路也无法实现。然而,实验中观察到两种不同的斜爆轰波系结构是毋庸置疑的,这也是首次通过风洞实验成功地获得纯净气体中的斜爆轰波系。在此需要特别说明的是,国内研究者的结果在 2020 年 11 月已经在线发表[13],前面介绍的国外研究者的工作已在 2021 年 2 月投稿[12],然而并没有引用国内的研究进展。

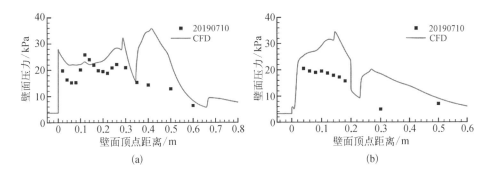

图 7.20　斜爆轰燃烧模式下燃烧室上下壁面上的压力分布[14]

面向斜爆轰发动机工程应用,中国航天科工集团第三研究院三十一研究所 Gong 等[15]针对实际飞行工况,开展了斜爆轰地面试验研究。为了验证斜爆轰应用于高速冲压发动机的可行性,早在 2016 年就基于燃烧加热高焓直连试验台搭建了地面试验与测量系统,如图 7.21 所示。其中,试验系统主要包含高焓加热器、模拟高速来流条件的喷管、斜爆轰发动机的燃料喷注掺混段、斜爆轰燃烧室及低压排放段。测量系统包含压力测量模块和高速摄影、纹影测量系统。该试验台通过在高焓加热器内高压富氧空气中燃烧酒精来提升喷管喉道前的气流总温、总压,以模拟飞行工况来流条件。这种装置的优点是时间试验较长,可以达到秒量级。但是,酒精燃烧产物也会带来污染气体效应,试验段气流组分并非纯净空气,此外酒精燃烧温度的限制也导致总温提升困难。

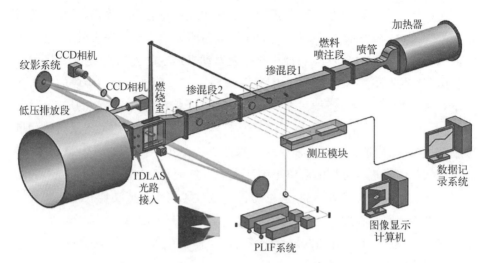

图 7.21　基于燃烧加热直连试验台的斜爆振直连试验样机及测量系统[15]

　　基于上述试验系统,开展了以氢气为燃料的钝楔诱导斜爆轰燃烧试验。如上面所述,对斜爆轰发动机内流动和燃烧过程的实验研究,其参数的选取需要根据斜爆轰发动机设计工况具体确定,尽可能地保证对于某个飞行工况下来流总温、总压的同时模拟。该试验模拟了飞行马赫数 8 对应的来流条件,即总温为 2 400 K、总压为 6 MPa,空气流量为 4 kg/s,掺混段入口马赫数为 3.0,其中,总压考虑了进气道压缩和燃料掺混带来的损失。这个试验是在上述两个试验之前开展的,此前没有类似的试验,为了能够确保斜爆轰波快速起爆,起爆楔面采用大角度加小角度的两级斜楔,其构型如图 7.22(a)所示。其中,第一级角度 α_1 为 45°,第二级角度 α_2 为 11°。氢气燃料当量比约为 0.5,在长达 2 s 的试验时间内,通过高速摄影和纹影观察到了斜爆轰波的完整起爆过程与驻定波系结构,获得了斜爆轰稳定流场中火焰与激波结构[15],如图 7.22 所示。此外,通过流场高速摄影结果也可以看到,可能由于来流静温较高,且燃烧加热直连台来流含有众多自由基团,在斜爆轰波前存在一定的提前燃烧现象。

　　除上述试验外,研究者还基于反向爆轰驱动风洞,在 27 kPa 飞行动压条件下,开展飞行马赫数为 10 的氢气和乙烯燃料斜爆轰发动机直连燃烧试验。试验模拟来流总温为 3 800 K,模拟进气道压缩后总压为 15 MPa。通过高速摄影并结合纹影技术,获得发动机燃烧室内斜爆轰流场中火焰和激波的发展情况。斜爆轰发动机直连试验模型结构图如图 7.23 所示,包含燃料喷注掺混段、燃烧室和排放段。其中掺混段入口可以看作斜爆轰发动机的进气道出口,与风洞喷管出

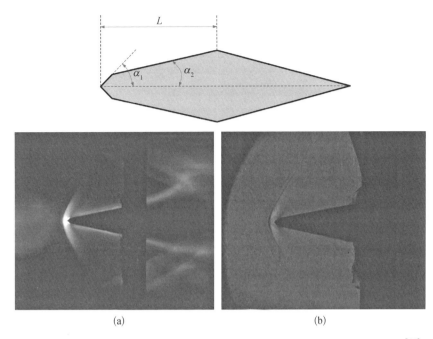

图 7.22　斜劈构型及采用高速摄影和纹影显示的斜爆轰流场火焰与激波结构[15]

口相连接以获得发动机进气道出口来流条件。排放段与风洞真空罐相连,以模拟高空飞行工况背压条件。为了获得较好的燃料掺混效果,同时避免燃料进入高温边界层中发生提前燃烧,试验中燃料喷注采用悬臂斜坡喷注器,如图7.23(b)所示。其中在流道下侧布置三个悬臂结构,流道上侧布置两个悬臂结构,流道上下两侧的喷注结构交错排布。发动机燃烧室的剖视图如图7.23(c)所示,在设计中将斜劈抬起了一定高度,以消除下壁面来流边界层对斜爆轰波起爆与驻定可能造成的影响。此外,在试验中通过更换斜劈或者前后移动斜劈位置,以实现斜劈角度及与燃烧室上壁面拐点之间前后位置的调节。通过以上介绍可以看出,该直连试验模型在掺混段和燃烧室进行了精心的设计,更接近于实际斜爆轰发动机流道构型与设计约束,能够更好地反映斜爆轰发动机内流动燃烧过程。

　　图7.24显示了以当量比为0.7的氢气为燃料,在20°斜劈角度下的稳定斜爆轰燃烧的高速摄影和纹影结果。可以看到,在此工况下,燃烧室受限空间中斜劈诱导起爆形成了清晰的驻定斜爆轰波。由于斜爆轰波恰好打在了燃烧室上壁面拐点处附近,斜爆轰波能够保持驻定燃烧。这与第5章中的计算结果吻合,也进一步证明了数值仿真的可靠性。此外,从纹影中也可以看到部分激波面打在了

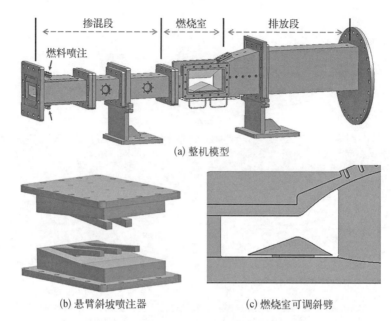

(a) 整机模型

(b) 悬臂斜坡喷注器   (c) 燃烧室可调斜劈

图 7.23   斜爆轰发动机直连试验模型结构图

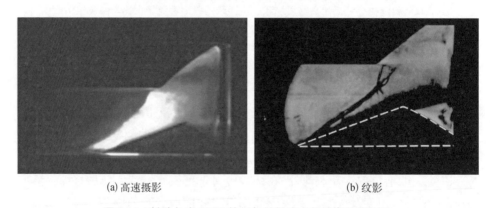

(a) 高速摄影   (b) 纹影

图 7.24   斜劈角度 20°下的氢气燃料稳定斜爆轰燃烧流场

燃烧室上壁面拐点后方,一般认为这是由三维流场中展向截面参数不一致造成的。这些结果也说明,在来流非均匀掺混、侧壁面边界层三维效应等非理想因素影响下,实际燃烧室中会呈现出更为复杂的斜爆轰流动与燃烧特征。

在上一个试验流场基础上,将斜劈向前移动 10 mm,其余参数保持不变,得到的试验结果如图 7.25 所示。可以看到,斜劈前移导致斜爆轰波位置相应地前移,斜爆轰波起爆后在燃烧室上壁面的平直段上反射,导致边界层发生分离,通过纹影结果可以看到形成了分离激波、马赫杆(正爆轰波)结构。在爆轰波与边界层分离区的相互作用下,斜爆轰波最终发生了前传失稳,无法实现受限区域内的驻定燃烧。由于爆轰波传播速度在千米每秒量级,从斜爆轰波打在燃烧室上壁面到前传失稳,整个失稳动态过程发生时间在 2~3 ms。这种十分迅速的失稳过程,以前研究较少,给斜爆轰燃烧稳定控制提出了巨大的挑战。

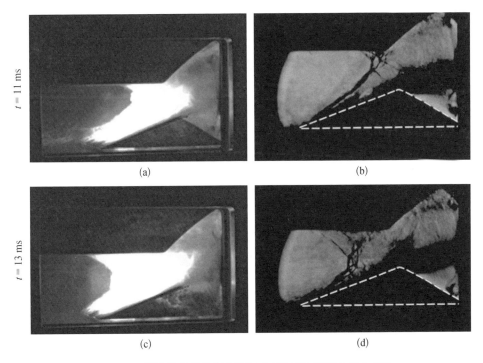

图 7.25　斜劈前移导致斜爆轰波失稳过程,斜劈角度为 20°

　　斜劈角度对斜爆轰波起爆及驻定特性会产生较大的影响,相关的数值和理论研究已经在本书前几章进行了介绍。保持来流工况不变,采用当量比为 0.7 的氢气为燃料,将斜劈角度从 20° 增加到 25°,获得的斜爆轰流场如图 7.26 所示。在此状态下,斜爆轰波同样作用在燃烧室上壁面拐点附近,能够实现稳定的驻定燃烧。在斜劈角度增大之后,其诱导的斜爆轰流场中火焰更为明亮,表明此时燃烧得也更剧烈充分,并且从纹影中可以明显地看到斜爆轰波角度也更大。但是由于来流的扰动及测试技术方面,流场显示的质量不高,难以对结果进行深入分析及开展系统的研究。

　　除了采用氢气为燃料,研究者还针对工程应用上更为关注的碳氢燃料开展了斜爆轰试验研究。由于大分子液态碳氢燃料点火时延长,受试验台有效模拟

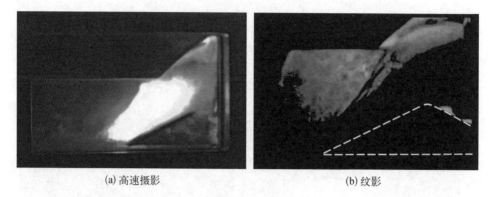

(a) 高速摄影   (b) 纹影

图 7.26　斜劈角度 25°时氢气燃料稳定斜爆轰燃烧流场,当量比为 0.7 的氢气燃料

时间的限制,试验中采用小分子的气态乙烯,当量比设定为 0.7。基于上述同一台直连试验样机,在相同的来流工况条件下,25°斜劈诱导的斜激波流场及斜爆轰流场结果如图 7.27 所示。可以看到,喷注燃料后斜劈诱导斜激波面出现明显

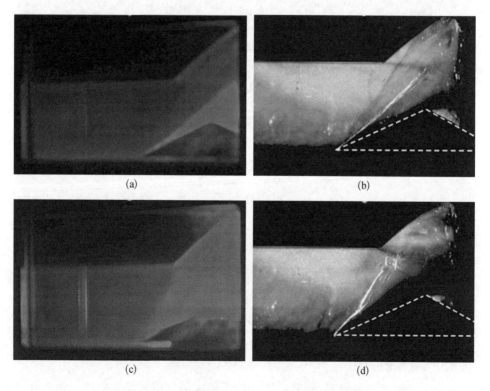

(a)   (b)

(c)   (d)

图 7.27　斜劈角度 25°下斜激波流场[(a) 高速摄影,(b) 纹影]和斜爆轰波
[(c) 高速摄影,(d) 纹影,当量比为 0.7 的乙烯燃料]流场

地抬升,斜劈诱导起爆形成了驻定斜爆轰波结构。在此状态下斜爆轰波在燃烧室上壁面拐点处附近反射,斜爆轰波能够保持驻定燃烧。与图 7.26 中相同角度斜劈诱导的氢气燃料斜爆轰波相比,乙烯燃料斜爆轰波结构存在明显差异。上述差异表明,燃料会对斜爆轰的起爆与波系结构产生明显的影响。对于斜爆轰发动机的工程应用,后续应进一步开展大分子碳氢燃料中斜爆轰燃烧特性研究,为工程设计提供理论指导。

7.3　组合式爆轰管的创新应用

前面介绍了弹道靶和风洞两类常用的斜爆轰实验装置。两者的核心区别在于通过不同的方式制造相对运动:弹道靶将弹丸高速发射至静止气体中,属于模型动气流不动,适合质量轻、尺度小实验模型的研究;风洞驱动气体流经模型,属于气流动模型不动,适合大尺度模型,方便测量。弹道靶实验中的干扰因素少,但是高超声速发射设备复杂,实验成本高。高熵风洞的运行对于驱动条件要求极高,试验系统建造难度大,成本更高。早期国外的研究者针对斜爆轰实验,提出过一种组合式爆轰管的创新应用方式。基于突扩激波管,利用轻薄隔膜分为上下两个独立的混合气体空间,实现了斜爆轰波的起爆,并且通过改变填充气体的初始条件来调整斜爆轰的结构与状态参数[16,17]。虽然这种技术有诸多限制,目前已经不再使用,但是体现了创造性的构思,有必要被更多的研究者了解。

用于斜爆轰研究的组合式激波管示意图如图 7.28 所示,分为下部分驱动段与上部分的被驱动段(实验段),两段之间通过聚酯膜将不同组分的预混气隔开。驱动段长度远大于被驱动段,其左侧突出的部分用于产生以 CJ 状态运动的正爆轰波,该段所选择填充的预混气体(A)主要考虑实验段所需要的马赫数。

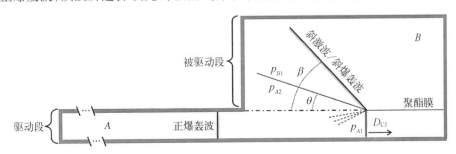

图 7.28　用于斜爆轰研究的组合式激波管示意图

当驱动段的正爆轰运行至与被驱动段齐平时,两段间的聚酯膜会被爆轰波燃烧掉从而在上方膨胀形成具有固定角度 θ 的膨胀区,因而对于被驱动段气体而言,向右以 CJ 速度运行的爆轰波在混合气体 B 中形成了气动楔面,进而形成某个角度 β 的斜激波或斜爆轰波。为了实现上述设想,驱动段内的爆轰波需要足够的长度运行至 CJ 状态,聚酯膜则要具有足够的强度来分离两种混合物,并且很薄足以减少对爆轰运行时波系的干扰。

为保证实验段气体 B 达到斜爆轰的起爆条件和下方驱动气体形成气动楔面,下方爆轰波的传播速度需要大于被驱动气体中 CJ 爆轰波的速度。对于爆轰管内形成的斜激波或斜爆轰波,状态参数可以通过简化理论推导来获得近似值。假设驱动段与被驱动段的初始气体状态已经确定,同时假设驱动段内的正爆轰波以 CJ 状态运行,可理论估算正爆轰波速度 D_{CJ} 和波后的压力 p_{A1}。正爆轰波后的压力 p_{A1} 经过膨胀波后降低为 p_{A2},并在接触面位置与斜激波/斜爆轰波后的压力 p_{B1} 达成匹配。在当前假设中,只存在三个未知的参数:斜激波/斜爆轰波的波后压力 p_{B1}(或 p_{A2}),斜激波/斜爆轰波的角度 β,以及楔面角度 θ。未知量则可以利用斜激波/斜爆轰波、普朗特-迈耶尔膨胀扇和压力匹配条件进行迭代求解。为简化分析,假设混气 B 中形成的是斜激波,则相关分析过程如下所示。

首先,斜激波的波面角度与气动楔面角度关系,其中组分 B 的马赫数 $M_B = D_{CJ}/c_B$,c_B 为混气 B 的声速,γ_B 为混气 B 的比热比:

$$\tan\theta = 2\cot\beta\left[\frac{M_B^2\sin^2\beta - 1}{M_B^2(\gamma_B + \cos 2\beta) + 2}\right] \tag{7.3.1}$$

其次,斜激波关系式满足:

$$p_{B1} = p_{B0}\left[1 + \frac{2\gamma_B}{\gamma_B + 1}(M_B^2\sin^2\beta - 1)\right] \tag{7.3.2}$$

接触面压力匹配:

$$p_{A2} = p_{B1} \tag{7.3.3}$$

且 $A1$ 和 $A2$ 区域的总压相等,并假设比热比是定值,即 $\gamma_{A1} = \gamma_{A2}$:

$$p_{A1}\left(1 + \frac{\gamma_{A1} - 1}{2}M_{A1}^2\right)^{-\frac{\gamma_{A1}}{\gamma_{A1}-1}} = p_{A2}\left(1 + \frac{\gamma_{A1} - 1}{2}M_{A2}^2\right)^{-\frac{\gamma_{A1}}{\gamma_{A1}-1}} \tag{7.3.4}$$

普朗特–迈耶膨胀波关系式可以表示为

$$v(M) = \sqrt{\frac{\gamma+1}{\gamma-1}\arctan\sqrt{\frac{\gamma-1}{\gamma+1}(M^2-1)}} - \arctan\sqrt{(M^2-1)} \quad (7.3.5)$$

气流的偏转角度 θ 为

$$\theta = v(M_{A2}) - v(M_{A1}) \quad (7.3.6)$$

通过上述方程的迭代求解最终可求出斜激波理论值。如果混气 B 中形成的是斜爆轰波,那么只需要把式(7.3.1)和式(7.3.2)修改成斜爆轰波的波角、压力关系式即可。

Viguier 等[18]基于上述所示的组合式爆轰管设备,对 H_2–空气与 CH_4–空气两种混合气体在马赫数为 6 的条件下采用不同斜劈角度的斜爆轰波进行了研究,获得了如图 7.29 所示的基本结构特征,然而实验中所观察到的波后压力、斜劈角度及斜爆轰角度要比理论推导值小。此外,对于一些极曲线理论上能够获得的斜爆轰波的工况却并未发生起爆,只形成了斜激波后的小角度火焰。研究者分析认为这是由于上方试验段的几何空间受限,若上段管道够高,则会发生起爆。此后,他们在更广的起爆条件范围内开展研究,驱动气体采用 $C_2H_4+3O_2+8He$ 并设计了马赫数为 7.5 来流下的 H_2–空气斜爆轰起爆条件[19]。在此基础上,实验获得了更为精细的斜爆轰结构,如图 7.30 所示,并以此为基础验证了斜爆轰数值模拟获得的起爆区结构特征。

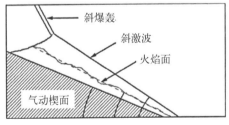

(a) 混气 $A = C_2H_2+2.5O_2$, $p_{A0} = 0.8$ bar*　　　　(b) 混气 $B = H_2+$空气, $p_{B0} = 0.5$ bar

图 7.29　斜爆轰波纹影图[18]

组合式斜爆轰管的实验参数选取,可以利用前面所建立的理论分析来估算。首先,当驱动段与被驱动段的气体组成确定后,填充段的初始压力范围具有一定

---

* 1 bar = 10^5 Pa。

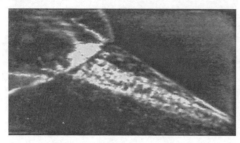
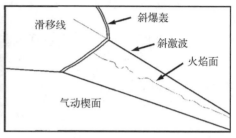

(a) 混气 $A = C_2H_4 + 3O_2 + 8He$, $p_{A0} = 1.0$ bar　　　(b) 混气 $B = H_2 +$ 空气, $p_{B0} = 0.4$ bar

图 7.30　斜爆轰波纹影图[19]

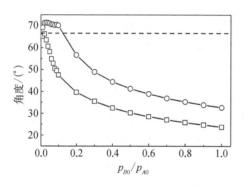

图 7.31　气动楔与斜激波角度随填充压比的变化规律

的限制。图 7.31 为实验气体采用 H_2+空气,驱动气体采用 $C_2H_2 + 2.5O_2$ 的工况参数计算结果,将被驱动段与驱动段的初始压力之比 p_{B0}/p_{A0} 作为变量,则可以求出楔面角度与斜激波角度的变化规律。在压比不变的条件下,驱动压力的变化对两个角度的大小并无影响,因此图 7.31 仅展示 $p_{A0} = 1$ atm 的曲线。然而,斜激波的角度随着压比增大会逐渐地减小,因此图 7.31 为组合式激波管运行参数选择提供了依据,在实验中可以根据所需斜爆轰角度来确定充气压力。此外,基于斜激波关系式可以计算出在实验气体中,激波脱体的临界角度约为 67°,因此根据图 7.31,压比小于 0.2,则基本难以形成有效的斜激波及斜爆轰波。

确定被驱动段和驱动段压力的比值后,还需要确定驱动段的初始压力值。基于前面的理论分析可以发现,当初始压比确定后只改变驱动段的压力,基本上不影响两个角度,则斜激波的波后温度也不会发生很大的变化。图 7.32 给出了斜爆轰波运行速度及斜激波波后压力的变化。当压力从 0.8 atm 速度提升到 8 atm 时,稳定后的正爆轰波 CJ 速度变化增长并不明显,运行马赫数的改变主要是依靠改变驱动组分来实现的。图 7.32(b) 为驱动压力分别为 1 atm、5 atm 和 10 atm 时不同压比下的斜激波压力变化情况。随着压比的增大,斜激波波后压力增加明显,若发生斜爆轰起爆,则产物压力必然更高。为了保证安全,驱动段压力不易过高。总的来说,这种斜爆轰实验设备的驱动段压力不能过高,被驱动段压力则不能过低,驱动段压力一般设为 0.4~1.6 atm,而被驱动段压力为 0.2~ 0.8 atm,继而根据所需的楔面角度调节压力的具体值。

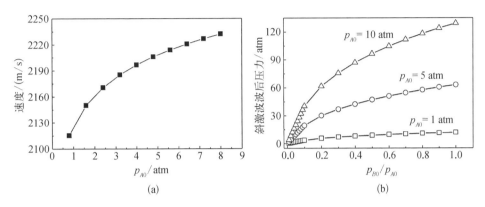

图 7.32　斜爆轰波运行速度及波后压力的变化

组合式爆轰管的实验方法最突出的优势是成本低,但是其产生的斜爆轰波稳定性差,气体参数范围受限。特别是实验中观察到的斜爆轰波角,与理论计算得到的结果往往差异较大,而且斜爆轰波面在向外延伸过程中容易弯曲。此外,由于实验段管道尺寸不够大,无法顺利起爆的现象也经常发生,因此近二十年基本上已不采用这种实验方法。从技术发展角度,若想利用这种组合式爆轰管获得较为理想的斜爆轰波系,核心是改进爆轰管的结构设计,使气动楔面更加接近于真实的物理斜劈。首先,可以将下方驱动段前方突出部分的内径设计略大于后段,当正爆轰波运行至被驱动段起始端时,边界层被阻挡波面只保留了平直部分,波面发生绕射时的间断面也更为平直。此外,实验段的高度需足够高,不能使反射激波影响到气动楔。然而,高度过大可能导致驱动能量不足难以维持完整的气动楔面,因而需要反复地测试来确定其最佳高度。

7.4　高速燃烧的光学测试技术

与地面实验设备的发展相匹配,研究者积极发展流场测试技术,其中适用于高超声速燃烧流场的方法大多数可以应用于斜爆轰研究。光学测试技术作为非接触测量手段,具有不干扰流场、测试内容丰富、高时空分辨率等优点,是高超声速燃烧测试技术的重要发展方向。光学测试技术涵盖了高超声速流场特性测量与显示、状态参数测量等多个方面,主要通过试验的方法来研究流场的压力、密度、速度、温度等,为工程应用及数值仿真验证提供可靠的试验数据。常用的非接触光学诊断技术包括纹影、拉曼散射、激光荧光、吸收光谱、发射光谱等。

在众多流动显示技术中,纹影测量技术是最常用的流场显示光学测量方法之一。自 1864 年 Toepler 提出纹影法以来[20],纹影法已经发展了一百多年,由最初运用到玻璃折射率的检测到现在超声速燃烧流动显示中的广泛运用。纹影试验装置是目前国内外各类高速风洞的标配试验装置,随着光学、电子学及计算机技术的发展,纹影技术也发展出一些新的方法。

纹影技术主要依靠扰动流场的折射光学特性来实现参数测量,在通常情况下气体密度与折射率的关系通过 Gladstone – Dale 公式来表示:

$$n - 1 = k_{gd}\rho \tag{7.4.1}$$

式中,n 为气体的折射率;k_{gd} 为 Gladstone – Dale 常数,其大小与气体的组分有关;ρ 为气体的密度。在可压缩流中,折射率是三维空间坐标和时间的函数。依照 Gladstone – Dale 定律可知,气体密度越大则折射率越大,因此可以根据折射率得到气体密度。折射率变化会导致扰动光线与未扰动光线相比产生偏离,因此,纹影技术的原理就是通过光线折射情况来进行光路上密度变化的流场测量。传统的纹影技术主要以反射式的平行光纹影法应用最为广泛,图 7.33 给出了一个典型的纹影系统示意图。它的准直镜和纹影镜都是球面反射镜,球面反射镜加工难度低并且对材料的要求也低,相对容易加工出大口径的反射镜,因此目前绝大多数的纹影装置都是反射式的。纹影系统的本质是利用光线通过非均匀介质时发生的偏折,用刀口切割发生偏折的光线,使得光线的通过量发生变化,可以在视场中观察到投影的明暗条纹。

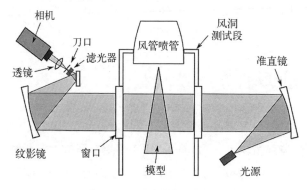

图 7.33 纹影测量的示意图

为了说明纹影测量技术的原理,图 7.34 显示了光路在通过流场时的变化情况。这是一种透射式纹影装置,两个透镜 L_{S1} 和 L_{S2} 替代了图 7.34 的反射镜,可以更方便地描述纹影的原理。图中 S 为矩形光源,设置在透镜 L_{S1} 的焦点上,刀口 K 置于透镜 L_{S2} 的焦平面上,刀刃与矩形光源长边平行,通常设置刀口阻挡一半光源像,使得光屏上照度均匀地减少。当光线穿过观察区域时,如果在垂直于刀刃边的方向上存在密度梯度即折射率变化,那么原本平行光束产生偏折,光源像在 L_{S2} 的焦平面上产生位移。位移会导致垂直刀刃方向的光线透过量的变化,从而会导致光屏上相应部位的光强产生变化,成像则相对于背景照度产生反差。刀口又称为纹影光阑,用来改变传输光束的状态,在成像平面上显示偏折光束的分布,是纹影光学系统的关键设备。线性光阑如普通的刀口对光线进行切割时,只对垂直于刀刃方向上的光源像位移灵敏,而对平行于刀刃方向的光源像不起作用,需多次旋转刀口来观察多个方向的光线偏移量。一种改进的纹影装置使用圆孔形的切割光阑,能够对任意偏折的光线进行切割,从而实现多个方向的光线偏折情况的观察。

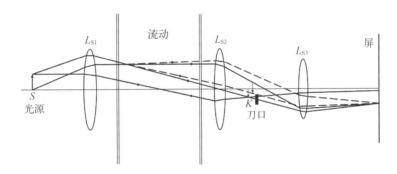

图 7.34　纹影基本原理图

传统纹影方法的优点是结构简单、灵敏度高、测量面积大、测量时间长,单次测量获得的流场信息量大。其他优点还包括能够进行高速拍摄、捕捉流场的瞬态信息,并且能够给出流场直观形象的图像、显示流场中的波系结构。前面提到的弹道靶实验、风洞实验及组合式爆轰管实验等大多采用纹影技术来捕捉斜爆轰的波系图像。但是,该方法主要用于定性分析,难以进行准确的定量测量。近年来,在传统纹影基础上融入了粒子图像处理方法,背景纹影测量技术在各种应用场景中发展迅速。作为一种合成纹影(synthetic schlieren)的概念,背景纹影技术不再通过强度变化来量化光线偏折量,而是通过粒子图像处理技术求取背景斑点偏移量。因此,这种方法既保留了对光学折射的敏感特性优势,又避免了来自环境的光线或者测量流场自发光对照度量化带来的影响。当背景粒子的成像光线通过待测流场后会偏离原来的路径,入射到 CCD 相机成像位置发生变化,研究者经过图像处理可以求得图像的点位移,以此便能获得待测流场的折射率与密度梯度。此外,光路偏折过程遵循沿光程的第一类 Fredholm 积分方程,可以基于层析计算的手段,利用多视角测量来实现维度的提升。

在高超声速燃烧流场中,激光诱导荧光(laser induced fluorescence, LIF)技术已经有诸多的应用,同时还有很大的发展空间,特别是在定量测量、实验数据的挖掘和测量环境的拓展等方面。激光诱导荧光的基本原理是让激光通过流场,当激光光子的能量符合某些粒子特定两个能级之间能量间隔时,粒子有一定的概率会吸收光子然后跃迁至激发态,由于处于激发态的分子不稳定,在短时间内会退激发至较低的能级并发出光子。在此过程中粒子返回基态的自发辐射发光称为荧光,如图 7.35 所示。荧光物质吸收与发射的光子的能量和荧光粒子跃迁能级间的能量差吻合,因此每种荧光物质吸收和发射光子的波长范围是较为固定的。对于常温下的荧光分子,因为这些分子处于较低的能级,通常情况下荧光光子的波长要大于入射光子的波长,因此这种方法通常用于高温流场测量。这种技术有较高的时间灵敏度,一旦停止光线的照射,荧光过程也会在 1 μs 以内结束。

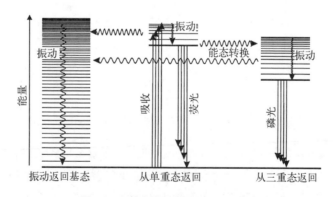

图 7.35 激光诱导荧光 LIF 原理图

荧光物质对光子的吸收与发射和物质的结构、能级、多普勒频移及分子碰撞等有关,在满足一定条件时,通过荧光信号强度可以推测出浓度、温度、组分在内的多种物理参数。假设基态的分子与总的分子数呈固定比例关系且其他条件不变,则荧光强度可以通过一些简化进行表达式描述。然而,荧光信号强度还受到猝灭、荧光吸收等现象的强烈影响,其影响的估算十分困难,所以实际实验中的

LIF 信号强度复杂难以直接作为定量计算的依据,在提高测试精度、拓展测试能力方面还亟待深入探索。

LIF 在高超声速流动燃烧的应用以片光诊断为主,即平面激光诱导荧光(planar laser induced fluorescence, PLIF)方法,如图 7.36 所示。主要光学设备为激光光源、相机及透镜、棱镜等光学元件。在激光技术发展的初期,由于激光工作介质的限制,激光波长较为固定,因此能够激发的荧光组分也相当有限。随着激光技术的发展,激光器的出光范围已覆盖了紫外至中红外波段,为激光诱导荧光技术的发展提供了重要基础。与此同时,光学信号处理技术也取得了巨大的进步,图像增强电耦合元件可以将弱光信号通过光电转换、电子倍增等过程实现信号强度提升,最终实现皮秒量级的超短快门。迄今,可用于高超声速流动燃烧诊断的荧光分子已经非常丰富,包括 NO、CO、CH_2O 等分子及 OH、CH、NH 等自由基。

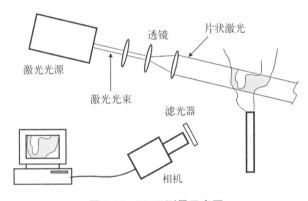

图 7.36　PLIF 测量示意图

不同的光学流场诊断技术各有侧重,为了应对多物理量的测量需求,在进行实验时可以布置多种诊断手段来同步开展研究。以 Pintgen 和 Shepherd[21] 对爆轰波的绕射过程研究为例,便同时采用了如图 7.37 所示的纹影、PLIF 等的联合测量手段。图 7.37 中实验段的测试部分有两个相对应的窗口以使纹影光束进出,纹影系统采用了经典的反射式 Z 形布置。在实验段的端板上配备了一个可透射紫外线的石英窗口,以允许垂直于爆轰传播方向的 PLIF 诊断片光通过。紫外片光束在入射测试段前由柱面透镜和球面透镜组合而成,此后光束与爆轰波后的 OH 分子相互作用产生荧光信号并成像。图 7.38 展示了基于纹影与荧光图像获得的弱不稳定状态下正爆轰的波面结构。爆轰波面由于前导激波强度的空间振荡,所以在弱不稳定的前缘形成了 keystone 局部结构,同时波后存在未反

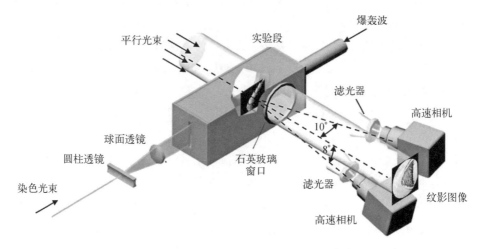

图 7.37　PLIF 与纹影同步测量的示意图[21]

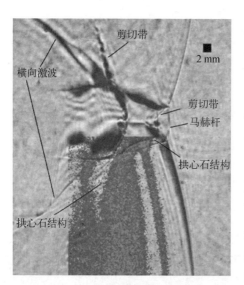

图 7.38　PLIF 测量的结果 2H₂ - O₂ - 17Ar, p = 20 kPa 爆轰前沿 PLIF(伪彩图)和纹影图[22]

应气团。借助不同的流场诊断技术,结果显示在波后不同位置上,前导激波和释热区存在差异很大的耦合关系,同时由于横向激波(transverse waves)和剪切带(shear layer)的作用,形成了复杂的流动现象。

纹影系统简单但只能进行定性的观察,因此一般用于激波的动态捕捉;而 PLIF 尽管测量分辨率高但系统复杂,对于高超声速发动机的测试应用布置难度高。在上述两种技术之外,激光吸收光谱技术则以其可同时测量气流温度、浓度且实验系统较简单等优点,已广泛地应用于高超声速发动机等设备的在线气流诊断。

激光吸收光谱技术基于 Beer - Lambert 定律,在吸收光谱测量中,辐射强度为 I_0 的单色激光光束穿过流场,会被流场中特定波长的粒子吸收部分能量,则激光从流场穿出后的强度为 I。如果激光频率为 f,光程的吸收长度为 L,透射比 I/I_0 满足 Beer - Lambert 关系:

$$I/I_0 = \exp(-k_f L) \tag{7.4.2}$$

式中,k_f是频率f的吸收系数,是压力、待测组分浓度、温度为T时的吸收线强度的函数,因此若气体密度均匀,温度相同,则可以利用 Beer-Lambert 定律精确地获得气体温度和组分浓度。图 7.39 所示为应用于直连台燃烧实验的流场诊断的可调谐二极管激光吸收光谱(tunable diode laser absorption spectroscopy, TDLAS)技术,测试系统采用了两条水吸收谱线来进行温度的确定,测量频率可达 4 kHz。触发信号通过操作台发出,测量位置设置在燃烧室出口,准直器和收集器从上到下匀速地扫过流场以获得截面的数据,从而得到稳定燃烧状态下燃烧室出口的水蒸气分压和静温。

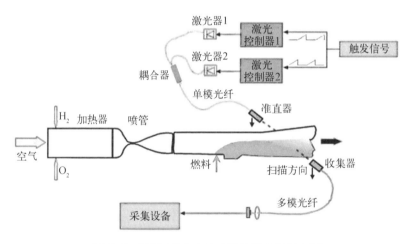

图 7.39　TDLAS 在直连式超燃的光路示意图

吸收光谱技术是光学燃烧诊断技术的重要分支。基于流场均匀性假设的积分平均测量以定量准确、多参数同时测量能力、重复频率高和实验系统较简单等优点,已广泛地应用于多种复杂应用环境。吸收光谱测量技术建立在精确光谱参数的基础之上,但目前光谱数据库的光谱参数依然缺乏足够的实验验证,并且由于高温、高压下复杂机制的影响,往往还需要进行谱线的标定。吸收谱线的选择对吸收光谱技术非常关键,分析谱线线型机制,选择合适的谱线能够提高浓度和温度测量精度,简化实验数据处理复杂程度。此外,由于吸收光谱技术是沿光程积分的平均测量,对于三维、高动态流场的测量,需评估真实流场条件对测量精度的影响。

通常光学测试技术获得是沿着光程方向上的积分结果,例如,吸收光谱是整个吸收长度的叠加,而成像方法得到的也是整个成像立体角内的空间区域。对于非均匀的复杂流场,如果将积分测量值定义为某标量场的任何空间求和,则可以通过计算层析(computed tomography,CT)技术利用计算机算法获得多个积分测量场的离散估计值。这种思想最初可以追溯到1917年数学家Radon,证明了无限薄切片上的相关线性衰减系数唯一取决于所有线积分合集,给出了一种类型的线积分方程的解析解,后来人们将这类积分称为Radon变换。由于CT技术的优良特性,其很快从医学领域扩展到了其他领域,包括地球物理学、材料科学、天文物理学等。

CT技术在燃烧诊断具备应用条件,探测器位置具有相当大的灵活性,只要位置已知,几乎任何探测器布置都是可以实现的,在这种情况下CT技术可以结合多种积分式测量的诊断技术。以较为简单的火焰发光成像测量为例,基于CT技术可以通过多个视角的二维成像的重构来获得火焰的三维结构。这种提升维度的过程可以描述为将目标区域离散为二维(或三维)物元网格,假设每个物元内的辐射强度均匀,则不同视角成像的每个像素所记录的光强来源于不同的物元。以一个特定的像素为例,每个物元对它的投影贡献值(投影权重)不同,而将所有物元与其各自投影权重的乘积求和就等于该像素的记录光强(投影值),如图7.40所示。因此,每个像素记录的强度值可以作为一个线性方程,把不同视角的所有像元投影放在一起便组成了多视角探测的方程组,而利用层析算法求解这个方程组的过程就是重构过程。

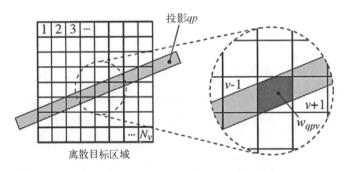

图7.40 物元与像素间的投影权重示意图

除了基于火焰发光的层析诊断技术,将CT技术与平面激光诱导荧光技术相结合的体测量激光诱导荧光技术,将CT技术和可调谐二极管吸收光谱技术相结合的TDLAT成像技术,以及将CT技术与粒子图像测速技术相结合的层析粒子测速技术都在自身特点的基础上拓展了测量维度。总的来说,随着光电技术及计算机技术的快速发展,基于 CT 技术的光学诊断方案会大幅度地提升时空分辨率,在复杂燃烧流场的诊断中具有较好的应用前景。目前来看,背景纹影技术、吸收光谱技术、计算层析技术等先进的流场诊断方法已在亚声速燃烧、超声速燃烧等流动/激波/释热弱耦合的场景得到了应用,然而爆轰燃烧领域尚没有成熟定量的光学诊断方案,激波和化学反应强耦合场景下的光学测试技术会是实验流体力学重要的研究方向之一。

参考文献

[1] 刘伟雄,吴颖川,王泽江,等.超燃冲压发动机风洞试验技术[M].北京:国防工业出版社,2019.

[2] 俞刚,范学军.超声速燃烧与高超声速推进[J].力学进展,2013,43(5):449-471.

[3] Verreault J, Higgins A J. Initiation of detonation by conical projectiles[J]. Proceedings of the Combustion Institute, 2011, 33(2): 2311-2318.

[4] Lehr H F. Experiments on shock-induced combustion[J]. Astronautica Acta, 1972, 17(4-5): 589-597.

[5] Ju Y, Masuya G, Sasoh A. Numerical and theoretical studies on detonation initiation by a supersonic projectile[J]. Symposium (International) on Combustion, 1998, 27(2): 2225-2231.

[6] Maeda S, Inada R, Kasahara J, et al. Visualization of the non-steady state oblique detonation wave phenomena around hypersonic spherical projectile[J]. Proceedings of the Combustion Institute, 2011, 33(2): 2343-2349.

[7] Maeda S, Kasahara J, Matsuo A. Oblique detonation wave stability around a spherical projectile by a high time resolution optical observation[J]. Combustion and Flame, 2012, 159(2): 887-896.

[8] Higgins A J. Ram accelerators: outstanding issues and new directions[J]. Journal of Propulsion and Power, 2006, 22(6): 1170-1187.

[9] Hertzberg A, Bruckner A P, Bogdanoff D W. Ram accelerator: A new chemical method for accelerating projectilesto ultrahigh velocities[J]. AIAA Journal, 1988, 26(2): 195-203.

[10] Knowlen C, Leege B J, Daneshvaran N, et al. Ram accelerator operation in railed and baffled tubes[C]. AIAA Propulsion and Energy 2020 Forum, 2020.

[11] Leege B J, Smith C, Knowlen C, et al. Baffled tube ram accelerator operation with normal baffles[C]. AIAA SCITECH 2022 Forum, San Diego, 2021.

[12] Rosato D A, Thornton M, Sosa J, et al. Stabilized detonation for hypersonic propulsion[J]. Proceedings of the National Academy of Sciences of the United States of America, 2021, 118(20): e2102244118.

[13] Jiang Z, Zhang Z, Liu Y, et al. Criteria for hypersonic airbreathing propulsion and its experimental verification[J]. Chinese Journal of Aeronautics, 2021, 34(3): 94-104.

[14] 张子健.斜爆轰推进理论、技术及其实验验证[D].北京:中国科学院大学,2020.

［15］ Gong J S, Zhang Y N, Pan H, et al. Experimental investigation on initiation of oblique detonation waves［C］. 21st AIAA International Space Planes and Hypersonics Technologies Conference, Xiamen, 2017.

［16］ Dabora E K, Nicholls J A, Morrison R B. The influence of a compressible boundary on the propagation of gaseous detonations［J］. Symposium (International) on Combustion, 1965, 10 (1): 817 - 830.

［17］ Desbordes D, Hamada L, Guerraud C. Supersonic H_2 - air combustions behind oblique shock waves［J］. Shock Waves, 1995, 4(6): 339 - 345.

［18］ Viguier C, Guerraud C, Desbordes D. H_2 - air and CH_4 - air detonations and combustions behind oblique shock waves［J］. Symposium (International) on Combustion, 1994, 25(1): 53 - 59.

［19］ Viguier C, Silva L F F d, Desbordes D, et al. Onset of oblique detonation waves: Comparison between experimental and numerical results for hydrogen-air mixtures［J］. Symposium (International) on Combustion, 1996, 26(2): 3023 - 3031.

［20］ 冯天植, 刘成民, 赵润祥, 等. 纹影技术述评［J］. 弹道学报, 1994, 2: 89 - 96.

［21］ Pintgen F, Shepherd J E. Detonation diffraction in gases［J］. Combustion and Flame, 2009, 156(3): 665 - 677.

［22］ Austin J, Pintgen F, Shepherd J. Lead shock oscillation and decoupling in propagating detonations［C］. 43rd AIAA Aerospace Sciences Meeting and Exhibit, Reno, 2005.

第 8 章

高超声速推进应用

斜爆轰问题的研究具有明确的工程应用背景,随着流动与燃烧机理研究的深入,工程应用方面的问题逐渐浮出水面。在爆轰推进的三个分支中,斜爆轰推进是研究最少的。这是因为其应用于吸气式高超声速推进,研究难度也更大,且优势只能在极高马赫数速域下才能体现。随着超燃冲压技术的成熟,以及下一代高超动力技术的发展需求,斜爆轰在高超声速推进技术中的应用也迎来了很好的机遇。本章 8.1 节回顾斜爆轰研究的发展历程,8.2 节和 8.3 节梳理了斜爆轰冲压推进的特点,给出了新发展的理论分析方法,8.4 节分析斜爆轰推进技术的发展方向和技术挑战,讨论不同层次的研究应当重点关注的问题。

8.1 斜爆轰研究发展历程

爆轰波最早在研究煤矿爆炸中被发现,因此,爆轰相关研究长期围绕爆炸灾害预防的关键技术问题开展。利用爆轰波进行燃烧推进的想法于 20 世纪五六十年代提出,但是在当时的技术水平下并不现实,因而主要是一些概念分析。最早提出的爆轰推进概念采用正爆轰诱导爆轰燃烧,如图 8.1 所示[1]。在超声速气流中喷射燃料,在下游燃料实现一定程度的混合后,利用斜激波马赫反射产生的正激波诱导爆轰波,其中斜激波通过超声速气流与楔面的作用产生。这种爆轰推进的概念过于理想化,并无实际利用价值。这是因为稳定的燃烧要保证正爆轰波的马赫数和来流马赫数相同,否则爆轰波就会向上游或者下游传播。

基于上述理想化概念,研究者提出了利用斜爆轰推进的改进方案,如图 8.2 所示[1]。在这种方案中,燃料和来流空气混合后经过斜激波诱导放热,形成斜爆轰波,利用斜爆轰波的燃烧产物产生推力。相对于正爆轰波,斜爆轰波的角度能

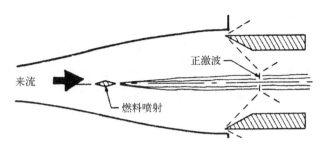

图 8.1　利用正爆轰推进示意图[1]

够随着来流条件改变,从而能够实现斜爆轰波在不同来流条件下的驻定。这种方案解决了正爆轰推进只能单点应用的困难,在后续的研究中得到了广泛的关注,成为斜爆轰发动机研究的雏形。从流动与波系的作用角度看,这种方案关键在于形成了驻定的斜爆轰波:高速的来流压制了斜爆轰波的前传,而楔面的存在起到了持续点火和稳焰的作用,抑制了斜爆轰波的后移。以此为基础,斜爆轰发动机还衍生出了一些不同的应用方案,如图 8.3 所示的壁面喷射燃料、中心区域斜爆轰燃烧的模式,也是值得探索的构型[2]。

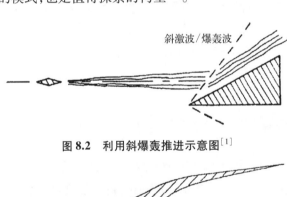

图 8.2　利用斜爆轰推进示意图[1]

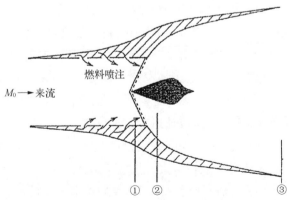

图 8.3　壁面喷射燃料的斜爆轰推进示意图[2]

①-燃料喷注;②-斜爆轰燃烧;③-膨胀产生推力

斜爆轰发动机需要在超声速气流中注入燃料,要实现均匀掺混难度很大。在 20 世纪 80 年代,曾经广泛地开展了理想混合气体中的斜爆轰波研究,即将弹丸射入可燃气体中,以研究钝头体或者锥-柱组合体诱导的斜爆轰波。如果采用合适的气体、弹丸外形和速度,那么可以在弹丸后方诱导斜爆轰,并通过燃烧放热实现弹丸的加速,称为冲压加速器。弹丸诱导的斜爆轰和冲压加速器的相关工作,已经在第 7 章进行了介绍。冲压加速器发挥了两方面的作用,一是自身作为一种弹道靶设备可以提供很高的速度,已经应用于其他领域(如气动物理、冲击动力学)的研究中,并有潜力开拓出单级入轨的航天发射新技术;二是通过冲压加速器深化了对斜爆轰流动现象的认识,初步揭示了激波和燃烧的耦合机理,为后来的研究奠定了基础。

从 20 世纪 90 年代末期到 21 世纪初的十年,斜爆轰研究陷入低谷,研究较少、成果不多。同时,高超声速推进技术的研究取得了重要的进展,超燃冲压发动机实现关键技术的突破,逐渐地确定其是吸气式高超推进的首选技术方案。在这一阶段,加拿大多伦多大学的 Sislian 及其合作者长期坚持斜爆轰研究,在前期对斜爆轰流动现象认识的基础上,从工程应用的角度不断地推动研究深化。一个重要的研究进展如图 8.4 所示,通过对不同压缩方法的两种斜爆轰发动机简化模型的研究,获得了进气压缩对斜爆轰发动机的影响[3]。第一种压缩方法称为外压缩,通过两道等强激波对来流气体实现压缩。等强激波的设置可以在给定偏转角的条件下减小熵增,由于两道激波都位于下方整流罩之前,所以称为外压缩。第二种压缩方式称为混合压缩,通过三道等强激波对来流气体实现压缩。由于后两道激波都位于整流罩之后,既有外压缩又有内压缩,所以称为混合压缩。同时,上述研究并没有考虑燃料喷注的影响,将来流简化为均匀预混状态。

在进一步研究中针对两种压缩模式的特点,考虑燃料混合模型,如图 8.5 所示[4]。在外压缩式斜爆轰发动机模型中,在两道斜激波之间添加了燃料喷注器,以充分地利用飞行器在流向的空间实现均匀混合;在混合压缩式斜爆轰发动机模型中,燃料喷注器放置在进气道之后,同时设置掺混段以提升混合效果。后一种喷注模型和超燃冲压发动机是类似的,而前一种喷注主要针对飞行马赫数很高的情况,利用前体喷注提升混合效率。前体喷注是斜爆轰中应用的一种独特喷注模型,好处是混合距离较长,有望在总压损失较小的情况下尽可能地实现高效的混合,但是也有一些问题需要解决。

国内对于斜爆轰推进的研究起步较晚,是在 20 世纪 80~90 年代,国际上

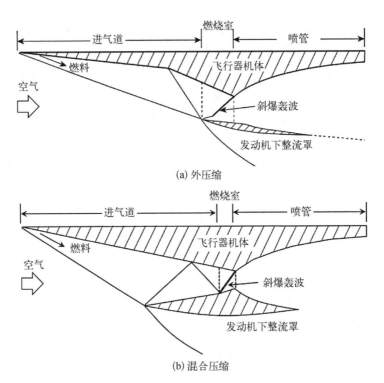

(a) 外压缩

(b) 混合压缩

图 8.4　外压缩和混合压缩式斜爆轰发动机示意图[3]

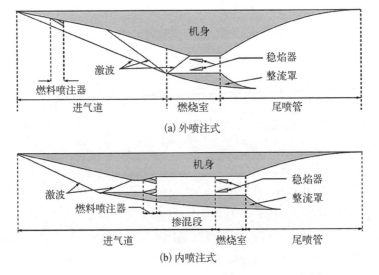

(a) 外喷注式

(b) 内喷注式

图 8.5　外喷注和内喷注式内斜爆轰发动机示意图[4]

冲压加速器的研究热潮中起步的。中国科学院力学研究所的袁生学和北京系统工程研究所的黄志澄合作,1995 年在《空气动力学学报》上发表论文,采用热力学分析的方法,论证了理想情况下爆轰发动机的有效性,并认为 CJ 斜爆轰是最佳超声速燃烧模式[5]。同年,两位学者发表在《宇航学报》上的论文,进一步提出自持斜爆轰形成后波角与波后物体形状无关的论点,并介绍了进行驻定斜爆轰实验观察的有关问题[6]。1998 年,袁生学在《中国科学(A 辑)》上发表论文,进一步提出了对超声速燃烧的两种不同理解,指出了超声速燃烧传播机制的特点和等截面超声速燃烧加热量的限制,论述了在欠驱动弱斜爆轰解条件下的燃烧波系特征[7]。2000 年左右的相关工作,公开发表的文献中还包括南京理工大学、中国空气动力研究与发展中心、国防科技大学的研究论文。南京理工大学的崔东明等[8]对弹丸诱导的斜爆轰波进行了实验研究,并讨论锥顶角、飞行体速度及可燃介质当量比等因素对形成驻定斜爆轰波的影响。中国空气动力研究与发展中心柳森等[9]成功研制了国内第一座冲压加速器,并基于此开展了发射实验和有关的数值计算工作。中国空气动力研究与发展中心的陈坚强等[10]对冲压加速器燃烧流场进行了数值模拟,国防科技大学刘君[11]开展了冲压加速器非平衡流动数值模拟。后续随着国际上斜爆轰研究陷入低谷,国内的研究也逐渐冷却下来。

2012 年之后,国内的相关研究重新起步,中国科学院力学研究所的团队围绕斜爆轰燃烧机理开展了系统的理论和数值研究,并在 2020 年实现了百毫秒量级的斜爆轰流动特性风洞试验,验证了理论和数值成果[13,14]。国内工程单位也开始关注此问题,张义宁和刘振德[12]提出新概念的磁流体-斜爆轰冲压发动机,其原理如图 8.6 所示。通过其热力学循环过程与传统冲压发动机、磁流体能量

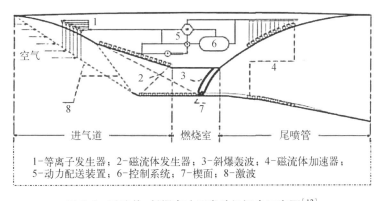

图 8.6 **磁流体-斜爆轰冲压发动机概念示意图**[12]

旁路冲压发动机进行对比分析,认为可以拓展高超声速推进工作范围。经过十余年的发展,这一波斜爆轰研究在基础方面取得了重要进展,我国学者在国际高水平期刊上发表的斜爆轰方面的论文,质量和数量均明显领先,为基础研究成果向工程应用的转化奠定了坚实的基础。

8.2 斜爆轰冲压推进的特点

从热力学循环的角度,一个过程的输出功取决于释热量和循环效率,化学能通过燃烧释放转化为可燃气体的动能增量,通过喷气推进的原理形成推力[15]。冲压发动机的一个循环主要可分为进气道的压缩、燃烧室燃烧释热和尾喷管中燃气膨胀三个过程。在不考虑动能和热量损失的理想条件下,进气道和尾喷管的压缩、膨胀可以近似简化为等熵过程。然而,燃烧释热过程存在多种可能性,从宏观上可以根据循环模式分为等压燃烧(isobaric)、等容燃烧(isochoric)和爆轰燃烧(detonation),其热循环过程可以用压容($p-v_\rho$)图展示,如图 8.7 所示。图 8.7 中 1、2、3(3′,3″)和 4(4′,4″)状态点分别代表自由流、进气道出口(即燃烧室入口)、燃烧室出口(即喷管入口)和喷管出口的流动状态。1−2−3−4−1 过程即为理想情况下超燃冲压发动机的热力循环过程。其中,2−3 对应于燃烧室内的燃烧过程,等压循环模式的压力不变容积增大,等容循环模式的压力升高容积不变。在爆轰循环模式中,升压过程相对于等容循环更显著,且容积减小。

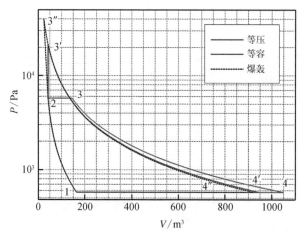

图 8.7 等压、等容和爆轰燃烧的热循环过程比较(H_2-空气,飞行高度为 35 km)

表 8.1 显示了三种燃烧模式在不同喷注燃料条件下的热循环效率,显然基于爆轰燃烧的冲压发动机循环热效率是最高的。需要注意的是,此处的爆轰循环分析仍然是基于 CJ 爆轰波开展的分析,尚未考虑爆轰波系本身结构对循环过程的影响。

表 8.1　不同燃料、不同热力循环模式下的热循环效率

燃　　料	等压/%	等容/%	爆轰/%
H_2	24.5	40.4	45.8
CH_4	23.2	42.6	48.3
C_2H_2	18.6	35.7	42.3

在高超声速领域,目前研究较多的超燃冲压发动机,通常认为其释热过程是等压燃烧。爆轰燃烧是否具有优势,或者说原理上的优势是否能够在工程上实现,首先需要开展与超燃冲压推进的对比研究。Chan 等[16]比较了超燃冲压发动机和斜爆轰发动机在飞行高度 $H_0 = 34.5$ km,飞行马赫数 $M_0 = 11$ 下的气动推进性能数据,并对两者在高超声速推进中的特点进行了分析。所选取的来流空气条件: 压力为 67.03 kPa,温度为 235 K,速度为 3 391 m/s。所研究的发动机由侧压式进气道、燃烧室及扩张喷管组成,假设二者具有相同的进气道类型、燃料特性、喷注系统和尾喷管设计方法,且均采用氢气-空气混合物作为燃料。

进气道是冲压发动机的关键部件之一,其作用是依靠自身压缩结构,将高速来流压缩至燃烧室能够工作的压力范围,同时将气流的动能有效地转化为势能,为燃烧室提供所需的流量。所研究的发动机采用了常用的激波-等熵压缩进气道,其中,压缩程度通过进气道出口流动温度确定。斜爆轰发动机进气道出口处的温度被固定为 800 K,以保证出口温度低于氢气的自燃温度,可避免燃料/空气混合物在燃烧室入口前提前自燃。而超燃冲压发动机入口温度的选择受材料和空气离解温度等因素的限制,其进气道出口流动温度被设置为 1 500 K。进气道参数和进气道出口流动标量的值如表 8.2 所示[16]。

高超声速冲压发动机中,燃料(氢气或碳氢)和空气的有效混合需要在有限的流动时间和燃烧室长度内实现。结合高马赫数斜爆轰发动机和超燃冲压发动机的特点,为防止通道内壁面边界层引起可燃混合物自燃,采用了悬臂斜坡的方

表 8.2　进气道参数和进气道出口流动标量的值

发 动 机 类 型	超燃冲压发动机	斜爆轰发动机
长度/m	6.375	3.834
高度/m	1.278	0.484
压缩比	172.58	30.98
进出口面积比	21.48	8.14
出口马赫数	3.72	5.58
出口推力势/(N·s/kg)	−111.90	−70.07

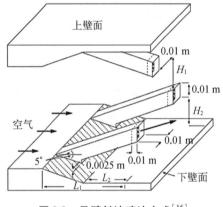

图 8.8　悬臂斜坡喷注方式[16]

式进行燃料喷注(图 8.8)。悬臂斜坡被放置在发动机内部管道入口处的上、下壁面,并以阵列交错的方式排列,从而获得最高的混合效率,相关燃料喷注几何参数和物理参数如表 8.3 所示[16]。相较于超燃冲压发动机,斜爆轰发动机中燃料喷注器尺寸更长,从而保证将燃料喷注于气流的中心并避免燃料被边界层提前点火。超燃冲压发动机和斜爆轰发动机的燃烧室入口均由燃料喷注口的位置确定,但燃烧室构型存在明显的区别。前者为等直段,燃料在其中进行扩散燃烧;后者存在与整流罩一体的斜爆轰起爆斜劈,偏折角为 15°,距离燃烧喷注位置 0.45 m。来流气体受其压缩后形成斜激波并在激波后被点燃,实现短距离内快速起爆和高效燃烧。

表 8.3　相关燃料喷注几何参数和物理参数

发 动 机 类 型	超燃冲压发动机	斜爆轰发动机
L_1/m	0.169	0.226
L_2/m	0.057	0.111
H_1/m	0.015	0.02
H_2/m	0.03	0.02
燃料喷注速度/(m/s)	5 652	6 229

续　表

发动机类型	超燃冲压发动机	斜爆轰发动机
燃料温度/K	561	309
燃料压力/Pa	95 000	18 000
当量比	1.0	1.0

发动机的尾喷管对推进性能也有较大的影响,为了方便对比,上述两种冲压发动机的尾喷管采取相同的设计方法——特征线设计法。该方法假定气体流动过程是化学冻结流,而且不考虑黏性效应,虽然会有一定的误差,但是足以支撑两种发动机性能的对比研究。为使燃烧室出口的高焓气流在尾喷管充分地膨胀,继而产生尽可能大的推力,基于特征线方法设计的喷管应保证出口气流与飞行方向平行。超燃冲压发动机中尾喷管设计时假定沿着内流道的流动与一个完整喷管的中心流线相同,即虚拟壁面技术。与此对应,斜爆轰波后的燃烧产物具有向上的流动分量,因此发动机的喷管型线使用双壁面技术确定。由于出口气流均匀水平的理想喷管对于实际飞行器来说显得太长,而这类喷管有很长一段壁面的斜率很小,实际工作过程中对推力的贡献很小,所以对其进行了截短。结果显示超燃冲压发动机与斜爆轰发动机的喷管分别是原始特征线设计法生成型线长度的 64% 和 46%。

基于上述模型,Chan 等[16] 获得了超燃冲压发动机和斜爆轰冲压发动机压力场,如图 8.9 和 8.10 所示。可以看出,超燃冲压发动机中在燃烧室入口即燃料喷注出口位置处即发生了燃烧,且越靠近燃烧室出口燃烧越剧烈,压力峰值高达260 kPa。而斜爆轰发动机中燃烧集中发生在燃烧室末端的斜劈处,压力峰值约为 160 kPa。两种冲压发动机的相对尺寸及气动推进性能特征如表 8.4 所示[16]。燃料比冲是衡量冲压发动机推力性能的重要指标,由通过整个发动机内表面上的压力、摩擦力及燃料喷射产生的推力决定。通过喷管计算出口处参数,发现在飞行高度 $H_0 = 34.5$ km,飞行马赫数 $M_0 = 11$ 条件下超燃冲压发动机提供了 1 450 s 的燃料比冲,斜爆轰发动机则提供了 1 109 s 的燃料比冲。这个结果显示在目前的飞行条件和发动机设计约束下,斜爆轰没有获得推力性能上的优势。但是,超燃冲压发动机的长度与高度分别为 10.95 m 和 1.56 m,斜爆轰发动机具有更小的几何尺寸,长度仅为 6.2 m,高度仅为 0.66 m,因此质量也更轻。另外,后者燃烧室长度是 0.11 m,约为前者的 1/5。就燃烧室结构和燃烧室内气体分布特征来说,超燃冲压发动机结构内需承受更大的燃烧热载荷,如何在高热环境中实现有效热防护措施成为一大技术难题。与此对应,在斜爆轰发动机燃烧室内热释放集中,且整体结构尺寸小,在热防护方面具有极大的优势。

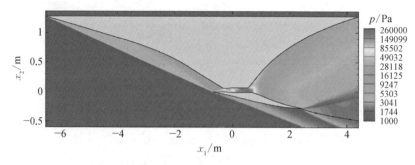

图 8.9　超燃冲压发动机压力场($M_0 = 11$, $H_0 = 34.5$ km)[16]

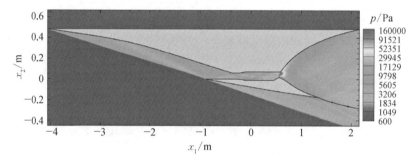

图 8.10　斜爆轰冲压发动机压力场($M_0 = 11$, $H_0 = 34.5$ km)[16]

表 8.4　斜爆轰发动机和超燃冲压发动机关键参数对比[16]

发 动 机 类 型	超燃冲压发动机	斜爆轰发动机
发动机长度/m	10.95	6.2
发动机高度/m	1.56	0.66
展向宽度/m	0.02	0.02
空气质量流量/(kg/s)	0.771	0.299
燃料质量流量/(kg/s)	0.023 21	0.008 97
燃烧室长度/m	0.54	0.11
摩擦阻力/N	198.7	64.38
压差阻力/N	−389.91	−103.61
燃料比冲/s	1450	1109

　　进一步分析斜爆轰发动机燃料比冲低于超燃冲压发动机的原因,能为斜爆轰发动机的设计和优化提供指引。在图 8.10 所示发动机中,斜劈的角度仅为15°,其并没有直接将预混气起爆成为斜爆轰波,而仅仅是激波诱导的燃料自着火,必然导致燃烧室内气流增压不足。随着飞行马赫数继续增加,燃烧室入口气流速度更高(高达 3 000~4 000 m/s),斜爆轰发动机燃烧室内更容易起爆斜爆轰波。此时,超燃冲压发动机则需要更长的燃烧室长度来实现燃料的充分混合和扩散燃烧,产生更多的内流阻力,同时受限于大面积热防护技术难题和发动机重量上限,其缺陷会随着马赫数的增加而难以弥补。当前的研究工作大多针对单一飞行工况进行斜爆轰发动机推进性能的分析,缺少对宽空域、宽速域内推进性能规律的认识和理解,往往难以进一步开展优化设计。最新的建模分析研究工作[17]显示,斜爆轰发动机利用斜劈组织燃烧,在更高飞行马赫数(12~15)下仍然可以产生较高的燃料比冲,从而有望在现有吸气式冲压发动机基础上拓宽飞行马赫数的范围。

8.3　推进性能理论分析和讨论

　　8.2 节的研究显示,斜爆轰发动机在马赫数为 11 时相对于超燃冲压发动机还没有比冲优势。然而,上述研究中采用的模型过于简化,并非确定性的结论。作为一种冲压发动机,斜爆轰发动机的特点在于释热过程是一种自增压燃烧,理论上可以达到比较高的循环热效率,但是爆轰波也带来了较大的总压损失。通常认为,两种高超声速冲压发动机存在一个临界马赫数,该马赫数以下超燃冲压有优势,该马赫数以上斜爆轰有优势。然而,对这个临界马赫数目前还缺乏研究,以往的研究主要集中于燃烧室内的流场特征和波系结构,对发动机整体推力性能建模分析相对较少。斜爆轰发动机的燃烧室是一个受限空间,内部可能涉及斜爆轰波和激波在壁面上的反射,可形成具有不同过驱动度的斜爆轰波甚至正爆轰波。同时,斜激波向斜爆轰波的转变区域会形成复杂的起爆区波系结构,导致燃烧室内部的流动特征、燃烧模式复杂多变。对斜爆轰发动机性能进行分析,需要考虑其中涉及的斜激波诱导燃烧、斜爆轰燃烧及正爆轰燃烧等多种燃烧模式,进而考虑进气压缩、燃料掺混、排气膨胀的工作过程,讨论不同燃烧模式对推力性能的影响[17]。

　　借助理论分析方法,对斜爆轰发动机的工作过程进行建模分析,主要分为进气压缩、燃料掺混、燃烧释热和排气膨胀四个工作过程。图 8.11 给出了斜爆轰发动机四个典型工作过程分解图。进气压缩过程主要考虑高速空气经过多道直楔面连续压缩,如图 8.11(a)所示,涉及的构型参数是楔面角度 δ、压缩级数 n 及飞行马赫数 M_0。在高马赫数条件下,斜激波后气流温度较高,空气的热物性参数需要考虑其变比热比特性,涉及的组分主要包括 O_2、O、N_2、NO 和 N。本书采用两级压缩的方式模拟高超声速进气道的进气压缩过程,忽略壁面黏性的影响。斜激波后的参数可以通过斜激波极曲线进行求解,并假设进气道出口参数均匀一致。燃料掺混过程主要分为横向射流喷注和平行剪切射流喷注,此外还有介于两者之间的悬臂斜坡喷注。横向射流喷注和悬臂斜坡喷注的掺混效果好,但会引起较复杂的波系结构。为了方便建模分析,采用平行剪切射流喷注作为掺混模型,如图 8.11(b)所示,假设空气来流和燃料来流平行射入一定宽度的直管道内,并假设管道出口混合物状态均匀。图 8.11(c)给出了理想情况下楔面诱导斜爆轰的燃烧释热模型,关键参数是燃烧室入口来流的马赫数 M_1 和楔面角度 θ。高速气流中的楔面首先诱导出一道斜激波,波后高温高压的可燃混合物燃烧释热,并最终形成斜爆轰波。根据以往的斜爆轰基础研究成果,流动波系往往不是一个简单的斜爆轰波,可能包括斜激波诱导燃烧、斜爆轰燃烧及正爆轰(normal detonation wave, NDW)燃烧等,可燃混合物并不能完全地按照斜爆轰模式来燃烧释热。图 8.11(d)给出了燃烧产物的排气膨胀模型,分析模型假设燃

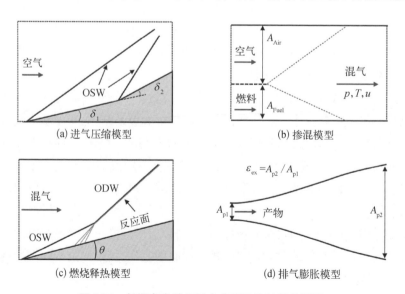

(a) 进气压缩模型   (b) 掺混模型

(c) 燃烧释热模型   (d) 排气膨胀模型

图 8.11　斜爆轰发动机四个典型工作过程分解图

气膨胀是等熵过程,并始终处于热化学平衡态。同时,给定燃气的膨胀面积比 ε_{ex},定义为尾喷管出口面积相对于尾喷管入口面积的比值。

斜爆轰发动机燃烧室内存在多种燃烧模式,可燃混合物可以通过不同的燃烧模式来释放化学能。第一种燃烧模式是楔面诱导的过驱动斜爆轰。针对此类燃烧模式,本书忽略起爆区带来的非均匀效应和波面曲率的影响,主要基于斜爆轰极曲线理论来讨论 OV‐ODW 的推力性能。第二种燃烧模式是 CJ 状态的斜爆轰波(CJ‐ODW),该燃烧类型的形成主要源于楔面角度过小或者有限长楔面下游膨胀波对于斜爆轰波的削弱作用。下游的膨胀波逐渐地削弱斜爆轰波,降低波面角度,使得斜爆轰波的法向速度与波前反应物的 CJ 爆速相等,进而形成 CJ 状态的斜爆轰波。第三种燃烧模式是过驱动的正爆轰波(OV‐NDW),正爆轰的形成主要来源于斜爆轰波在壁面上发生了马赫反射。给定来流参数,通过爆轰动力学的基本关系可以求得波后燃烧产物的参数,进而对其推力性能进行分析。第四种燃烧模式是斜激波诱导燃烧(shock induced combustion, SIC)。高速气流中的楔面不足以直接起爆斜爆轰波,存在一个斜激波向斜爆轰转变的区域,该区域一般称为斜爆轰波的起爆区。起爆区的波系结构复杂,甚至会出现二次斜激波和二次斜爆轰波。对于高马赫数飞行条件,高空来流经过预压缩,具有较高的静温,起爆区内多为爆燃燃烧,且燃烧释热所导致的密度变化一般在 20% 以内。针对起爆区内的燃烧,本书采用斜激波诱导的等容燃烧(SIC‐constant volume combustion, SIC‐CVC)进行分析。该分析模型假设可燃混合物先经过一道斜激波压缩,而后进行等容燃烧。

表 8.5 给出了默认发动机参数下不同燃烧模式对应的燃料比冲。研究选取的默认参数:飞行高度 $H = 35.0\ \text{km}$,温度 $T = 236.5\ \text{K}$,压力 $p = 574.6\ \text{Pa}$,飞行马赫数 $M_0 = 12.0$,其对应的飞行动压 $q = 57.9\ \text{kPa}$;燃料为氢气,当量比 $\varphi = 1.0$,氢气喷注温度 $T_t = 600\ \text{K}$,燃料喷注面积和燃烧室入口空气来流面积比 $\varepsilon_{co} = 0.01$;进气道楔面角度 $\delta_1 = \delta_2 = 8°$,燃烧室楔面角度 $\theta = 25°$;尾喷管膨胀面积比 $\varepsilon_{ex} = 20.0$;氢气/空气混合物的燃烧释热过程主要考虑 O_2、H_2、H、O、OH、H_2O、H_2O_2、HO_2、N_2 等九种组分。从表 8.5 中的数据可以看出,CJ‐ODW 燃烧模式的燃料比冲最高,达到了 1 927.3 s,SIC‐CVC、OV‐ODW 和 OV‐NDW 燃烧模式的燃料比冲依次降低,采用过驱动正爆轰进行燃烧组织的发动机燃料比冲仅为 697.2 s。

不同的燃烧模式导致发动机燃料比冲具有较大的差异,为了分析其中的机制,表 8.5 还给出了不同燃烧模式对应的燃烧产物状态(压力 p、温度 T 和速度 U)及相比波前状态的总压恢复系数 σ_p。经历相同的进气压缩和燃料掺混过程,

表 8.5　不同燃烧模式下的产物状态和燃料比冲

燃烧模式	p/kPa	T/K	$U/(\text{m/s})$	σ_p	I_{sp}/s
OV – ODW	268.9	3 103.5	2 817.7	0.162	1 480.1
CJ – ODW	129.5	2 848.2	3 168.1	0.178	1 927.3
OV – NDW	798.9	3 768.7	496.8	0.003	697.2
SIC – CVC	372.4	3 136.7	2 970.3	0.278	1 865.8

四种燃烧模式的燃烧室入口参数均一致,速度为 3 521.1 m/s,温度为 676.3 K,压力为 19.7 kPa,总压为 28.7 MPa,此种状态对应的可燃混合物的 CJ 爆速是 1 876.6 m/s。对于 OV – NDW 燃烧模式而言,来流速度远高于爆轰波的 CJ 爆速,过驱动度高达 3.52。高过驱动度的爆轰波使得波后产物的流动速度大幅度地下降,总压恢复系数仅为 0.003,比冲性能严重下降。对于 OV – ODW 和 CJ – ODW 燃烧模式,斜爆轰的波面与来流具有比较大的夹角,波后的流动速度很高,总压损失相对比较小,具有较高的燃料比冲。SIC – CVC 燃烧模式具有较高的总压恢复系数,但是其燃料比冲相比 CJ – ODW 燃烧模式并未表现出优势。SIC – CVC 燃烧模式分为两个过程:一是斜激波的压缩过程;二是等容燃烧。相比于斜爆轰燃烧,无反应的斜激波压缩所带来的总压损失小,SIC – CVC 燃烧模式具有更高的总压恢复系数。等容燃烧会导致燃烧产物的压力和温度急剧升高,但燃烧产物的体积保持不变。相比于 CJ – ODW 燃烧模式,SIC – CVC 燃烧模式的喷管出口气流静温偏高、速度偏低,燃烧释放的热能未能有效地转化为动能。

进一步的研究分析了飞行高度和飞行马赫数对燃料比冲 I_{sp} 的影响,如图 8.12 所示。当飞行高度从 30 km 增加到 40 km 时,大气温度从 226 K 增加到 250 K,大气静压从 1 197 Pa 降低到 287 Pa。飞行马赫数固定为 12,导致其飞行速度从 3 627 m/s 增加到 3 813 m/s。从图 8.12(a)的结果可知,OV – ODW、CJ – ODW 和 SIC – CVC 燃烧模式的燃料比冲仅有轻微的下降,OV – NDW 燃烧模式的燃料比冲则随着飞行高度的增加而降低。图 8.12(b)的结果显示,当飞行高度固定为 35 km 时,飞行马赫数的增加会导致发动机的燃料比冲急剧下降。由于进气压缩和燃料掺混模型保持不变,来流马赫数的增加会显著地提高燃烧室入口气流的速度和温度,进而导致爆轰燃烧产物波后速度急剧下降和总压损失增加。

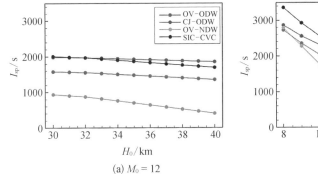
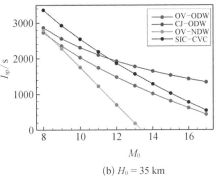

(a) $M_0 = 12$　　　　　　　　(b) $H_0 = 35$ km

图 8.12　燃料比冲 I_{sp} 随飞行高度和飞行马赫数的变化

当飞行高度 35 km、飞行马赫数为 12 时,飞行动压 $q = 57.9$ kPa,在该动压飞行条件下,图 8.13 给出了发动机的 I_{sp} 随飞行高度的变化。需要说明的是,由于

等动压飞行的约束,当飞行高度在 30～40 km 变化时,飞行马赫数的变化范围为 8.3～17.0,并随着飞行高度的增加而增加。从图 8.13 的结果可知,在等动压飞行条件下,随着飞行高度或者飞行马赫数的增大,燃料比冲迅速下降,其中,OV-NDW 燃烧模式的比冲甚至下降为负值。当飞行高度低于 34 km 时,相比其他燃烧模式,SIC-CVC 燃烧模式具有最高的燃

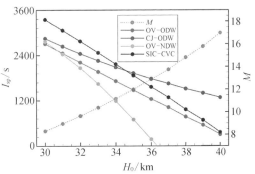

图 8.13　燃料比冲 I_{sp} 随着飞行高度 H_0 的变化
（等动压飞行条件,动压 $q = 57.9$ kPa）

料比冲,但会随着飞行高度的增加而快速下降。当飞行高度超过 35 km 时,SIC-CVC 燃烧模式的燃料比冲会低于 CJ-ODW 燃烧模式,并逐渐接近于 OV-ODW 燃烧模式。CJ-ODW 燃烧的比冲性能虽然会随着飞行高度的升高而下降,但其燃料比冲始终处于 1 200 s 以上,推力性能整体表现最好。值得一提的是,CJ-ODW 燃烧虽然具有理论上的优势,但并不容易实现,在有限尺寸的发动机燃烧室内获得 CJ 状态的斜爆轰波是比较困难的。单楔面诱导 CJ-ODW 的起爆距离过长会成为其工程应用的障碍,需要发展基于复杂几何构型的楔面加速起爆技术。

本书所采用的设计参数主要包括燃烧室参数和进排气参数,前者主要有燃

烧室内楔面角度 θ 和反应物当量比 φ，后者主要是进气道压缩角度 δ_i 和尾喷管膨胀面积比 ε_{ex}。图 8.14(a) 给出的是楔面角度 θ 对发动机燃料比冲 I_{sp} 的影响。OV-ODW 和 SIC-CVC 燃烧模式的燃料比冲 I_{sp} 随着楔面角度 θ 的增加而逐渐降低，而 CJ-ODW 和 OV-NDW 燃烧模式只与来流状态相关，并未受到楔面角的影响。SIC-CVC 燃烧模式依然具有较高的燃料比冲，随着楔面角度的增大会逐渐降低而小于 CJ-ODW，但总体上一直高于 OV-ODW。当楔面角度较低时，OV-ODW 和 CJ-ODW 的燃料比冲非常接近，但随着楔面角度的增加，斜爆轰波的过驱动度增加，OV-ODW 的比冲迅速下降，CJ-ODW 的比冲则保持不变。在默认来流状态和进气压缩条件下，θ_{CJ} 的理论值为 12.6°，OV-ODW 和 CJ-ODW 燃烧模式的燃料比冲随着 θ 的降低逐渐趋于一致。图 8.14(b) 给出的是当量比 φ 对斜爆轰发动机燃料比冲 I_{sp} 的影响，可以看出，CJ-ODW 燃烧模式的燃料比冲随当量比的增加而逐渐降低；OV-ODW 和 SIC-CVC 燃烧模式的燃料比冲随当量比增加呈现出先轻微增大而后逐渐减小的趋势，且比冲最大值对应的当量比略小于 1.0；而对于 OV-NDW 燃烧模式而言，其燃料比冲随当量比增加而快速增加。燃料比冲 I_{sp} 定义为单位重量燃料产生的冲量，影响燃料比冲变化的两个关键参数是燃料质量和冲量的变化量。当量比增加，燃料的质量流量增加，使得燃料比冲有下降的趋势。当氧化剂充足时，增加的燃料能够释放更多的化学能，提升燃烧产物的做功能力。因此，在低当量比时，OV-ODW 和 SIC-CVC 燃烧模式的燃料比冲随当量比的增大而轻微增长。OV-NDW 燃烧模式下的比冲曲线与其他燃烧模式明显不同，原因在于相比斜爆轰燃烧和斜激波诱导燃烧，大过驱动的正爆轰燃烧仍然会导致气流速度的急剧降低，其推力性能远低于其他三种燃烧模式。

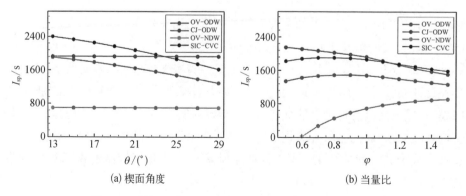

(a) 楔面角度   (b) 当量比

图 8.14 燃料比冲 I_{sp} 随着楔面角度 θ 和当量比 φ 的变化

高空大气被进气道捕获、压缩,作为后续燃料燃烧释热的氧化剂,而高温高压燃气通过尾喷管膨胀做功、产生推力,因此需要研究这两个系统的关键参数对推进性能的影响。进气系统通过影响燃烧室入口来流的状态发挥作用,本书采用两级压缩方式,固定第一级压缩面的角度 $\delta_1 = 8°$,通过改变第二级压缩面的角度 δ_2 来实现进气道的调整。图 8.15(a)给出了进气压缩角度 δ_2 对发动机燃料比冲 I_{sp} 的影响。可以看到四种燃烧模式对压缩程度的变化并不敏感,但是 OV-ODW、CJ-ODW 和 SIC-CVC 三种燃烧模式对应的燃料比冲 I_{sp} 随着 δ_2 的增加而逐渐降低,OV-NDW 对应的燃料比冲随着 δ_2 的增加而增加且变化逐渐趋向于平缓。压缩程度的增加一方面提升了燃烧室入口气流的温度,同时导致来流动能的损失。当压缩角度 δ_2 从 0 增加到 16° 时,气流的静温从 484.3 K 增加到 1 225.6 K。高温的空气来流导致燃料的化学能不能有效地转变成热能,进而降低燃料比冲。由前面的结果可知,影响正爆轰燃烧性能的关键参数是过驱动度。压缩角度的增加降低了燃烧室入口气流的速度,使得正爆轰的过驱动度从 3.71 降低到了 3.29。因此,OV-NDW 燃烧模式的燃料比冲随压缩角度的增加而增加,但其增长趋势逐渐放缓。在以往斜爆轰发动机的性能分析中,研究人员假设高温的爆轰燃烧产物能够等熵膨胀到大气环境中,此种理想假设会导致喷管出口的尺寸过大。在飞行马赫数为 12、飞行高度为 35 km 的条件下,采用 OV-ODW 燃烧模式,当高温高压的爆轰燃烧产物膨胀到大气压力 574.6 Pa 时,喷管的出口和喉道面积比将达到 120。图 8.15(b)给出了尾喷管膨胀面积比对燃料比冲的影响,膨胀作用能够将内能转化为动能。随着膨胀面积的增加,四种燃烧模式的燃料比冲首先快速地增加,而后增长趋势逐渐趋于平缓。考虑到工程应用发动机结构重量和尺寸的需求,需要合理地设计尾喷管的膨胀面积比。

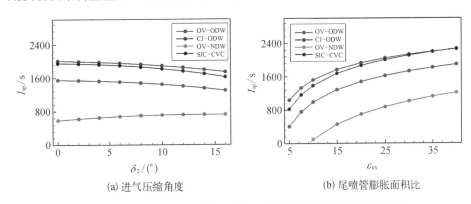

(a) 进气压缩角度　　　　　　　　　(b) 尾喷管膨胀面积比

图 8.15　燃料比冲 I_{sp} 随进气压缩角度和尾喷管膨胀面积比的变化

斜爆轰发动机设计的关键点在于燃烧室内的燃烧组织形式,涉及三个方面的问题:一是如何成功起爆爆轰波,二是实现爆轰波的稳定燃烧,三是保证发动机具有良好的推力性能。在燃烧室内放置一个楔形体来起爆斜爆轰具有简单方便的特点,且斜爆轰波具有随着来流变化进行自适应调整的特性,便于进行斜爆轰的燃烧组织。图 8.16 给出了在飞行高度为 30 km 和 40 km 的条件下,斜爆轰起爆区长度随来流马赫数的变化。高速来流首先经过两道角度为 $8°$ 的直楔面压缩,进入燃烧室后由一道 $25°$ 楔面起爆。起爆距离 L_w 沿着壁面

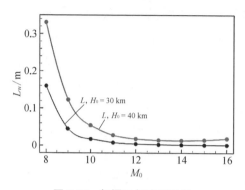

图 8.16 起爆区长度随飞行马赫数 M_0 的变化

来定义,起点为尖楔顶端,终点设定为诱导区温度 1.05 倍的位置。起爆距离 L_w随飞行马赫数 M_0 增加急剧减小,并逐渐下降到工程可接受的量级。当来流马赫数为 8.0,飞行高度为 30 km 时,起爆距离接近 0.15 m;当飞行高度增加到 40 km时,起爆距离甚至会增长到 0.33 m。起爆距离与高超声速燃烧室宽度相当,起爆区附近斜激波诱导燃烧会占据比较大的比重。由前面的分析可知,斜激波诱导的等容燃烧往往具有较高的推力性能,但其会随着飞行马赫数的增加而急剧降低。合理地设计燃烧室,恰当组织斜激波诱导燃烧和斜爆轰燃烧,提高低飞行马赫数下 SIC‑CVC 燃烧模式的占比,增加高飞行马赫数下 CJ‑ODW 燃烧模式的占比,能够保证斜爆轰发动机在宽飞行速域和空域内具有良好的推力性能。然而,过于追求低飞行马赫数下斜激波诱导燃烧的高占比,会导致斜爆轰波在有限的空间内难以起爆或者起爆后斜爆轰波难以驻定。通过降低燃料的当量比可以有效地增强斜爆轰波的稳定性,并且不会给燃料比冲带来较为显著的影响。但燃料质量流量的降低必然会导致主流中添加的热量降低,而使得发动机的推力下降。

斜爆轰发动机燃烧室是一个受限空间,内部流动涉及斜爆轰波/激波/壁面等的相互作用,是后续研究需要关注的。从斜爆轰稳定燃烧的角度来看,斜爆轰发动机适合于在高马赫数下工作。然而,当斜爆轰波在壁面上发生马赫反射时,燃烧室内会出现大过驱动度的正爆轰波,斜爆轰发动机的推力性能会严重下降。当燃烧室内采用正爆轰波进行燃烧组织时,应当尽可能地降低正爆轰波前的气流速度,避免气流动能的急剧下降。当来流速度较低,且燃烧室内的燃料持续释

放热量时,气流的流动速度会快速地下降。气流受到周围波系的干扰,速度甚至会进一步降低到亚声速,流动会产生热壅塞而将爆轰波推出燃烧室。斜爆轰发动机的稳定工作存在一个临界飞行马赫数,且由于斜爆轰存在切向速度和受限空间的影响,该临界飞行马赫数需要大于可燃混合物的 CJ 爆速。

　　斜爆轰发动机的设计存在几何构型约束、来流状态约束和燃烧波系约束,相关的问题还没有得到深入研究。几何构型约束主要体现在如何在有限尺寸的燃烧室内成功起爆斜爆轰。单楔面诱导的斜爆轰波虽然构型简单,工程上也容易实现,但起爆位置会随来流状态的改变而急剧地变化,这会对燃烧室内波系结构的稳定性和燃烧室构型设计带来较大的困难。来流状态约束主要体现在低马赫数下斜爆轰难以驻定,高马赫数条件下发动机的推力性能下降严重。斜爆轰发动机具有一定的飞行马赫数适用范围,即存在一个下临界马赫数和一个上临界马赫数。下临界飞行马赫数主要是保证斜爆轰波的稳定燃烧,需要高于可燃混合物的 CJ 爆速,同时保证燃烧室内出现马赫反射时不至于发生热壅塞。上临界马赫数需要保证斜爆轰发动机具有良好的推力性能。如在图 8.13 所示的等动压飞行过程中,当来流马赫数达到 17 时,OV‐ODW 和 SIC‐CVC 所产生的理论燃料比冲仅为 300 s。燃烧波系约束主要体现在受限空间内斜爆轰燃烧室内会同时存在多种燃烧模式,各个燃烧模式会相互干扰,为发动机的设计和性能评估带来极大的挑战。总体来看,CJ‐ODW 在宽空域、宽速域内均能维持较好的推力性能。然而,CJ 状态斜爆轰波产生比较困难,传统的 CJ 斜爆轰波主要是通过膨胀波的削弱作用实现的。当过驱动的斜爆轰波面与膨胀波相互干扰时,极有可能导致斜爆轰的激波面与放热区的解耦,使得斜爆轰波起爆失败。对于斜爆轰发动机燃烧室内的燃烧组织,较为稳妥的方案是小过驱动的斜爆轰和斜激波诱导燃烧相结合。

8.4　斜爆轰推进技术的挑战

　　经过几代研究者孜孜不倦的探索,斜爆轰波的流动与燃烧现象已经得到了系统的研究,大部分流动机理已经比较清楚。然而,从一种特殊的流动燃烧现象,到以其为基础的先进空天动力装置,其中还有许多问题需要解决,甚至有些难以攻克的技术问题可能导致工程应用难以实现。目前研究的斜爆轰发动机主要针对高超声速推进,是一种利用斜爆轰波组织燃烧的冲压发动机。高超声速科技是航空航天领域的前沿和热点,目前国际上各大国正在竞相发展以高超声速导弹为代表的新型武器,对未来国防安全可能产生重要的影响。此外,斜爆轰发动机也可能作为动力系统的一部分,用于高超声速飞机或者单级/多级入轨的空天飞行器。无论是单独使用还是作为组合动力的一部分,斜爆轰推进均针对高超声速吸气式动力,是空天动力领域的最困难的问题之一。

目前研制的新一代高超声速飞行器,一种是自身无动力的,即助推-滑翔式高超声速飞行器,另一种是基于吸气式发动机的。利用大气中的氧气作为氧化剂,吸气式发动机为高超声速飞行器提供了诸多技术优势,但是设计制造难度也更大。用于高超声速推进的吸气式发动机,当前研究热点是超燃冲压发动机[18],采用碳氢燃料主要工作在马赫数为 5~7,采用氢气燃料可以上探到马赫数为 10 左右。斜爆轰发动机由于燃烧速率快、循环热效率高,在更高马赫数的速域具有较大的应用潜力,可以将吸气式动力的上限拓展到 12~15。

斜爆轰发动机作为吸气式冲压发动机,单独应用时可以通过助推动力装置达到启动速度,之后为高超声速导弹或无人机提供巡航段动力。相对于无动力,有动力的特点为飞行器提供了更多的战术选择;相对于超燃冲压动力,斜爆轰动力具备比冲高、燃烧室短等特点,可望实现更远的航程或者更多的有效载荷。更进一步,斜爆轰冲压燃烧模式可以作为组合动力的一部分,为未来的多种宽域飞行器提供动力。图 8.17 显示了一种基于两种爆轰燃烧模式的宽速域冲压发动机,在低速时采用旋转爆轰燃烧模式,在高速时采用斜爆轰燃烧模式。这种新概念的发动机完全基于爆轰燃烧,可望实现较高的循环热效率和比冲性能,又通过组合获得了宽域工作能力。此外,斜爆轰发动机还可以与火箭动力进行组合,图 8.18 显示了一种斜爆轰和火箭组合的新概念发动机。通过在火箭发动机外侧构造新的流道和外部燃烧室,这种新概念发动机可以在大气层内实现吸气式推进,节省火箭燃料提升航程。这些新概念的组合发动机都有许多问题需要解决,然

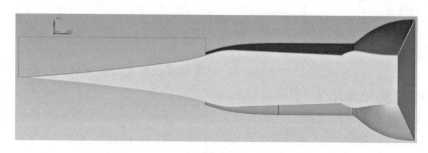

图 8.17　斜爆轰和旋转爆轰组合的宽域爆轰冲压发动机

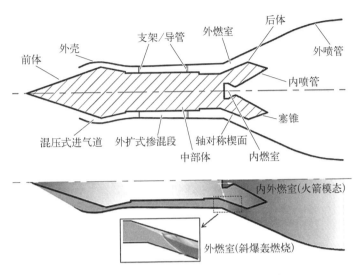

图 **8.18**　斜爆轰和火箭组合的新概念发动机

而,斜爆轰燃烧作为一种适用于极高马赫数的吸气式动力,为飞行器动力系统的选择提供了更多可能,是值得关注的研究方向。

　　要想利用斜爆轰组织燃烧,特别是支撑各种新型发动机和飞行器的发展,需要突破若干关键技术。从流动和燃烧的角度,存在一些需要重点关注的共性技术,关系到工程发展的成败。首先就是高温气体效应下进气压缩和低损失短距掺混技术,这是在发动机中组织斜爆轰燃烧的前提。由于飞行马赫数较高,经过前体激波压缩的气体将会经历振动激发,导致比热比不再是常数,流动参数的计算复杂化。更为困难的是,如何在较短的距离内实现高速气体中的燃料喷注和掺混,同时不带来太大的流动损失。图 8.19 显示了超声速气流中的横向射流流场[19],可以看到存在弯曲激波、三维涡结构和扰动边界层,流动特征非常复杂。对斜爆轰发动机,除了横向射流,还存在采用更复杂的几何喷注结构的可能性,如支板、悬臂斜坡,其流场更加复杂,加上来流压缩带来的高温气体效应,对其进行精细化研究是非常困难的。超燃冲压发动机的研究对此有所涉及,但是高温气体效应较弱或者可以忽略,而来流速度较斜爆轰发动机要低许多,因此许多研究成果有借鉴意义但是难以直接应用。斜爆轰发动机希望燃料喷射后混合得尽可能好,但是不要马上发生燃烧,这与超燃冲压发动机的理念是截然不同的,因此设计原则也存在明显的区别。如果不能解决低损失短距掺混同时抑制提前燃烧的问题,那么斜爆轰发动机就不能发挥增压燃烧的优势,推力性能的提升也就

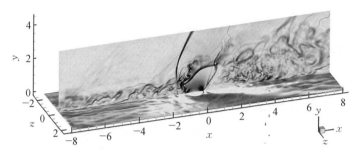

图 8.19 超声速气流中横向射流[19]

无从谈起了。

其次,需要突破的共性技术是复杂几何构型和来流条件下斜爆轰高效燃烧组织技术,这是在发动机中实现高效能量转换的核心。图 8.20 显示了一种非常简化的模型发动机内流道中,斜爆轰波的反射波系结构,可以观察到斜激波、斜爆轰波、滑移线等发生反射和相互作用。上述结果还是在预混、定常来流条件下,内流道壁面也简化为直线,流场已经比较复杂。如果考虑到来流的非预混及边界层分离对上下壁面附近波系的影响,将会得到更加复杂的波系结构。更进一步,斜爆轰波是靠来流的速度滞止在楔面上来抑制其上传的,因此需要考虑来流速度的变化对燃烧稳定性的影响,建立抑制不稳定性发展的燃烧组织技术。本书第 5 章已经开展了一些探索,但是模型仍然过于简化,对于工程研制支撑力度不够。

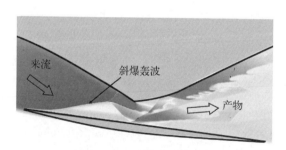

图 8.20 斜爆轰发动机内流道的反射波系结构

最后,需要突破的共性技术是斜爆轰燃烧与高效热功转换喷管耦合设计技术,这是实现发动机推力性能提升的关键。由于斜爆轰发动机燃烧室很短,斜爆轰燃烧过程与高温燃烧产物在喷管内膨胀过程紧密耦合,在喷管膨胀影响发动机性能的同时,也会对斜爆轰稳定燃烧产生影响,不合理的喷管设计可能导致斜

爆轰波熄爆或者脱体前传,造成发动机无法稳定工作。因此斜爆轰燃烧与燃烧
产物膨胀两个物理过程之间的紧密耦合,一方面使得斜爆轰发动机燃烧室与喷
管之间的物理边界变得模糊,另一方面也使得斜爆轰发动机喷管的设计也必须
充分地考虑其对斜爆轰燃烧组织的影响。除此之外,燃烧产物的强烈非均匀和
高温燃烧产物的化学非平衡效应是斜爆轰发动机喷管设计需要特别关注的两个
方面。燃烧产物的强烈非均匀既包含产物组分浓度的差异,同时也包含影响发
动机做功能力的总温、总压、马赫
数等产物状态参数的差异。这种
非均匀的产生,一方面是实际发动
机中斜爆轰波前燃料与空气的非
均匀混合、边界层等非理想效应所
导致的(图 8.21 中燃烧室入口参
数分布不均匀),另一方面是斜爆
轰波起爆区的存在导致混气在斜
爆轰燃烧室中可能经历斜激波诱

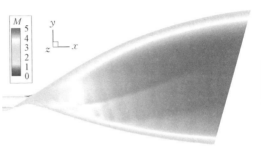

图 8.21　非均匀诱导的复杂喷管流动

导燃烧和爆轰燃烧两种不同燃烧方式所导致的[17,20]。此外,斜爆轰波与燃烧室
壁面相互作用产生的复杂波系,也会进一步造成燃烧产物的不均匀,同时复杂波
系在喷管中的反射传播也会影响燃烧产物在喷管中的膨胀过程,进而影响发动
机的性能。上述非均匀不仅仅是体现在燃烧室出口高度方向上,在展向方向上
同样存在,呈现出复杂的三维特征,由此也给斜爆轰发动机喷管的设计与优化提
出了更高的要求。对于高温燃烧产物的化学非平衡效应,由于斜爆轰发动机工
作通常在马赫数 10 级,来流总温超过 2 500 K 以上,斜爆轰燃烧后气流静温在
2 800 K 以上,高温燃烧产物离解效应显著,大量燃料化学能无法充分地释放,也
会造成性能损失,因此斜爆轰发动机喷管的设计与优化还需要充分地考虑化学
非平衡效应的影响。从上述对斜爆轰发动机喷管中流动特性的分析可以看出,
对于斜爆轰发动机喷管的设计一方面可以借助前期针对高马赫数超燃建立的超
声速喷管设计方法,另一方面也需要充分地考虑斜爆轰燃烧的特点及与喷管的
紧密耦合关系,开展优化与性能提升。

　　除了上述三项发动机角度的关键技术,还需要发展先进的研究方法,包括发
动机高效数值仿真技术和实验模拟技术。数值仿真技术是先进发动机预研设计
的重要手段,能够节约大量的时间和人力成本,同时能准确地获取流动细节、制
定流动调控策略。冲压发动机主要由进气道、燃烧室和尾喷管等宏观机械部件

构成,其主要包括高速空气的压缩、加热和膨胀三个基本过程,涉及燃料掺混、强激波干扰、燃烧释热及气固液耦合等微观物理过程。因此,发动机的数值仿真技术的难点在于高效地求解跨尺度、多物理场的流动过程。现有的常规操作是进行精细化的部件模拟,对极端条件的局部区域进行高精度仿真,忽视各个部件之间的相互干扰,限制了发动机整体的优化提升。同时,极端爆轰燃烧环境下的数值仿真还涉及激波捕捉、复杂反应物化学模型、液相燃料破碎雾化模型及黏性热边界层的求解等数学物理难题,是发动机数字化发展必须攻克的关键技术之一。本书第6章介绍了目前爆轰燃烧常见的理论和数值方法,同时本书也主要是借助于数值方法开展了一系列的前期研究探索。针对极端的爆轰燃烧环境,多尺度、多物理场的模型建立和高效求解仍然是需要进一步深化研究的方向。

目前的实验模拟技术也存在一些不足,在一定程度上难以满足发动机研制的需求。地面实验需要高总温、高总压的实验条件,因此必须采用脉冲式风洞,由此带来有效实验时间短的问题一直是高超声速飞行器和发动机研制的限制。另外,飞行实验周期长、花费大,而且测量困难,在前期关键技术攻关中难以发挥作用,主要是用于关键技术的集成验证。因此,实验研究应当以地面研究为主,综合利用多种实验设备和测量技术,推动关键技术的突破。随着国内外高超声速技术的研究热潮发展,近年来相关的专著接连出版,从不同侧面反映了该领域的研究成果。本书第1章与第7章已经对一些地面实验设备和手段进行了介绍,更详细的介绍可以参考一些更专业的书籍和论文。

参考文献

[1] Rubins P M, Bauer R C. Review of shock-induced supersonic combustion research and hypersonic applications[J]. Journal of Propulsion and Power, 1994, 10(5): 593 - 601.

[2] Dabora E, Broda J C. Standing normal detonations and oblique detonations for propulsion [C]. 29th Joint Propulsion Conference and Exhibit, Monterey, 1993.

[3] Dudebout R, Sislian J P, Oppitz R. Numerical simulation of hypersonic shock-induced combustion ramjets[J]. Journal of Propulsion and Power, 1998, 14(6): 869 - 879.

[4] Alexander D C, Sislian J P, Parent B. Hypervelocity fuel/air mixing in mixed-compression inlets of shcramjets[J]. AIAA Journal, 2006, 44(10): 2145 - 2155.

[5] 袁生学,黄志澄.高超声速发动机不同燃烧模式的性能比较——斜爆轰发动机性能评价 [J].空气动力学报,1995,13(1): 48 - 56.

[6] 袁生学,黄志澄.自持斜爆轰的特性和实验观察[J].宇航学报,1995,16(2): 90 - 92.

[7] 袁生学.论超声速燃烧[J].中国科学(A辑),1998,28(8): 735 - 741.

[8] 崔东明,范宝春,邢晓江.驻定在高速弹丸上的斜爆轰波[J].爆炸与冲击,2002, 22(3): 263 - 266.

[9] 柳森,简和祥,白智勇,等.37 mm 冲压加速器试验和计算[C].力学学报,1999,31(4)：450-455.

[10] 陈坚强,张涵信,高树椿.冲压加速器燃烧流场的数值模拟[J].空气动力学学报,1998,16(3)：297-303.

[11] 刘君.冲压加速器非平衡流动数值模拟[J].弹道学报,2002,14(4)：31-35.

[12] 张义宁,刘振德.磁流体-斜爆震冲压发动机概念研究[J].推进技术,2013,34(1)：140-144.

[13] 滕宏辉,姜宗林.斜爆轰的多波结构及其稳定性研究进展[J].力学进展,2020,50(1)：202002.

[14] 滕宏辉,杨鹏飞,张义宁,等.斜爆震发动机的流动与燃烧机理[J].中国科学：物理学力学天文学,2020,50(9)：090008.

[15] Wolański P. Detonative propulsion[J]. Proceedings of the Combustion Institute, 2013, 34(1)：125-158.

[16] Chan J, Sislian J P, Alexander D. Numerically simulated comparative performance of a scramjet and shcramjet at Mach 11[J]. Journal of Propulsion and Power, 2010, 26(5)：1125-1134.

[17] 杨鹏飞,张子健,杨瑞鑫,等.斜爆轰发动机的推力性能理论分析[J].力学学报,2021,53(10)：2853-2864.

[18] Urzay J. Supersonic combustion in air-breathing propulsion systems for hypersonic flight[J]. Annual Review of Fluid Mechanics, 2018, 50：593-627.

[19] Rana Z A, Thornber B, Drikakis D. Transverse jet injection into a supersonic turbulent cross-flow[J]. Physics of Fluids, 2011, 23(4)：046103.

[20] Bian J, Zhou L, Teng H. Structural and thermal analysis on oblique detonation influenced by different forebody compressions in hydrogen-air mixtures[J]. Fuel, 2021, 286(2)：119458.